KB077644

흙은 왜 무너지는가?

기본을 통해 배우는 법면 방호와 옹벽 대처요령

Nikkei Construction 편저

백용, 장범수, 박종호, 송평현, 최경집 역

도서출판 IR 씨·아이·알

발간에 즈음하여

지반의 불확실성으로 인해 붕괴현상이 발생하여 시공 중에 많은 인명 및 재산피해를 가져오는 경우가 허다하다. 지반이라는 것은 자연의 일부이기 때문에 인간이 지반의 메커니즘을 완벽히 규명한다는 것은 사실상 어려움이 따른다. 그러나 인간의 삶을 영위하기 위하여 자연을 개발하는 것은 필수불가결한 사안이기도 하다. 이런 자연과 인간과의 소리 없는 싸움은 인류가 발전할수록 계속될 것이다. 자연을 개발하면서 발생되는 문제점 등에 대하여 지반공학의 입장에서 살펴보고자 한다.

본 도서는 건설현장에서 발생할 수 있는 실패 사례를 모아서 구성한 것이다. 공사와 관련하여 안정을 예측하고 설계를 하였으나, 지반의 특수성으로 인하여 붕괴가 발생한 사례에 대하여 대책방안을 문답형식으로 개제하였다.

지반공학 분야 중 특히, 사면, 옹벽, 연약지반 처리 등으로 인하여 발생하는 피해사례를 중심으로 구성되었다. 설계 안전율을 토대로 다소 과다하게 설계를 하는 경우에도, 집중강우나 주변의 환경변화로 인하여 발생하는 붕괴사례도 많이 있다. 이런 부분에 대한 피해사례를 통하여 우리는 교훈을 얻을 수 있을 것이다. 일반적으로 피해 사례에 대한 부분은 공사 현장에서 외부로 밝히는 것을 꺼려하기에 밝혀진 경우가 많지 않다. 본 도서를 통해 피해사례를 중심으로 지식을 습득함으로써 건설과 관련된 분들에게 많은 도움이 되었으면 한다.

본 도서는 한국지반공학회 사면안정기술위원회에서 2012년 3월 교토에서 개최한 동일본지진 대국민 보고회에서 구입한 것을 번역한 것이다. 본 번역서가 나오기까지 도와주신 공동 역자와 후원을 아껴주신 한국지반공학회 장연수 회장님 이하 많은 분들에게 감사의 뜻을 전하고 싶다. 본 도서가 나오기까지 도와주신 도서출판 씨아이알의 김성배 사장님과 편집교정을 도와주신 이정윤님께 심심한 감사의 말을 전한다.

2013.1.2

볼더(Boulder)에서

대표저자 **백 용**

CONTENTS

CONTENTS

제3장 기본으로부터 배우는 법면공법과 옹벽공법

제4장 회계검사의 조사관이 말하는 미스를 간파하는 포인트

제1장 사진으로 배우는 주요 사면공법의 시공순서

현장 타설 격자틀 공법

철근삽입공법

앵커 공법

연속장섬유(長纖維) 뿜칠공법

식생기재 뿜어붙이기 공법

사진으로 배우는 주요 사면공법의 시공순서

현장 타설 격자틀 공법

[공법의 개요]

프리캐스트를 사용하지 않고 현장에서 사면격자 틀을 조성하는 공법이다. 변형이 자유자재인 금속망 형틀(유닛식 프리폼)과 철근을 법면상에서 조립하여 일체화시키며, 모르타르 또는 콘크리트를 뿜칠하여 격자 틀을 완성시킨다. 현장타설에 의해 연속보를 조성하므로 지면과의 밀착성이 좋은 점이 특징이다. 요철이 있는 법면에서도 시공이 가능하며, 앵커공법과 병행이 가능한 점도 장점이다. 법면의 보호와 표층의 안정, 급경사지 붕괴대책, 법면녹화의 기초 등의 용도로 쓰인다.

1. 금속 망 펼침
우선 법면에 금속 망(라스)을 펼친다. 법면 균열의 발생을 억지하거나 균열을 분산하는 것이 목적이다. 이 밖에 박리 및 용탈을 방지하는 등의 목적이 있다.

2. 법면틀 조립
금속 망 작업이 끝나면 철근을 배치하면서 법면틀을 조립해 간다.

3. 앵커 타설

법면틀의 교점부에 주 앵커 횡 틀에 보조 앵커를 각각 타설한다. 이렇게 함으로써 법면틀의 변형을 방지한다.

4. 법면틀 내 뿜칠

조립한 법면틀 내에 모르타르를 뿜칠한다. 필요에 따라 타설면의 표면을 마무리한다.

5. 틀 내에 식생기재 뿜칠

녹화를 목적으로 틀 내에 식생기재와 모르타르, 콘크리트를 뿜칠하기도 한다.

6. 법면틀 완성

철근삽입공법

[공법의 개요]

법면의 보강을 목적으로 철근과 전용 록볼트재 등 비교적 짧은 막대기 모양의 보강재를 원지반에 삽입한다. 원지반과 막대기 모양의 보강재와의 상호작용으로 법면 전체의 안정성을 높인다.
보강재와 시공기계가 경량이고 소규모이므로 시공의 효율화를 도모한다. 이 공법을 사용함으로써 법면의 경사를 표준경사보다 빠르게 시공할 수 있으므로 용지와 굴착 토량의 저감을 도모하는 것도 가능하다.
붕괴대책에 의한 말뚝 토압형의 법면 보호, 중소규모의 붕괴대책의 억지 공사 등의 용도로도 쓰인다. 또한 급경사 절토사면 이외에도 구조물을 만들기 전 굴착시 가시설시공에 사용하기도 한다.

1. 굴착
크레인에 매달린 핸드 드릴, 유압 쇼벨에 장착한 스카이 드릴 등을 사용하여 사전에 정해둔 위치, 각도, 길이에 따라 굴착한다.

2. 주입
주입파이프를 사용해서 굴착한 구멍의 밑에서부터 시멘트를 주입한다. 주입구에 넘쳐 흐를 때까지 주입을 계속한다.

3. 보강재 삽입
보강재를 구멍 내에 삽입한다.

4. 두부(頭部)를 단단히 체결
원지반과 구조물에 알맞은 정도로 체결 너트를 죈다.

5. 두부 처리
두부의 부식을 막기 위한 목적으로 두부에 캡을 부착함은 물론 지압판 주위에 코킹을 해서 완성한다.

앵커 공법

[공법의 개요]

앵커의 두부에 작용한 하중을, 인장부를 삽입하고 앵커체를 설치하여 지반에 전달한다. 이렇게 함으로써 반력구조물과 원지반을 일체화하여 안정화한다. 비교적 작은 부재로 큰 프리스트레스에 대응되기 때문에 산사태나 사면 붕괴 억제공사에 사용된다. 토사억제 공사에서 토압을 저항하기 위하여 사용하는 일이 많다.

프리스트레스에 의해 산사태 등의 미끄러지는 변위량을 억제하거나 작은 변위량으로 효과적으로 억제하는 것이 가능하게 된다. 철근삽입공법과 다른 점은 프리스트레스를 주는가의 여부이다. 프리스트레스를 가지기 위해서 최저 4m의 자유장이 최소 앵커체 길이 3m를 가하는 것이기 때문에 최소 앵커 길이는 7m가 된다.

1. 착공

착공기를 소정의 위치에 설치한 후, 타설각도나 타설방향을 확인하고 착공을 시작한다. 예정 착공심도까지 전달한 후 물과 에어로 공내를 세정한다.

2. 앵커 텐돈 삽입

앵커 텐돈을 상하지 않게 하면서 케이싱 내에 확실히 삽입한다.

3. 주입
케이싱 공내에 시멘트 밀크를 주입하고 주입한 구멍으로부터 오버 플로우하는 것을 확인한다. 케이싱을 뽑으면서 가압주입한다.

4. 수압판 설치
수압판을 앵커의 타설 위치에 설치한다.

5. 긴장 정착
앵커를 타설하고 주입을 행한 후, 소정의 양생기간을 거치면서 품질보증시험을 행한다. 적정 품질이 확인된 후 유압젝으로 고정하중을 준다.

연속장섬유(長纖維) 뿜칠공법

[공법의 개요]

원지반의 표층 붕괴를 억지하는 보강토공법의 하나이다. 모래와 장섬유를 주재료로 하는 연속장섬유보강토를 두께 20cm로 뿜칠한다. 이렇게 함으로써 유사 접착력과 전단저항력을 증가시킨다. 보강토 표면을 식생기재 뿜칠공법으로 녹화를 조성하면 원지반의 억지와 전면녹화를 양립할 수 있다.

1. 앵커 바 설치

마찰력을 증가시켜 연속장섬유보강토와 원지반과의 일체화를 도모하기 위해 앵커 바를 타설한다.

2. 배면(背面)에 배수재 설치

연속장섬유보강토의 함수량이 증가하면 전단강도의 저하를 가져오는 원인이 된다. 이것을 방지하기 위한 목적으로 보강토를 시공하는 부분의 배면에 배수재를 설치한다.

3. 기저부(基底部)에 배수재 설치

기저부에 배수재를 설치한다. 배면에서 발생한 물과 기저부에 모인 물을 암거(지하수로)와 측구(도랑)까지 유도하는 것이 목적이다.

4. 보수재 설치

투수성이 뛰어난 연속장섬유보강토에 식물의 뿌리가 내렸을 때 보수력을 확보할 목적으로 보수재를 설치한다.

5. 장섬유보강토 뿜칠

원지반의 표층을 억지하는 목적으로 연속장섬유보강토를 뿜칠한다. 모래와 장섬유를 주재료로 하는 보강토에 의해 유사점착력과 전단저항력을 증가시킬 수 있다.

6. 금속 망 설치

보강토와 생육 기반재를 일체화시키기 위해 능형(마름모꼴) 금속망을 설치한다. 이것이 녹화의 기초가 된다.

7. 식생기재 뿜칠

뿜칠 플랜트를 내부에서 혼합한 뿜칠 재료를 압축공기로 호스 내로 운송한다. 소정의 두께로 뿜칠하면 표면부의 녹화가 완성된다.

식생기재 뿜어붙이기 공법

[공법의 개요]

법면에 금속 망을 설치한 후, 생육 기반재 등을 일정 두께로 뿜칠한다. 뿜칠 재료는 생육 기반재와 접합재, 비료, 종자, 물 등이 있다. 이것들을 분무기에 투입하고 교반장치 내에서 균등하게 잘 혼합시켜 준다. 그 후 콤퓨레이션의 압축공기로 이송하여 뿜칠한다.

공기로 뿜칠하여 생육기반을 조성하기 때문에 뿜칠한 생육기반은 밀실의 상태가 된다. 그 결과 내건조성, 내침식성, 내동결성, 내동상성이 우수해진다. 이 밖에 물과 비료를 유지하기 위한 성질도 뛰어나다.

식생기재 뿜칠 공법은 크게 두 개로 나뉜다. 하나는 바크 퇴비와 피트 모스 등을 주재료로 한 유기질계이며, 다른 하나는 모래를 주재료로 한 사질계이다.

1. 법면 청소

시공에 지장이 되는 뿌리와 잡목을 제거하거나 잘라낸다. 법면의 요철 부분을 평평하게 하는 것이 목적이다.

2. 금속망 설치

마름모꼴 금속망을 원지반의 형상에 맞춰가면서 설치한다. 이것에 의해 원지반과 생육기반재가 일체화된다.

3. 앵커 핀 타설

금속 망이 이동하지 않도록 앵커 핀으로 고정한다. 원지반이 경질인 경우는 햄머 드릴로 구멍을 뚫어 타설한다.

4. 뿜칠 플랜트 설치

뿜칠 재료를 혼합하거나 반죽하는 플랜트의 전경이다. 생육 기반재와 접합재, 비료, 물, 종자를 이 플랜트에서 혼합한다.

5. 식생기재 뿜칠

뿜칠기의 내부에서 혼합한 재료는 압축공기로 호스 내로 이송한 후 소정의 두께로 법면에 뿜칠한다.

제2장 퀴즈로 배우는 트러블 원인과 대책

사면

- 사방댐 옆의 사면
- 도로확장공사 중 사면 ①
- 도로확장공사 중 사면 ②
- 절토 중 암반법면 ①
- 절토 중의 암반법면 ②
- 절토 안의 암반법면 ③
- 절토공사 후의 도로법면
- 터널 갱구부분의 절토법면
- 암반사면으로부터 낙석
- 억지말뚝을 타설한 법면

성토

- 성토 내의 박스 컬버트 ①
- 성토 내의 박스 컬버트 ②
- 연약지반의 교대(橋台)
- 경량 성토
- 토사붕괴 대책의 누름 성토

옹벽

- 급경사 법면의 역T형 옹벽
- 도로 및 택지 L형 옹벽
- 배면에 굴착토를 임시로 한 중력식 옹벽
- 블록쌓기 옹벽
- 사면상 보강토벽
- 절토 법면의 개비온

복합옹벽

- 사면 위의 복합옹벽
- 절토공 법면의 복합옹벽
- 하천 호안
- 옹벽의 덧쌓음

앵커, 시판

- 앵커 부착 콘크리트 법면틀
- 토사붕괴 방지 앵커
- 앵커로 보강한 시판
- 옹벽의 앵커
- 강판 말뚝의 자립식 흙막이 벽

사방댐 옆의 사면

호안 우측이 상승한 원인은?

● 사방댐의 단면도

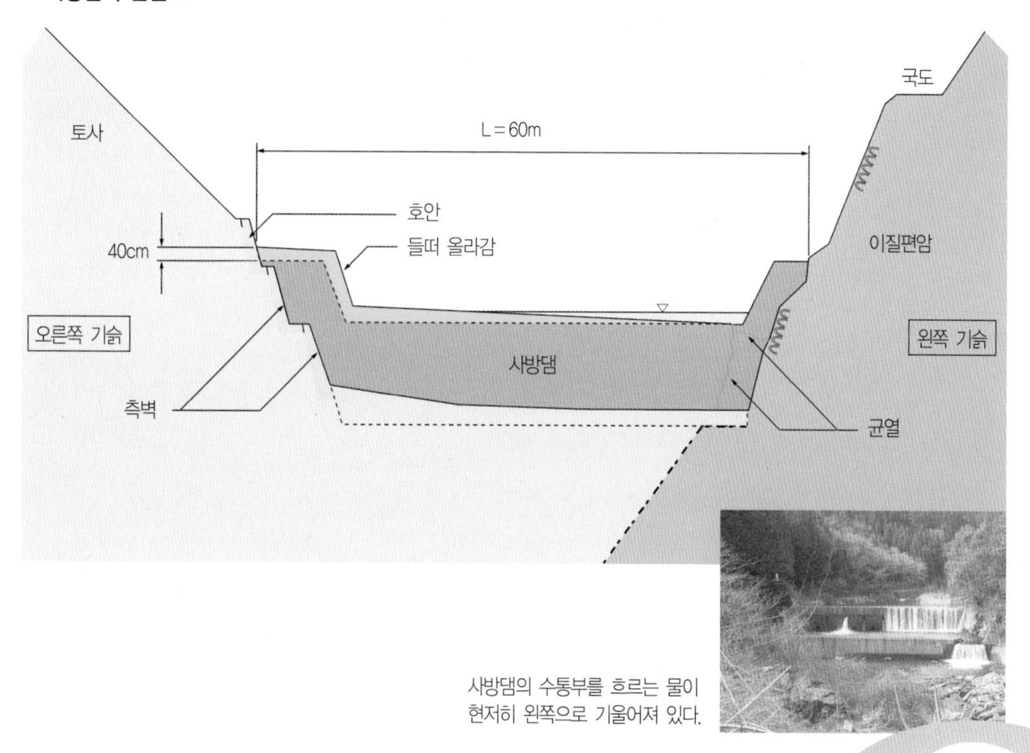

사방댐의 수통부를 흐르는 물이 현저히 왼쪽으로 기울어져 있다.

Q

사방시설의 점검 시 수통부를 흐르는 물이 현저히 좌측 기슭 쪽으로 기울어진 사방댐이 발견되었다. 1955년 전반에 건설된 사방댐으로, 높이 12m, 길이 60m로 건설 당시에는 큰 구조물에 속했다. 사방공사 대장에 기재되어 있지만 설계와 시공에 관한 상세한 기록은 남아 있지 않다. 물이 흐르는 방식에 이상이 발견된 당시에는 제방 자체의 왼쪽 기슭이 침하되어 있거나 수통부가 마모되어 있다고 생각했다. 그런데 조사를 진행하는 중에 제방의 오른쪽 기슭이 40cm나 들떠 있는 것을 알았다. 왜 무게가 7000t이 넘는 것으로 추정되는 사방댐이 들떠 있는 것일까?

A

지반 슬라이딩의 토압으로 제방의 본체가 회전했다.

사방댐의 우측 기슭에 대규모의 지반 슬라이딩이 확인되었다. 한편 좌측은 암반이 지표에 노출되어 있고 상태에는 변함이 전혀 없었다. 단 수직방향의 균열이 제방 본체의 왼쪽 기슭에 생겨 있었다. 제방 본체의 오른쪽 기슭에는 토사가 흘러내려 토압이 작용되었다. 한편 제방 본체의 왼쪽 기슭은 암반으로 구속되어 있었기 때문에 오른쪽 기슭을 들어올리는 회전변위가 생겼다고 생각된다.

문제의 사방댐은 고지현(高知県)과 애완현(愛媛県)의 접경 지역에 있다. 사방댐이 있는 하천은 이하모구조선(御荷鉾構造線)을 따라 흐르고 있다. 이하모구조선(御荷鉾構造線) 주변의 원지반은 주로 풍화가 진행되고 있는 데다 지하수를 대량으로 포함하고 있기 때문에 붕괴 가능성이 높다고 알려져 있다.

제방 본체의 양쪽 기슭의 지질은 크게 다르다. 좌측 기슭은 단단한 이질편암이 지표에 노출되어 안정적이다. 한편 우측 기슭은 떨어져 나가기 쉬운 이질편암이 주체로, 토사붕괴가 발생하기 쉬운 지반조건을 나타내고 있다. 이것은 지층의 경계면이 사면의 기울기와 거의 같은 방향으로 경사져 있는 원지반을 말한다. 경계면은 암석 안의 광물이 판상과 주상, 침상으로 평행하게 나열된, 편리면(片理面)으로 불리는 균열이 발생하기 쉬운 면으로 되어 있었다.

제방 본체를 조사한 결과, 좌측 기슭에는 수직방향으로 큰 전단 균열이 생겨 있었다. 다른 쪽 우측 기슭은 제방 본체의 측벽과 그 상부에 있는 호안과의 접한 면이 15cm 정도 박리되어 일체성을 잃어버린 상태로 되어 있었다.

지표를 답사한 결과, 이 토사붕괴는 주로 이질편암을 이동하는 흙덩어리가 '풍화암 토사붕괴'로, 절벽의 크기로부터 토사붕괴의 폭은 200m, 사면길이는 430m라는 것을 알았다. 시꼬쿠에서 일어난 토사 슬라이딩에 대해, 그 폭과 무너진 면적의 깊이와의 상관관계가 알려져 있다(다음 페이지 위의 그림 참조). 슬라이딩면의 깊이는 30m로 추정된다.

풍화암의 붕괴는 수십 년부터 수백 년에 1번의 빈도로 반복되는 경우가 많다. 부서지다, 깎이다(つぶれる)와 미끄러지다(滑る)를 이 지방의 방언으로 '츠에루(つえる)'라고 한다. 오른쪽 연안에는 오오츠에, 미나미오오츠에, 기타오오츠에라고 불리는 지명이 있고 옛날부터 토사붕괴가 계속 발생한 지역이라는 것을 알 수 있다.

●사방 댐 주변의 지질과 지반 슬라이딩 상황

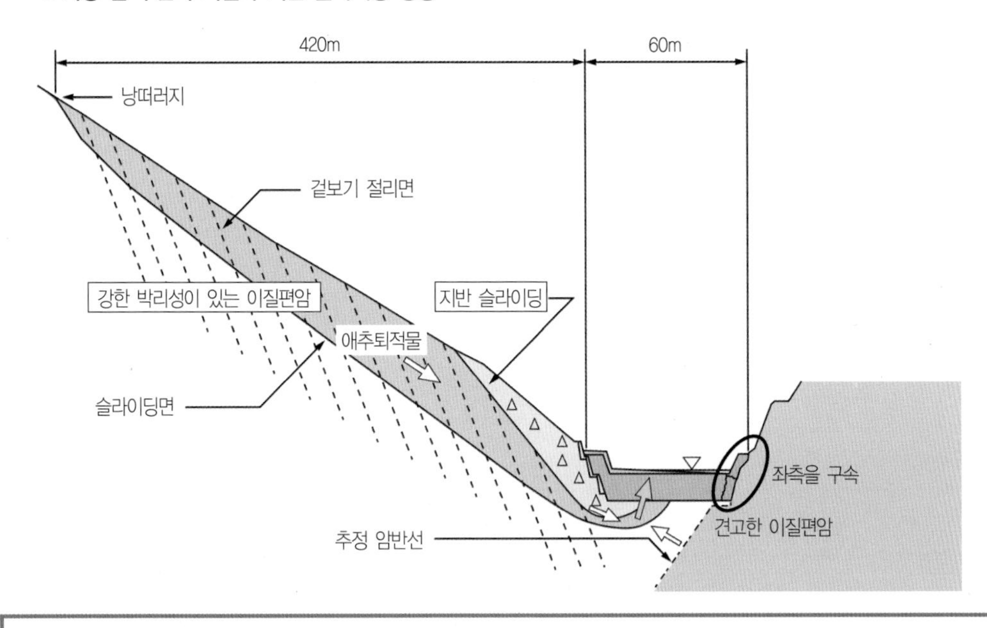

지반 슬라이딩의 해석법

사면의 안정해석의 방법은 모멘트의 수평력, 연직력의 균형 조건으로부터 요구되는 극한평균법과 응력 그리고 변형의 관계에 착목한 응력해석법으로 크게 구분할 수 있다.

여기에서 사용하는 안전율(Fs)의 계산방법은 극한 평균법의 하나이다. (사)일본하천협회가 발행하고 있는 하천사방기술기준안에서 나타낸 스웨덴식 분할법의 슬라이스 분할 예가 다음 페이지에 나타나 있으며 계산식은 다음과 같다. 계산법이 간단하고 해석에 사용되는 여러 조건의 신뢰도가 높기 때문에 널리 사용되고 있다.

$$Fs = \frac{\Sigma(N-U)\tan\phi + c\Sigma l}{\Sigma T}$$

N : 분할편의 중력에 의한 법선력(kN/m) = $W\cos\theta$

T : 분할편의 중력에 의한 절선력(kN/m) = $W\sin\theta$

U : 분할편에 활동하는 간극수압(kN/m)

l : 분할편의 슬라이딩면의 길이(m)

ϕ : 슬라이딩면의 전단 저항각(도)

c : 슬라이딩면의 점착력(kN/m^2)

W : 분할편의 중량(kN/m)

θ : 슬라이딩면의 분할편부에 있는 경사각(도)

또한 간편법은 경험적인 수법으로 이론적인 모순을 표함하고 있다. 3차원의 현상인 토사붕괴를 2차원의 해석법으로 파악하고 있기 때문이다. 이후 어떠한 이론적인 해석법으로 개선해 나갈 것인가가 과제로 남아 있다.

● 스웨덴식 분할법의 모델

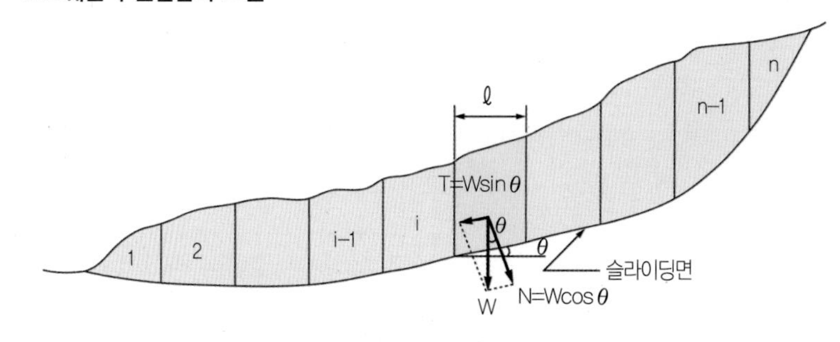

토사붕괴에 의한 토압 계산방법

(1) c, ϕ의 추정

안정계산에 사용하는 슬라이딩면의 정수는 지형, 지질, 토사붕괴 이력, 활동량 등을 고려하여 실내토질시험부터 결정하는 방법도 제안되고 있다. 단 여기에서는 간편한 방법을 선택한다.

활동하지 않을 때의 현상의 안전율(Fs)을 1.1로 하여 점착력(c), 전단 저항각(ϕ)을 역산법으로 구한다.

토괴의 습윤단위중량(γ)은 토사 슬라이딩의 일반값인 18kN/m^{3}로 하고, 간극수압은 거의 없는 것으로 가정하여 무시한다.

먼저 $c = 0$일 때 $\tan\phi$는

$$Fs = 1.1 = \frac{\Sigma(N - U)\tan\phi + c\Sigma l}{\Sigma T}$$

$$\tan\phi = \frac{1.1 \cdot \Sigma T}{\Sigma l} = \frac{1.1 \times 79415}{122794} = 0.71$$

역으로 $\tan\phi = 0$일 때 c는

$$c = \frac{1.1 \cdot \Sigma T}{\Sigma l} = \frac{1.1 \times 79415}{418} = 208 kN/m^2$$

그림 c와 tanϕ와의 관계는 아래 그래프가 된다. 슬라이딩면의 깊이가 30m이므로 아래 표로부터 c를 30kN/m^{2}로 하면 아래 그림으로부터 tanϕ는 0.60, ϕ는 31도가 된다.

● 사면의 안정해석 모델

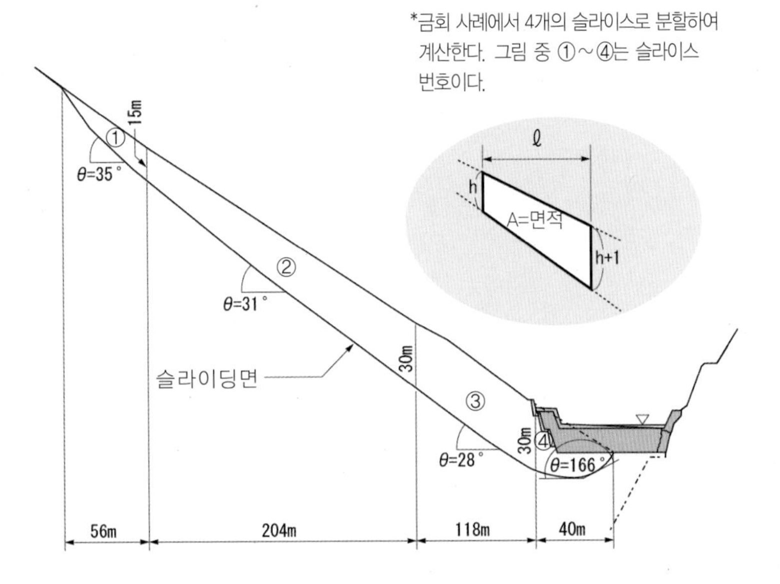

● c와 ϕ와의 관계식

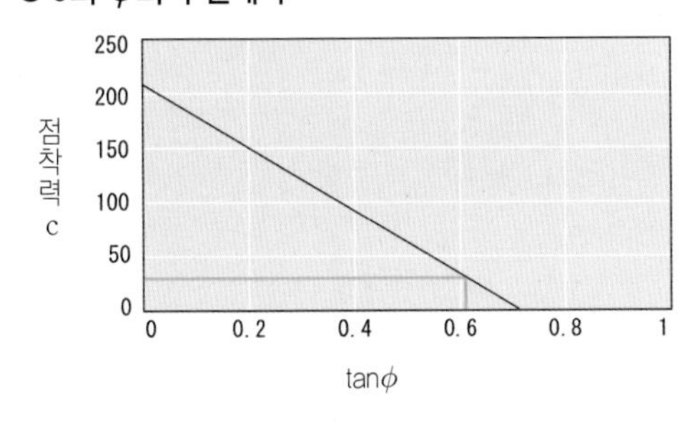

● c의 경험값

슬라이딩면 평균 수직층 깊이(m)	점착력(c) kN/m^2
55	5
10	10
15	15
20	20
25	25
30	30

● 슬라이스 해석에 이용된 수치

슬라이스 번호	h (m)	h+1 (m)	ℓ (m)	A (m^2)	W (kN/m)	θ (도)	sinθ	cosθ	T (Wsinθ)	N (Wcosθ)	N • tanϕ	C • ℓ
①	0	15	56.0	420	7,560	35.0	0.5736	0.8192	4,336	6,193	3,778	1,680
②	15	30	204.0	4,590	82,620	31.0	0.5150	0.8572	42,549	70,822	43,201	6,120
③	30	30	118.0	3,540	63,720	28.0	0.4695	0.8829	29,917	56,258	34,318	3,540
④	30	0	40.0	600	10,800	166.0	0.2419	−0.9703	2,613	−10,479	−6,392	1,200
Σ			418.0						79,415	122,794	74,905	12,540

(2) 사방댐에 의한 억지력

사방댐을 다음 페이지의 그림과 같이 모델화하였다. 사방댐의 중량(P)과 들어올리는 힘 (P_U)과의 평형식에서 P_U는 다음과 같다.

$$P \times 30m = P_U \times 50m$$

$$P_U = 70000 \times 30 \div 50 = 42000kN$$

토사붕괴는 3차원의 현상이고 사방댐에 의한 억지력은 토사붕괴 전체에 활동하는 것으로 생각하여 토사붕괴의 환산폭(W′)에서 1m 정도의 억지력으로 계산한다.

$$\frac{P_U}{W'} = 42000 \div 150 = 280kN/m$$

(3) 상승한 간극수압의 추정

강우 시 간극수압이 작용한 때부터 운동이 시작되는 것으로 하여 사방댐을 밀어올리기 위해 필요한 전 간극수압(ΣU)은 다음과 같다.

$$\Sigma U \tan\phi$$

$$\geq \Sigma N \cdot \tan\phi + c\Sigma l + 280kN - \Sigma T$$

$$\geq 73676 + 12540 + 280 - 79415$$

$$\geq 7081kN/m$$

$$\Sigma U \geq 7081 \div 0.60 = 11802kN/m$$

간편하게 토사붕괴 길이로 나누어 간극 수위를 산출하면 다음과 같다.

$$11802 \div 418 \div 10 = 2.82m$$

간극수위가 2.8m 정도 상승한 시점에서 사방댐이 떠오른다고 추측된다. 이것은 슬라이딩면 깊이의 약 10%에 해당한다.

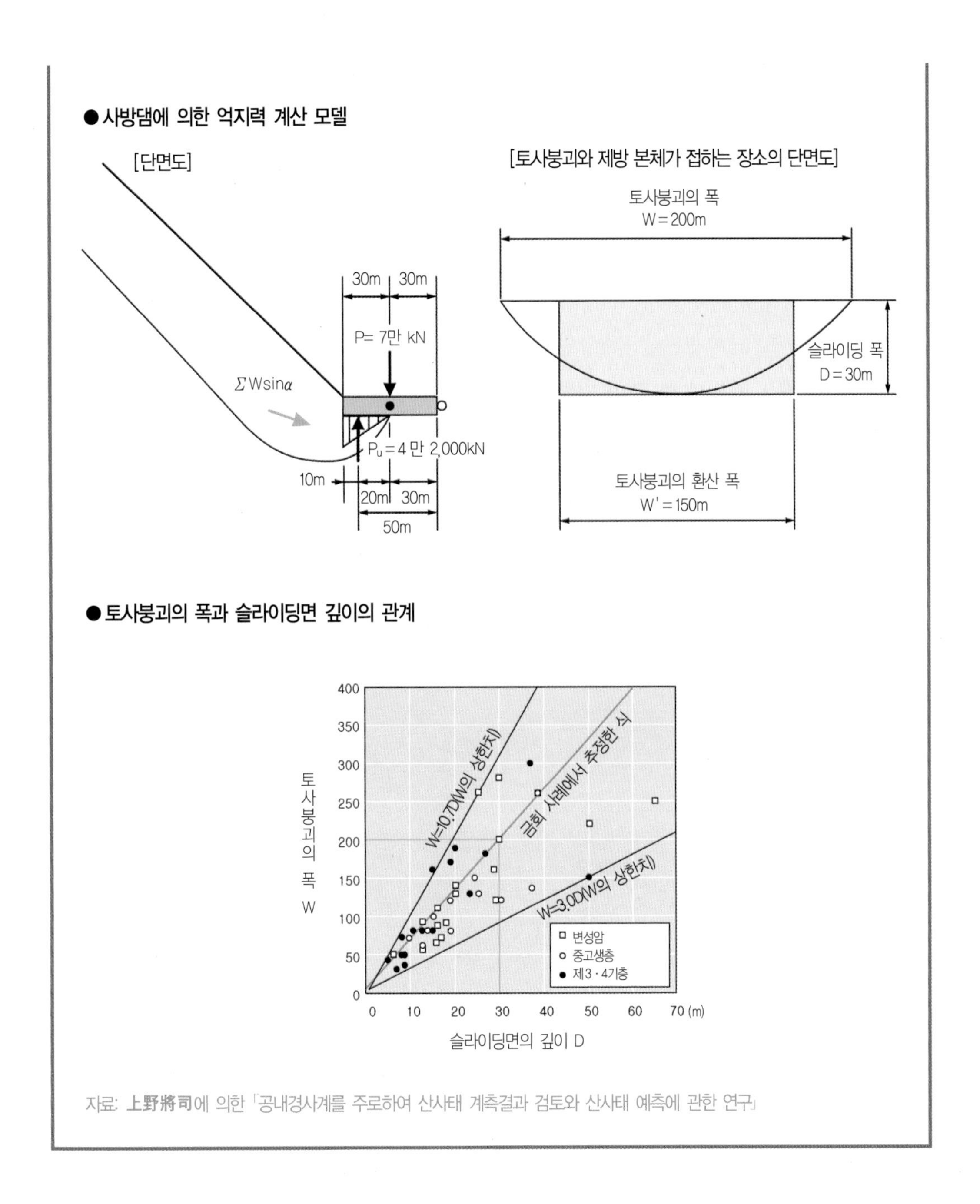

간극수압이 상승하여 토사붕괴가 발생했다

토사붕괴는 강우에 의해 간극수압이 상승하는 것으로 활동력이 저항력을 상회한 시점부터 운동을 시작한다. 사방댐은 붕괴를 억지하는 누름 성토와 같은 역할을 하고 토사붕괴로 밀려 올라갈 때는 저항력을 활동력으로 나눈 값을 나타내는 안전율이 1.0을 밑돈다.

간극수압이 어느 정도 상승하였을 때는 안전율이 1.0을 밑도는 것인가를 지표답사로부터 추정한 토사붕괴의 단면을 기초로 스웨덴식 분할법으로 역산하였다.

우선 토사붕괴가 활동하지 않을 때의 안전율을 1.1로 가정하면 점착력은 30kN/m^2, 전단저항각은 31°가 된다(계산과정은 18-19페이지 참고). 또 단단한 암반에 접한 제방 본체의 좌측 기슭을 고정단으로 하면 우측 기슭을 들어올리기 위해 필요한 힘은 280kN/m이 된다.

이런 수치로부터 추정된 간극수압은 1만 1802kN/m이며, 그때의 수위는 2.8m 정도 상승한 것이 된다(계산과정은 20페이지 참조).

이 댐과 같이 유수가 기울진 경우, 하류의 배가 통과하는 길에도 영향을 주어 수중 침식에 의해 하천 재해로 이어질 가능성도 있다. 댐의 기능을 충분히 발휘할 수 있도록 복구할 필요성이 있지만, 토사붕괴의 규모부터 고려하여 장기적으로 본 경우, 복구하더라도 다시 사방댐이 무너질 우려가 있다. 그래서 보링조사와 구멍 내 경사계에 의한 측정, 지하수 관측, 사방시설의 변위관측 등 상세한 조사를 실시한다. 조사결과에 근거하여 억지말뚝을 박는 등 토사붕괴 대책을 실시한 후 복구하기로 하였다.

도로확장공사 중 사면 ①

협곡 사면이 붕괴한 것은 왜?

●붕괴 사면 상황

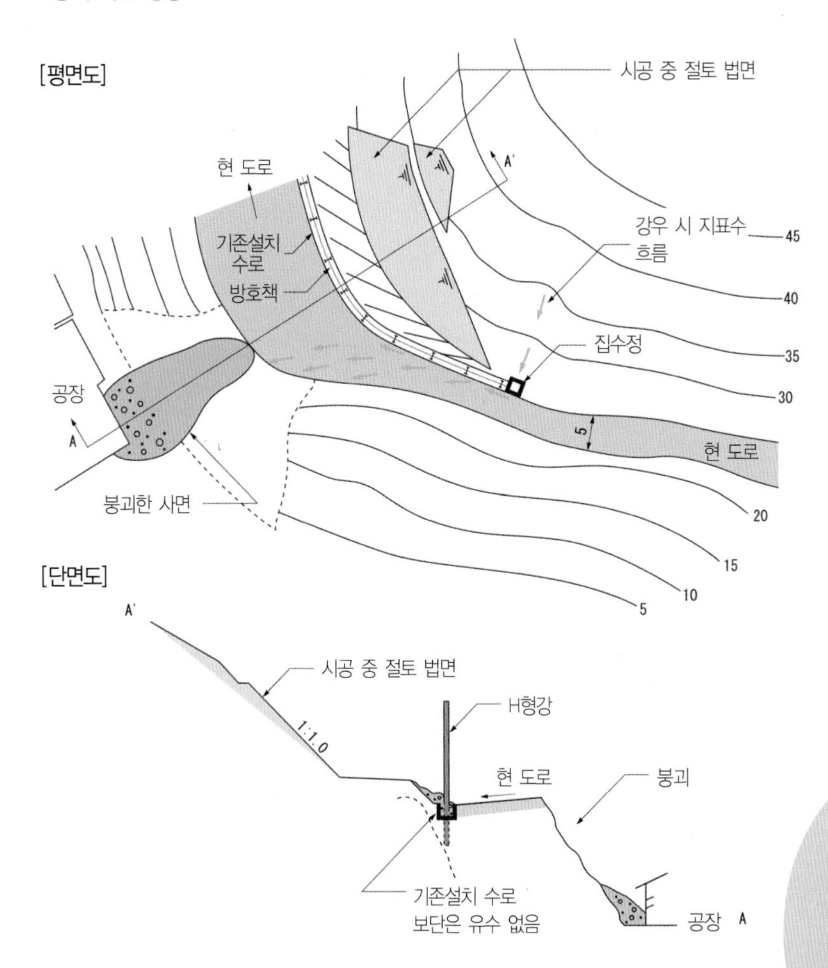

산간부를 통과하는 현 도로를 확장하기 위해 산측 법면을 절토하고 있을 때 협곡 사면이 붕괴되었다. 유출된 토사에 의해 사면의 밑에 있는 공장의 일부가 파손되는 피해를 받았다. 사면이 붕괴된 전 날까지 5일에 걸쳐 장마전선에 따라 강우가 계속되었다. 붕괴 후 조사로부터 산측의 절토에 의해 발생한 토사로 인해 현 도로를 따라 기존에 설치해둔 수로가 망가져 있다는 것을 알았다. 무엇이 원인이 되어, 어떤 메커니즘으로 사면이 붕괴한 것일까?

A

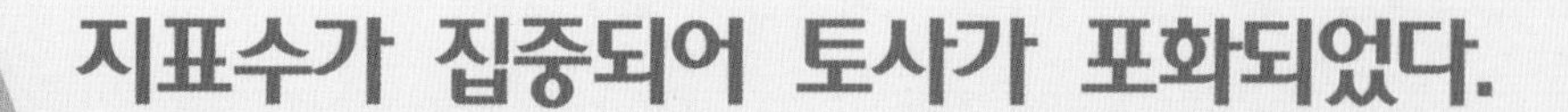

지표수가 집중되어 토사가 포화되었다.

도로를 따라 기존에 설치한 수로는 토사로 막혀 있기 때문에 강우 시 기능을 상실하였다. 산 쪽의 법면과 도로 위를 흐르는 지표수가 협곡 쪽 사면 상부에 집중적으로 유입되어 사면의 토사가 물로 포화된 상태였다. 그 결과, 흙덩이의 강도가 극단적으로 저하되어 사면이 붕괴됐다.

사면의 붕괴가 발생한 지역은 과거 30년 간의 강우 데이터를 보면 하루의 최대 우량은 240mm, 1시간에 해당하는 최대 우량은 76mm 정도를 기록한 적이 있다. 강우량이 많은 지역이었다.

사면에서 유출 해석의 흐름

자연상태의 사면은 낙엽의 퇴적물과 모래 등 투수성이 높은 것으로 덮여 있는 경우가 많다. 이러한 사면에서는 꽤 많은 양의 비가 오더라도 물이 표층을 흐르는 표면류가 바로 발생하지 않는다. 우선 투수성이 높은 표층 내를 흐르는 중간류가 발생한다. 중간류에 의해 표층이 완전하게 포화상태가 된 후 처음으로 표면류가 발생한다.

이러한 우수유출의 해석방법은 앞서 교토대학의 교수인 高棹琢馬 등이 중간류와 표면류의 각 모델을 조합한 방법을 제안하여 많은 연구자에 의해 그 유용성이 밝혀지고 있다. 여기에서도 이 해석방법을 채택했다.

또 해석의 대상으로 한 사면은 다음과 같이 상정했다. 사면을 몇 개의 장방형의 블록으로 분할해서 각 블록 내에서 사면을 분배하여 조도계수, 표층두께, 투수계수, 공극률이라는 변수의 수치가 시공간적으로 똑같다고 가정하였다. 高棹가 고안한 중간류의 모델이 25페이지의 그림이다. 이 경우의 중간류의 기초는 다음과 같다.

$$q = ksH$$

$$\frac{\partial(\lambda H)}{\partial T} + \frac{\partial q}{\partial x} = r$$

q : 사면 단위 폭당 중간류의 유량
k : 표층의 침투계수
s : 사면의 경사
H : 표층 내의 외관상 수심
λ : 표층의 유효 간극률
r : 유효강우강도
t : 시간
x : 거리

한편 표면류의 기초식에는 하도의 유출 모델과 동일하게 다음 식을 사용한다.

$$W = KQ^{P}$$

$$\frac{\partial W}{\partial t} + \frac{\partial Q}{\partial x} = I$$

W : 유적(流積)
Q : 유량(流量)
I : 하도의 단위 길이당 횡유입량(橫流入量)

● 중간류의 모델

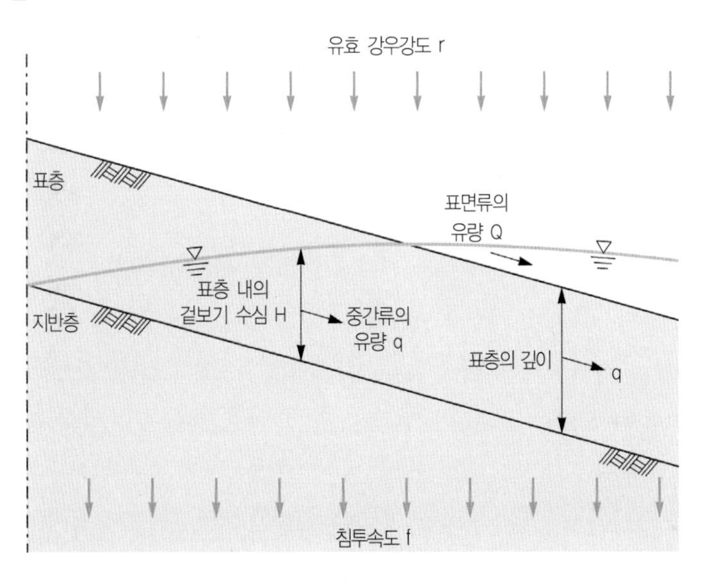

그러나 사면이 붕괴한 때의 강우량이 특히 이상치를 보인 것은 아니다. 사면이 붕괴한 것은 6월 25일 오전 10시경으로 비는 6월 19일에서 24일에 걸쳐 계속 내렸다. 5일 간의 총 강우량은 436mm, 1일 정도의 최대 강우량은 162mm, 1시간에 해당하는 최대 강우량은 46mm이다. 4~5년에 1번의 빈도로 발생하는 정도의 강우량이다.

붕괴 사면에서 6월 22일에도 소규모의 붕괴가 있었다. 이상 강우량으로 보기에는 어려운 상황이나 2번이나 사면의 붕괴가 발생한 것이다. 붕괴의 메커니즘을 해명하기 위해 사면의 유출 해석과 사면의 침투류 해석, 사면의 안정해석 순으로 시험했다.

절토 법면에 관계없이 수로에 원인이 있다

사면의 유출해석에서 3가지 계산을 실시했다. 첫 번째는 절토의 시공 전과 시공 중의 형상의 차이에 의한 지표수의 유출량을 비교하였다. 두 번째는 수로의 배수기능의 유무에 의한 유하 상황을 비교하였다. 그리고 세 번째는 붕괴된 협곡 사면의 유입량이다.

해석의 순서는 다음과 같다. ① 산쪽의 법면을 복수의 유역(流域)으로 블록 분할하여 각각의 면적을 산정 ② 각 블록의 평균 분배를 산정 ③ 각 블록을 장방형으로 모식화 ④ 지반조건과 우량을 설정 ⑤ 해석을 실행하고 유량의 하이드로그래프(수위도)를 작성 ⑥ 도로 위의 유하 상황을 확인 ⑦ 붕괴된 협곡에서 사면으로의 유입량을 산정한다.

해석결과는 다음과 같다. 절토 앞 법면의 형상에서는 지표수의 유량은 최대 0.133m^3/초이다. 한편 절토 법면 형상에서는 0.134m^3/초이다. 시공 전과 시공 중은 거의 동등한 유량이라고 말할 수 있다. 시공한 개소의 면적은 현 도로를 따라 기존 설치한 수로에 유입된 지역 전체의 10% 정도에 지나지 않고, 영향은 거의 나타나지 않았다.

다음으로 수로의 배수기능의 유무에 의한 유하(流下)상황을 비교하였다. 수로 내로 정상적으로 물이 흐른 경우, 이 수로의 깊이와 폭으로 충분히 처리할 수 있는 결과가 나왔다. 그러나 절토의 시공 중 공사에 의해 발생하는 토사로 수로가 막힌 상태였다.

수로가 기능을 하지 못하면 지표수는 27페이지의 그림처럼 2방향으로 흘러내린다. 현 도로 위를 흘러내리는 지표수(Q1)는 협곡 사면의 상부에 달한다. 절토 법면에서 흘러내리는 지표수(Q2)는 우선 도로 위에 달한다. Q1은 전부 협곡 사면에 유입되어 Q2의 약 25%가 협곡 사면에 유입된다.

붕괴된 협곡 사면에 유입된 지표수의 유량은 28페이지의 그래프와 같이 산 쪽의 법면과 현 도로 위를 흐르는 물 전체의 약 50%에 상당한다. Q1과 Q2의 유량의 비율은 2대 1이다.

사면에서 유출 해석의 흐름

강우량에 의한 사면 붕괴의 원인은 ① 우수의 침투에 의해 포화도가 상승해 점착력이 저하되거나 제로가 된다. ② 사면 내에 침투류가 생겨 간극 수압이 상승한다. ③ 포화도의 상승에 의해 흙 자중이 증가하는 것을 들 수 있다.

따라서 사면 붕괴의 메커니즘을 해명하기 위해서 사면내의 우수의 침투류 해석과 사면의 안정해석을 실행할 필요가 있다.

이때 실제의 강수량에 맞춰 시간별로 추이하는 사면의 상황을 확인한다.

침투류 해석은 유한요소법에 의한 해석수법 'UNSAF'가 유명하다. 오크야마대학의 西垣誠 교수 등은 동해석수기법의 유용성을 모형실험 등으로 확인하고 범용성이 있는 것으로 했다. 여기에서도 이 해석 방법을 사용했다.

* 「유한해석법에 의한 포화-불포화 침투류의 해석」 1977년, **赤井浩一, 大西有三, 西垣誠** 공저, 토목학회논문보고집 No.264의 170~180페이지에 기재)

● **지표수가 흐르는 방향**

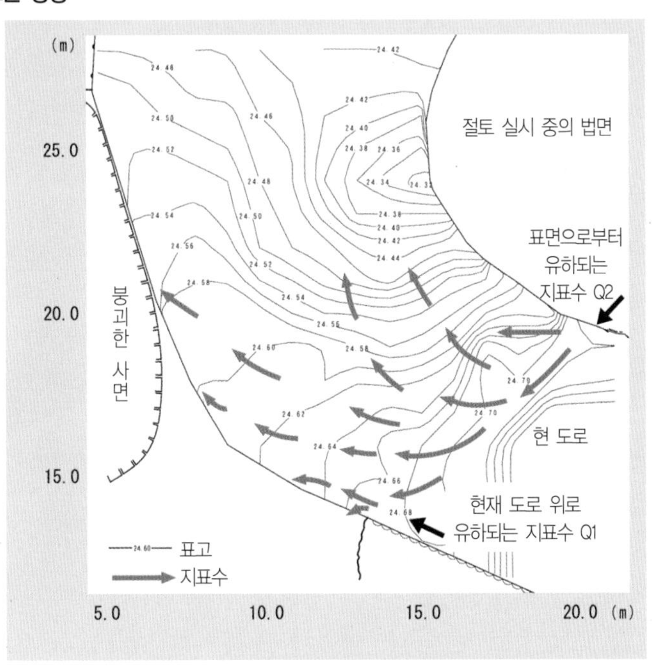

● 전 유량과 사면으로의 유입량 비교

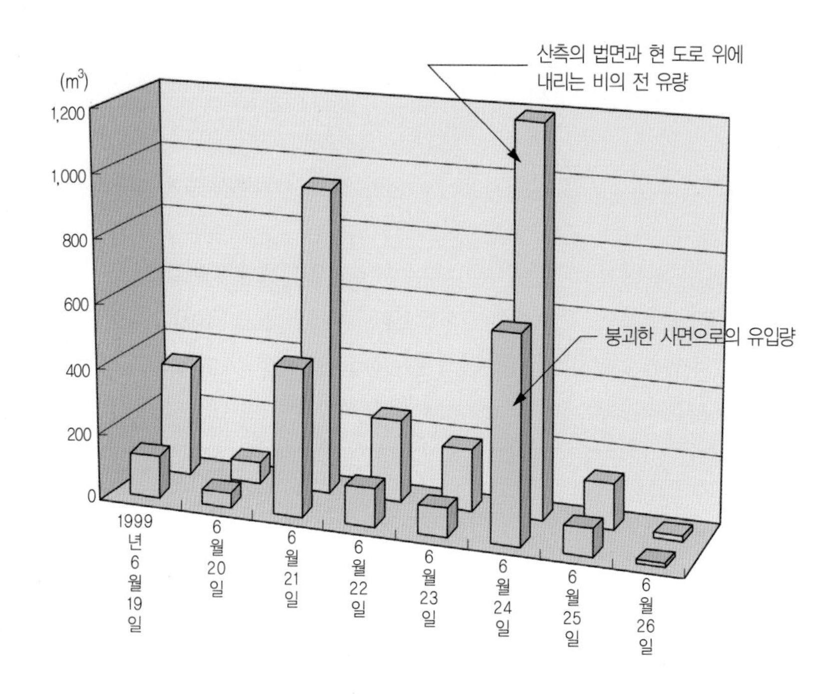

● 사면의 토사의 포화도

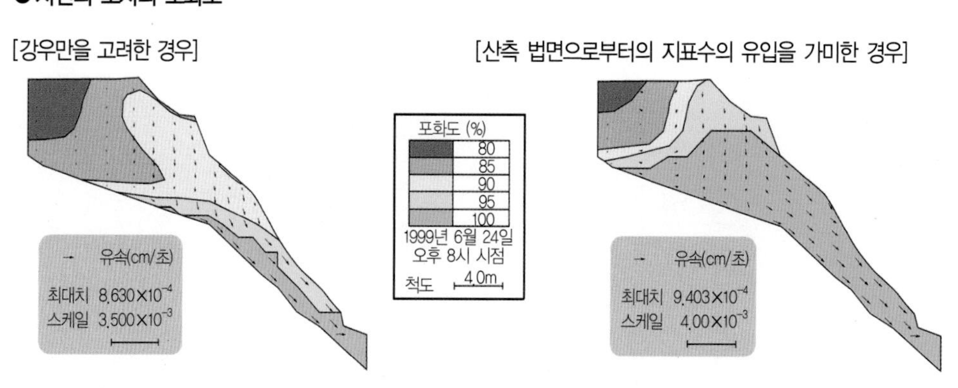

● 사면의 안전율의 추이

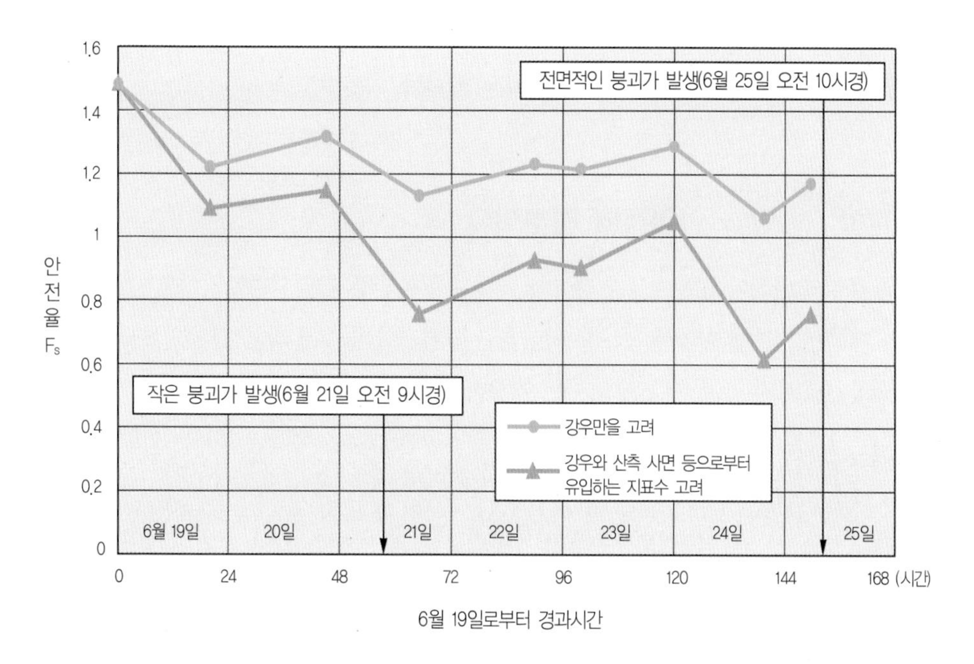

붕괴한 사면의 대부분이 포화상태가 되었다

사면의 침투류 해석에서는 2가지 경우를 설정하였다. 하나는 붕괴한 협곡의 사면에 강우만이 유입된 경우이며, 다른 하나는 산 쪽 법면에서 유입된 지표수가 더해진 경우이다. 지반의 포화도를 각각 산정했다.

해석의 순서는 다음과 같다. ① 붕괴한 협곡 사면의 단면을 매쉬상 요소로 분할 ② 지반의 조건과 우량, 지표수의 유입량을 설정 ③ 해석을 실행하여 시간별로 토사의 포화도를 산정한다.

해석의 결과, 6월 21일과 6월 24일의 비가 내린 뒤 토사의 포화도가 상승한 것을 알았다. 강우만을 고려한 경우, 28페이지 아래쪽의 왼쪽 그림을 보면 사면의 포화도는 85~95%에 멈춘다. 한편 산 쪽의 법면에서 유입된 지표수를 더한 경우가 28페이지 아래쪽의 오른쪽 그림이다. 사면의 대부분에서 포화도가 90~100%가 되었다.

이 침투류 해석 결과를 받아 사면 안정해석을 실행하여 시간별로 변하는 사면 안전율을 구했다. 여기에서도 강우만을 고려한 경우와 산쪽 법면에서 지표수의 유입이 더해진 경우의 두 가지 케이스를 계산했다.

그 결과가 29페이지의 그래프이다. 강우만을 고려한 경우 안전율은 1을 밑돌지 않기 때문에 붕괴될 우려는 없다. 한편 산쪽 법면에서 지표수를 더한 경우 6월 21일과 6월 24일에 안전율이 1을 크게 밑돌았다. 실제의 현상을 설명하는 결과가 되었다.

회피할 수 있는 인위적인 잘못이다

사면 붕괴의 메커니즘은 이상과 같이 일련의 수치해석에 따라 설명할 수 있다. 돌이켜보면 붕괴의 계기는 기존에 설치된 수로를 막아버린 인위적인 실수에 의한 것이다. 단, 이 수로는 보통의 경우 흐르지 않고 비가 내릴 때만 기능하는 것이다. 간과하기 쉬운 실수이지만 수로가 설치되어 있다는 사실에 착목해서 비가 내릴 때 신중한 대응을 했다면 붕괴는 피할 수 있었을 것이다.

계획과 시공에 있어서는 공사구간의 주변의 상황과 기상조건 등 지역 특성을 파악하고 이상 시에 관리체제를 정비해 두는 것이 중요하다.

도로확장공사 중 사면 ②

절토 중에 변형된 것은 왜일까?

● 밀려 나온 변상이 발생한 법면

[평면도]

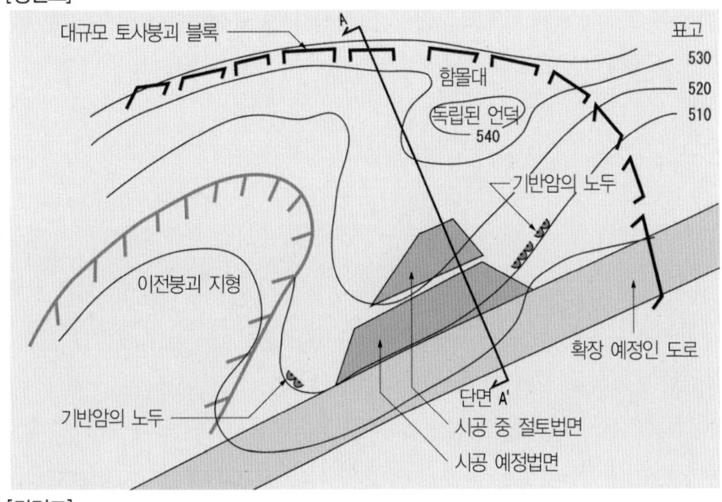

[단면도]

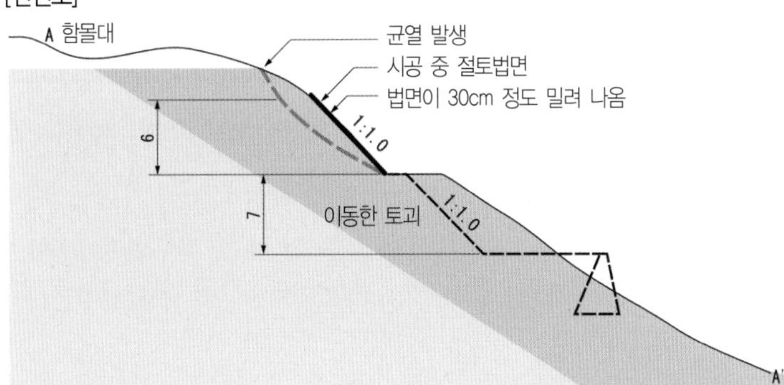

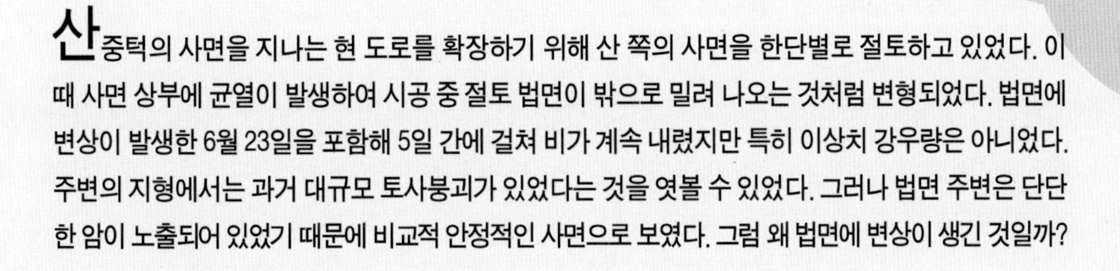

산 중턱의 사면을 지나는 현 도로를 확장하기 위해 산 쪽의 사면을 한단별로 절토하고 있었다. 이때 사면 상부에 균열이 발생하여 시공 중 절토 법면이 밖으로 밀려 나오는 것처럼 변형되었다. 법면에 변상이 발생한 6월 23일을 포함해 5일 간에 걸쳐 비가 계속 내렸지만 특히 이상치 강우량은 아니었다. 주변의 지형에서는 과거 대규모 토사붕괴가 있었다는 것을 엿볼 수 있었다. 그러나 법면 주변은 단단한 암이 노출되어 있었기 때문에 비교적 안정적인 사면으로 보였다. 그럼 왜 법면에 변상이 생긴 것일까?

A

비와 공사로 인해 흙덩이의 균형이 무너졌다.

절토한 사면에 대규모 산사태가 발생하였다. 지표에 나타난 기반암은 이전에 움직인 산사태 토괴였다. 슬라이딩면의 위에 무너진 토괴가 놓여 있는 불안정한 상태였다. 또한 한 번 슬라이딩되었기 때문에 강도는 저하되어 있었다. 착공 전에는 자연의 상태로 간신히 평형을 유지하고 있었던 것이다. 강우에 의해 지하수위가 상승한 뒤 절토에 의해 토괴의 균형이 무너졌기 때문에 법면에 변상이 일어났다.

절토 중에 변상이 생긴 사면은 '도로확장공사 중의 사면 ①'의 사례에서 거론한 사면의 근처에 있다. 변상의 하나의 이유로 일어나는 강우도 그때와 같은 것이다. 4~5년에 1번의 빈도로 발생할 정도로 특히 이상할 정도의 강우량은 아니었다.

6월 23일 비가 내린 후 절토를 시공 중의 법면이 폭 10m, 두께 2m에 걸쳐 밖으로 밀려 나왔다. 그 위에 7월 25일의 강우 후 법면의 변상은 폭 15m 길이 20m 두께 3m로 확대되었다.

첫 번째의 변상 후 긴급히 성토를 실시하여 일단 안정을 확보했다. 그 위에 지표의 지질답사와 조사 보링을 실시했다. 또 미래의 변상에 대비해서 지중 관측계와 지표 관측계를 설치했다. 이상이 발생할 때를 대비하여 경보장치를 구비해 감시상태와 긴급연락망이라는 위기관리체제도 정비했다. 그러한 상황 속에서 두 번째의 변상이 발생했다.

지표와 지중에 관측계를 설치한 덕분에 두 번째의 변상이 일어날 때 붕괴의 변위를 확인할 수 있었다. 그 결과 정밀도가 높은 조사와 해석, 대책공사의 상세한 검토가 가능하게 되었다.

지표답사로 인한 과거의 토사붕괴 흔적이 있었다

변상이 발생한 사면은 과거에 토사붕괴가 일어나서 강도가 저하된 무너진 토괴였다. 착공 전부터 불안정하였다. 토사붕괴 토사의 균형이 절토에 의해 무너진 것으로 변상이 발생했다고 생각된다.

원인이 절토공사였다는 것을 부정할 수 없다. 그러나 근본적인 원인은 소규모 공사였기 때문에 사전조사가 충분하지 않았고 이전에 붕괴된 이력을 가진 특수한 원지반이었다는 것을 주의하지 않았기 때문이다.

지표의 지질답사 결과, 아래의 사진에 나타낸 바와 같이 주변에서 옛날에 토사붕괴가 발생한 흔적이 곳곳에 발견되었다. 점토세맥이 있거나 슬라이딩면이었다는 것을 나타내는 단층활면(slickenside)의 층리면이 있었다. 암반이 강력한 응력을 받아 파쇄되어 점토화되고, 그러한 지층을 협재하는 토괴였다. 즉 불안정하여 붕괴 원인이 될 가능성을 가지고 있었다.

변상이 발생한 지점의 보링 코어의 상황을 34페이지의 사진에 나타내었다. 지표면에서 3m 정도까지 풍화가 진행되어 3~7m 부근까지 과거에 움직인 단단한 암석덩어리가 분포되지만, 8m 부근에는 파괴가 된 약한 지층이 있었다. 사진에서는 보기 어렵지만 점토세맥을 끼고 있다.

지표 관측계에 의한 지반의 신축상황은 34페이지 오른쪽 그림과 같다. 7월 25일의 강우량의 영향에 따라 변위량이 급격히 증가하고 있다. 이것은 첫 번째의 변상 후에 긴급하게 실시한 쌓아올린 흙의 효과가 불충분하였던 것, 즉 당초의 생각보다도 실제 슬라이딩면의 규모가 컸다는 것을 원인으로 들 수 있다.

그래서 지표 관측계와 동시에 설치해둔 지중관측계의 결과에서 슬라이딩면의 심도를 확정하여 다시 성토를 하였다.

옛날에 토사붕괴에 의해 형성된 점토세맥

슬라이딩면이였다는 것을 나타내는 단층활면으로 된 층리면

점토세맥 : 단층면에 따라 암석이 파쇄되어 점토화되고 얇은 맥상으로 분포된 것

단층활면 : 단층운동에 따라 마찰에 의해 단층에 접한 암석에 발생한 광택이 있는 면

층 리 면 : 거의 동일한 암석으로 생긴 단층이 퇴적된 지층으로, 단층과 단층과의 경계면

1회째 변상 후 실시한 조사보링의 코어: 사진의 숫자는 지중의 깊이(단위: m)이며, 지하 8m 부근에 전에 토사붕괴가 발생했다고 예상되는 취약지층이 있다.

● 지반 신축계의 변동도

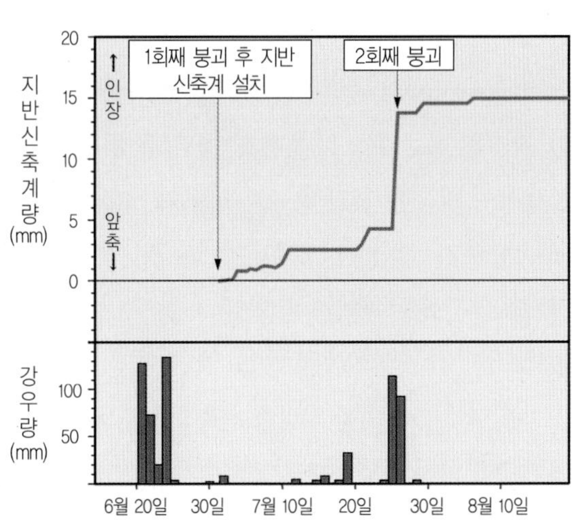

● 보강토를 병용한 그라운드 앵커공사에서 복구

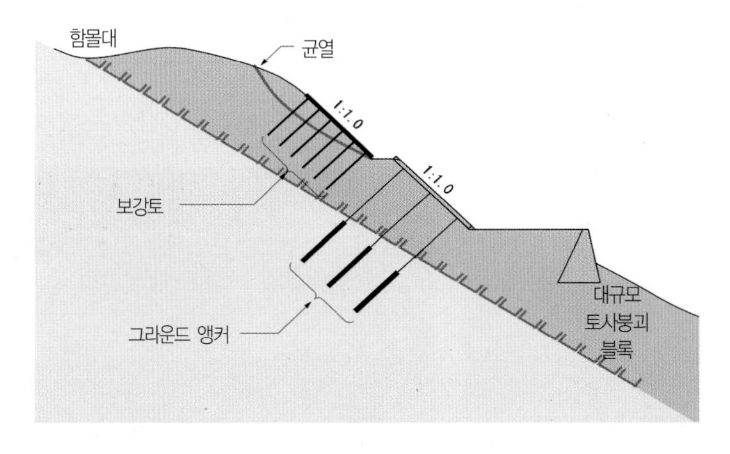

소규모 공사에서도 사전조사가 불가결하다

사면의 변상을 일으킨 원인을 다시 정리하면 절토의 규모가 작은 것부터 충분한 사전조사를 하지 않았기 때문에 주변의 지형과 지질의 상황에 관한 충분한 정보가 없었다는 것을 들 수 있다.

토사붕괴와 재해가 다발적으로 발생하는 지역으로 지면의 안전성이 의심되는 사면에 대해서 지표의 지질답사와 조사 보링으로 된 사전조사를 계획적으로 실시할 필요가 있다.

더욱이 일단 붕괴가 발생한 사면에서 공사하는 경우에는 이 사면에서 1회째 변상이 발생한 후에 하는 것이기 때문에 지표와 땅 속의 변위관측, 감시·경비 태세의 정비인 동태관측을 실시할 필요가 있다(다음 페이지 박스 참조).

변상이 발생한 사면에 대한 본격적인 복구공사로서는 슬라이딩면의 상부에 퇴적되어 있는 토사를 제거하는 것이 기본적으로 유효하다. 그러나 자연환경에 주는 악영향과 경제성, 시공성 등을 고려하여 공법을 검토할 필요가 있다. 이 사면에서 토사는 제거하지 않고 34페이지 아래쪽 그림과 같이 절토 보강토공법과 그라운드 앵커 공법을 병용하였다.

그런데 절토 보강토 공법으로 설계를 할 때에는 주의해야 할 점이 있다. 다양한 기준서가 나와 있고, 기준서마다 설계수법이 크게 다르기 때문이다(36페이지의 '절토 보강토 공법의 설계방법' 참조).

이상과 같이 절토 공사할 때 발생한 변상에 대해서 논하였지만, 어떠한 경우에도 토목공사에서 담당하는 기술자의 판단이 매우 중요하게 된 것은 명백해졌다. 면밀한 정보수집에 의해 결단을 내리고 항상 노력을 아끼지 않는 마음 자세를 가질 필요가 있다.

토사붕괴의 위험이 있는 경우의 동태관측 수법

절토 시공을 할 때 채용되는 동태관측 기법중 많은 예로서 구일본도로공단에 제시한 '통상의 동태관측'과 '엄밀한 동태관측'이 있다.

사면에 변상이 발생한 이 지구에서 1회째 변상이 발생한 후, 통상의 동태관측과 엄밀한 동태관측의 양 방법을 병용하였다. 각각의 공사현장에 적합한 계측기기를 선정하여 최적인 배치계획을 입안, 실시하는 것이 가장 중요하다.

또 토사붕괴의 관리기준치로서는 (재)고속도로조사회가 제시한 아래 표가 있다. 지구의 중요도과 위험도에 따른 값에 기초하여 관리하면 문제는 없을 것이다.

다만, 현장과 관리자와의 연락체계를 충분히 검토하는 것이 중요하고, 특히 복수의 전달 수단을 준비해두는 것을 빠뜨려서는 안 된다.

● 통상의 동태관측

계측항목	사용기기	계측자의 배치	계측빈도
육안 감찰	–	–	1일 2회, 더욱이 각 단의 굴착 작업의 개시 전후
사면 어깨 변위	광파계측위기	사면 어깨부에 2점	
지표변위	지표면신축계	경사계의 길이는 굴착 심도의 2배 정도	

● 엄밀한 동태관측

자료: 왼쪽도 구일본도로공단의 『절토공법설계·시공지침』

계측항목	사용기기	계측자의 배치	계측빈도
지표변위	보링 내 경사계	경사계의 길이는 1.5H 또는 H+5m 가운데 짧은 쪽으로 한다. H는 굴착심도로 계측간격은 1m	1일 2회, 더욱이 각단의 굴착 작업의 개시 전후
보강재 축력	보강재 축력계	–	

● **관리기준치** 자료: 고속도로 조사회의 「절토법면 조사 설계에서 시공까지」 경계, 응급대책, 엄중경계, 일시대피

계측기기	관리기준치의 대응구분				
	표기법	점검, 요주의 또는 관측 강화	대책 검토	경비, 응급대책	엄중경비, 일시대피
신축계 지중신축계 광파계측위	계속일수와 그 사이의 변위속도	5mm 이상/10일	5~50mm /5일	10~100mm/1일	
삽입형 지중경사계	계속일수와 그 사이의 붕괴면 부근의 변위속도	1mm 이상/10일	5~50mm /5일	–	–
파이프 변형률게이지	누적치	100u 이상	1000~ 5000u	–	–
지표에 나타난 토사붕괴 현상		① 사면 내, 두부의 균열, 결함구멍 ② 경작지, 도로에 나타난 균열과 결함구멍, 단차 ③ 전주, 펜스의 변상 ④ 절토면과 평행한 단층면 또는 붕괴면 ⑤ 법면으로부터 용출수	① 사면 내, 낭떠러지면으로부터 암석편과 모래가 연속적으로 낙하 ② 이상한 용출수가 탁해지고 용출수의 변화 → 용출수가 급히 막히거나 탁해지거나 많은 유량이 급변 ③ 전선이 크게 요동함 ④ 지반에 진동과 땅속 울림이 발생 ⑤ 바람도 없는데 나뭇잎이 서로 스치는 소리가 나거나 나무뿌리가 부러지는 소리가 남		

절토 보강토 공법의 설계방법

절토 보강토 공법의 설계방법은 구일본도로공단과 (사)일본도로협회 외에도 국토교통성 하천국 제방부 등이 각각 제시하고 있다.

일본도로협회의 『도로 토공–경사면 · 사면 안정공 지침』과 구일본도로공단의 『절토 보강토공법 설계 · 시공지침』에서는 실물대시험 등으로부터 보강재의 인장력의 저감계수(λ)를 채택하고 있다.

한편, 구건설성 하천국사방부가 감수하고 (사)전국치수제방협회가 발행한 『급경사지 붕괴방지 공자 기술지침』에서는 보강토 공법은 앵커공법과 동일한 설계수법으로 실시하도록 되어 있으며, λ는 채택하지 않고 있다.

이처럼 λ를 채택하는 경우와 그렇게 하지 않은 경우에 보강재의 크기와 설치길이에 40% 정도의 차이가 발생하게 된다. 현재는 안전 측을 판단하여 검토하는 케이스가 거의 대부분이지만 동일한 원리공법임에도 불구하고 λ의 채택하지 않음으로써 시공규모와 비용에 큰 차이가 발생하는 것은 설명이 되지 않는다.

향후 기준의 개정이 요구되지만, 현시점에서는 담당하는 기술자의 판단에 맡기기로 하고 충분한 주의를 요한다.

절토 중의 암반법면 ①

완만한 경사에서도 붕괴한 것은 왜?

● 붕괴한 암반면의 단면도

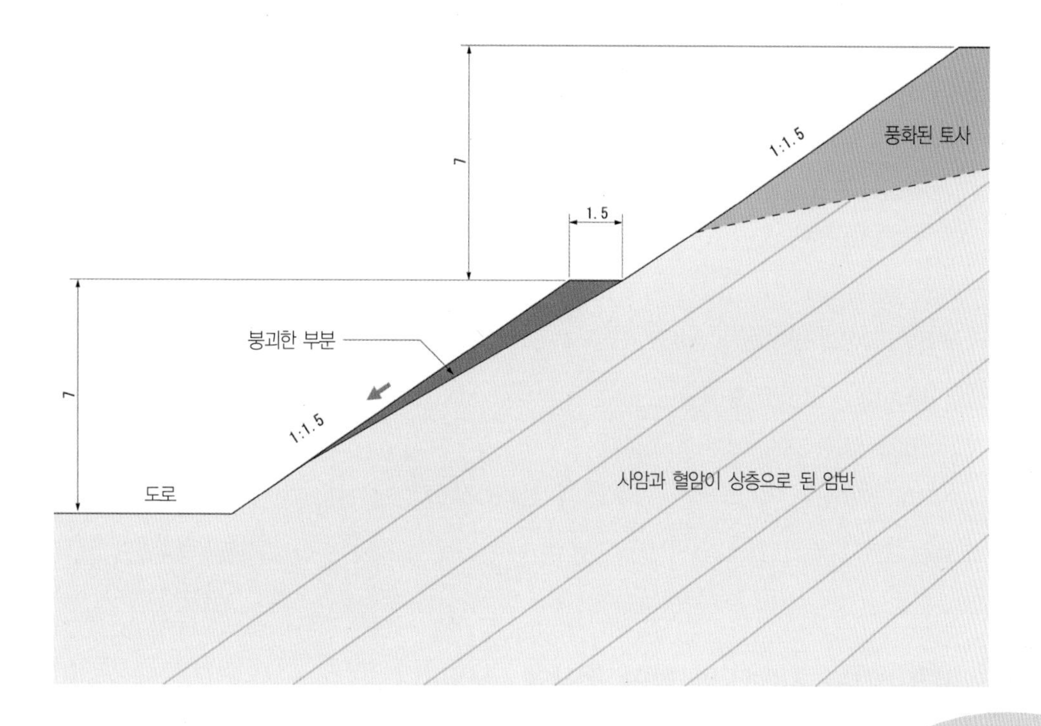

Q

대규모 도로를 건설 중에 암반의 법면이 붕괴했다. 이 암반은 연암으로 분류된 퇴적암이다. 사암과 혈암이 호층으로 되어 있다. 연암의 절토 법면의 표준으로 된 경사는 1:0.5~1:1.20이지만, 그것보다도 완만한 경사인 1:1.2~1:1.5에서 절토를 하였다. 그런데 시공 중에 표층의 붕괴가 차츰 발생하였다. 토사의 법면에서도 1:1.2~1:1.5의 경사에서 절토하여 붕괴된 일은 거의 없다. 토사보다도 매우 단단한 암반 법면이 붕괴된 것은 왜일까?

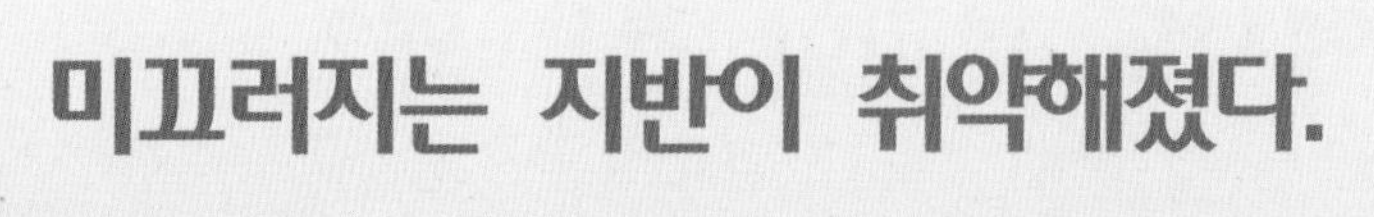

미끄러지는 지반이 취약해졌다.

법면을 구성하고 있는 암반은 법면의 경사에 대해 굴러 떨어지기 쉬운 경우 미끄러지기 쉬운 지반 구조였다. 암반은 사암과 혈암이 상층으로 된 퇴적암으로 혈암에는 점토화가 될 정도로 강도가 저하되는 부분이 있었다. 이 때문에 보통의 경우, 토사보다도 매우 강도가 높은 암반이 1:1.5의 완만한 경사에서도 미끄러졌다.

붕괴된 법면의 정상부는 소단으로 퇴적암과 결정편암과 같이 층상의 구조를 가진 암반을 절토하고 있을 때 자주 발생한다. 층상의 지층과 법면의 경사와 동일한 방향으로 경사하는 것을 '미끄러지는 지반'이라고 부른다.

미끄러지기 쉬운 지반에서는 지층의 경사가 층상으로 될 경우 지층의 경계면이 다양한 영향을 받아 활동이 쉽게 일어난다.

미끄러지는 지반에서 법면 경사에 주의한다

연암을 절토할 때 암반의 파쇄와 변질, 풍화의 영향을 고려하여 법면의 표준경사를 1:0.5~1:1.2로 폭넓은 범위에서 결정하는 경우가 많다.

다만, 법면이 흘러내리는 암의 경우는 법면의 경사와 지층의 경사각과의 관계를 검토할 필요가 있다. 예를 들어 법면과 지층면이 거의 일치하는 방향으로 경사진 흘러내리는 지반의 경우에는 법면의 경사를 지층의 경사와 동일하게 하거나 그 이하로 한다.

이 현장에서는 지층 조사의 단계 흘러내리는 암의 경사각(θ)을 35~40°로 추정하고 1:1.2~1:1.5 법면의 경사를 채택하고 있다.

그러나 실제에 경사를 절토하여 보면 흘러내리는 암의 경사각은 장소에 따라서 편차가 있었다. 가장 완만한 곳의 경사각은 30° 가깝게 추정되는 곳도 적지 않았다.

또 도로의 종단방향과 지층면이 연속하는 방향과는 완전히 일치하지 않기 때문에 법면의 경사가 지층의 경사각보다 급하게 되는 법면이 출현하였다. 그러한 장소에서 표층의 붕괴가 많이 발생했다는 것을 알았다.

● '미끄러지는 지반'에서의 붕괴도

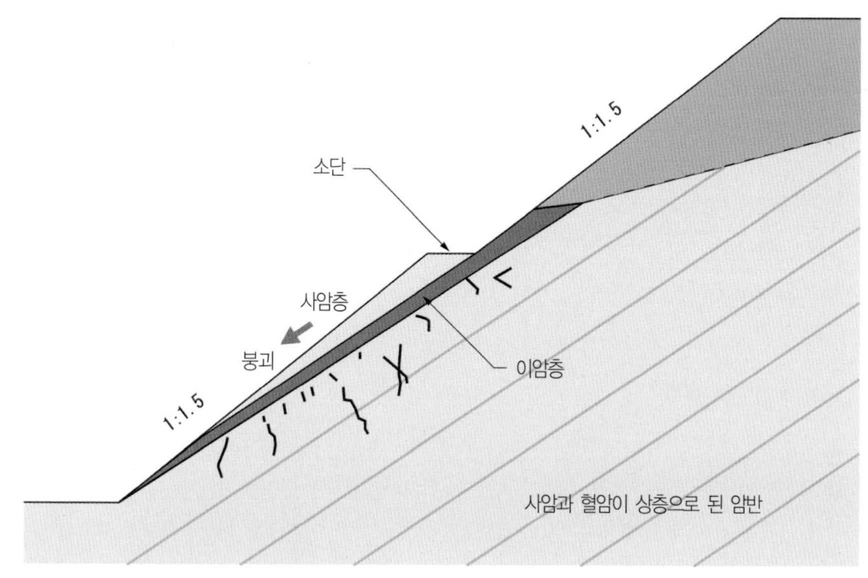

지층경계면의 강도를 역산법으로 추정하였다

법면의 붕괴는 사암과 혈암과의 경계면인 층리암(혈암층)이 취약해진 부분에서 발생하고 있다.

사암과 혈암과의 호층으로 된 층상의 퇴적암인 경우, 사암층의 저면과 혈암층의 상면에서 입도의 차가 가장 크게 발생하게 된다. 그 결과, 불연속으로 되기 쉽기 때문에 다양한 영향을 받아 취약해진다.

예를 들어, 층리암은 파상으로 만곡되거나 단층으로 되기 쉬운 이외에, 굴착에 의한 응력의 해방과 풍화작용에 의해 강도가 저하된다. 암반의 법면 붕괴는 이처럼 불연속면의 강도에 지배된다.

붕괴된 법면 중에서 강도가 약한 층리면의 강도를 추정해보자. 절토 법면에서 전단시험 등으로부터 점착력과 내부마찰각 등의 강도정수를 구하고 안전해석을 실시하는 일은 많지 않다. 일반적으로 붕괴 후 해석으로부터 강도정수 등을 추정하는 경우가 많다. 이러한 추정방법을 역산법이라 부른다.

붕괴된 암반은 토사와 같은 정도이거나 이하이다

강도정수를 추정하는 데에는 붕괴 시 응력상태를 알아야만 한다. 여기서 무한사면으로 가정한 안정해석 방법으로부터 파괴 시의 응력상태와 전단강도를 추정한다.

먼저 암반의 층두께(h)을 1.0m, 단위체적중량(γ)을 24kN/m^3, 지층 경사각(θ)을 30°로 가정한다. 그럼 법면상의 암반블록의 저면에 작용하는 수직응력(σ)은 20kN/m^2, 전단응력도(τ)는 12.0kN/m^2가 된다. 다만, 여기서 수압은 고려하지 않았다.

● c와 tanϕ를 구하는 방법

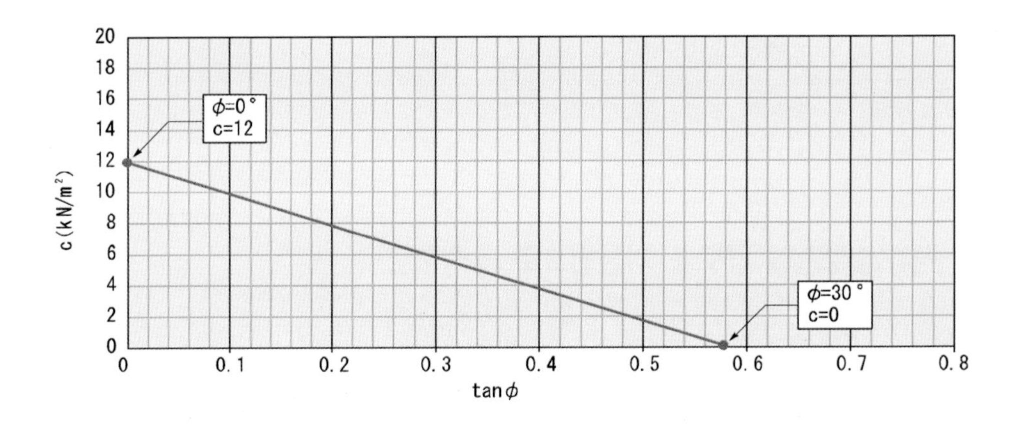

다음으로 이때 암반 블록의 안전율(F_s)을 1로 가정하면 전단강도(τ_f)는 12.0kN/m^2이 된다(=$F_s \times \tau$). 파괴 시 전단강도는 일반적인 암반의 강도에 비해 매우 작다고 말할 수 있다.

마지막으로 전단응력도를 종축으로 수직응력도를 횡축으로 하는 파괴기존의 식으로부터 전단강도 정수인 점착력(c)와 내부마찰각(ϕ)을 구한다. ϕ가 0°일 때 c는 12.0kN/m^2가 된다. 이 값은 흙의 강도와 동일한 정도이거나 그 이하인 것을 나타낸다.

이처럼 층리면에서의 전단강도가 매우 작은 것이 1:1.5라는 완만한 구매에서 붕괴한 요인 중 하나가 되는 것이다.

미끄러지는 지반에서의 법면경사

미끄러지는 지반은 법면의 경사와 지층의 경사각의 관계에 의해 다음과 같이 2개의 케이스로 분류된다.

왼쪽 아래의 그림은 법면경사(β)가 지층의 경사각(θ)보다 급한 각도의 케이스이다. 이 법면에서 암반블록이 층리면에 따라 지층의 경사방향으로 운동하는 것이 가능하다.

오른쪽 아래의 그림은 β가 θ보다도 완만한 케이스이다. 암반블록이 층리면에 따라 미끄러지는 층리면의 방향으로 이동하는 것은 제한되어 있고 법면의 방향으로 운동하는 것이 곤란하다. 이러한 형태를 운동 역학적(kinematic)으로 안정하다고 할 수 있다. 물체에 작용하는 힘의 크기는 관계하지 않고 물체가 움직이는 메커니즘를 설명할 때 이용된다.

절토하기 전의 암반은 예를 들어 강도가 낮거나 급한 경사가 약한 면을 포함하더라도 블록이 이동하는 방향의 자유도가 구속되고 있는 한, 대체로 안정되어 있다. '미끄러지는 지반'의 경우에 절토 법면의 경사가 지층의 경사각보다도 완만한 것은 이 운동 역학적인 안정을 확보하기 위함이다.

● **미끄러지는 암반에서 법면경사(β)와 지층의 경사각(θ)과의 관계**

$\beta > \theta$

법면경사(β)가 지층경사보다 급히 흘러내리는 암

암반블록

θ : 지층경사각

β : 법면경사

$\beta \leqq \theta$

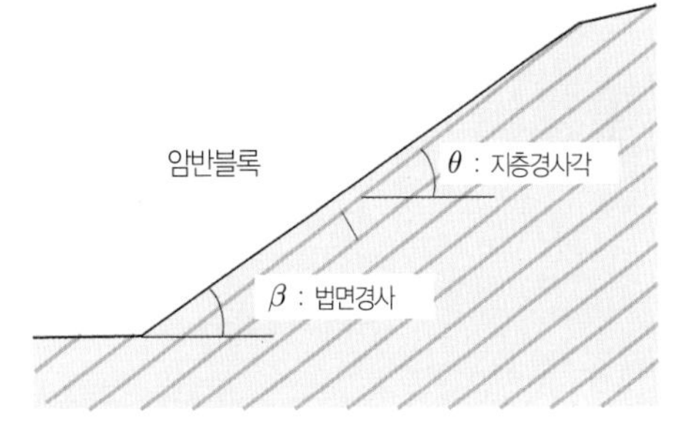

미끄러지는 지반의 안정해석

43페이지의 그림에는 미끄러지는 지반을 모사한 무한이 계속되는 사면상의 암반 블록에 작용하는 힘을 나타낸다. 또한 약한 면인 층리면에 있어서의 응력상태도 나타낸다.

여기에 암반블록의 중량 W, 지층의 경사각을 θ라고 한다면 층리면에 작용하는 수직력(N)과 수평력(T)은 다음 페이지의 식과 같이 나타낸다.

$$N = W \cdot \cos\theta,\ T = W \cdot \sin\theta$$

W : $\gamma \cdot H \cdot A$

γ : 단위체적중량(kN/m^3)

H : 높이(m)

A : 바닥저면적(m^2)

위의 식에서 구한 작용력에 대해 층리면에서 동등한 반력(Nr, Tr)이 생기는 것에 의해 이 블록은 안정된다.

그중에서도 수평방향의 반력 Tr은 다음 식에 나타낸 저항력이 최대치가 되고, 이 저항력 이상의 수평력이 작용하는 경우 블록은 파괴된다.

$$Tr \leqq c \cdot A + N \cdot \tan\theta$$

c : 표리층과 블록의 점착력(kN/m^2)

N : 수직력(kN)

ϕ : 층리면과 블록의 마찰각(도)

암반블록 및 층리면에 작용하는 힘을 단위면적(m^2)당 힘으로 바꿔서 생각한다. 이것을 응력표시라고 부르기로 한다.

수직방향의 단위면적당 힘은 수직응력(σ)이기 때문에

$$\sigma = \frac{N}{A} = \frac{W \cdot \cos\theta}{A}$$

수평방향의 단위면적당 힘은 전단응력(τ)이기 때문에

$$\tau = \frac{T}{A} = \frac{W \cdot \sin\phi}{A} = \frac{\sigma \cdot \sin\phi}{\cos\phi} = \sigma \cdot \tan\phi$$

최대저항력의 단위당 힘을 전단강도(τf)라고 하면

$$\tau_f = \frac{Tr}{A} = c + \sigma \cdot \tan\phi$$

이 된다.

이것들을 $\sigma-\tau$ 좌표로 표시한 것이 층리면에서의 응력상태의 모식도이다. 층리면의 응력상태 P(σ, τ)와 파괴점 F(σ, τ_f), c, ϕ, θ의 관계를 도식적으로 나타낼 수 있다.

더욱이 암반 블록의 파괴 안전율 Fs는 전단응력 τ(P)에 대한 전단강도 τ_f(F)의 비로

$$Fs = \tau_f \div \tau = (c + \sigma \cdot \tan\phi) \div \sigma \cdot \tan\phi$$

$$= \frac{c}{\sigma \cdot \tan\theta} + \frac{\tan\phi}{\tan\theta}$$

가 된다.

이것에 의해 층리면의 경사각 θ의 슬라이딩면에 있어서 수직응력 σ(P)의 안전율 Fs를 설정하면 파괴 시의 전단강도 τ_f(F)가 구해진다. 이 F점을 통과하는 파괴기준선(c와 ϕ와의 조합)은 여러 가지로 상상할 수 있다. 이와 같이 표층의 붕괴에서는 c=0으로 ϕ를 구하는 것이 많다.

●사면의 암반 블록 모식도와 응력상태

[암반블록의 모식도]

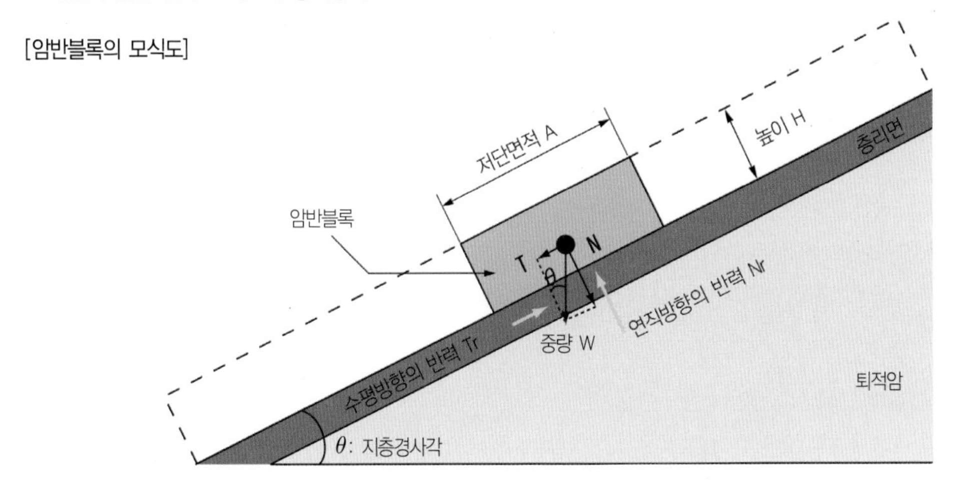

[층리면에서 응력상태]

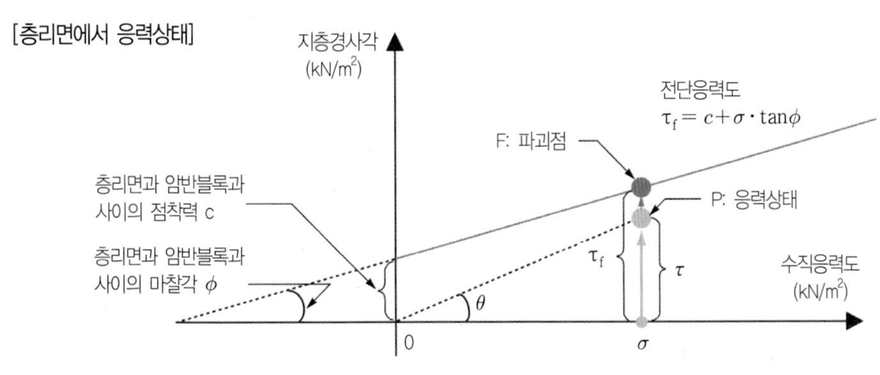

격자 블록과 철근보강토로 대책을 세운다

무너진 법면의 대책공사에서는 지층의 경사각에 맞춰 법면을 1:1.5~1.8로 완만하게 절토하였다. 이것이 곤란한 장소에 대해서는 법면틀과 철근보강토로 보강을 실시했다.

철근보강토는 수직응력을 증가시킴으로써 전단강도가 증가한다. 또한 층리면을 봉합함으로써 암반을 안정되게 하는 유효한 공법이다.

자연의 사면을 대상으로 하는 절토법면에 있어서는 사전 조사에 의한 지질정보와 시공단계에서의 지질정보가 다른 경우가 많다. 특히 소규모인 표층의 붕괴에 대해서는 작은 지층의 변화와 약한 면이 존재하는 것이 붕괴의 요인이 된다. 때문에 설계와 시공의 각각 단계에 있어서 붕괴의 메커니즘을 이해하는 면밀한 대응이 중요하다.

절토 중의 암반법면 ②

굴착장소의 암반이 무너진 것은 왜?

● 붕괴된 법면주변의 평면도

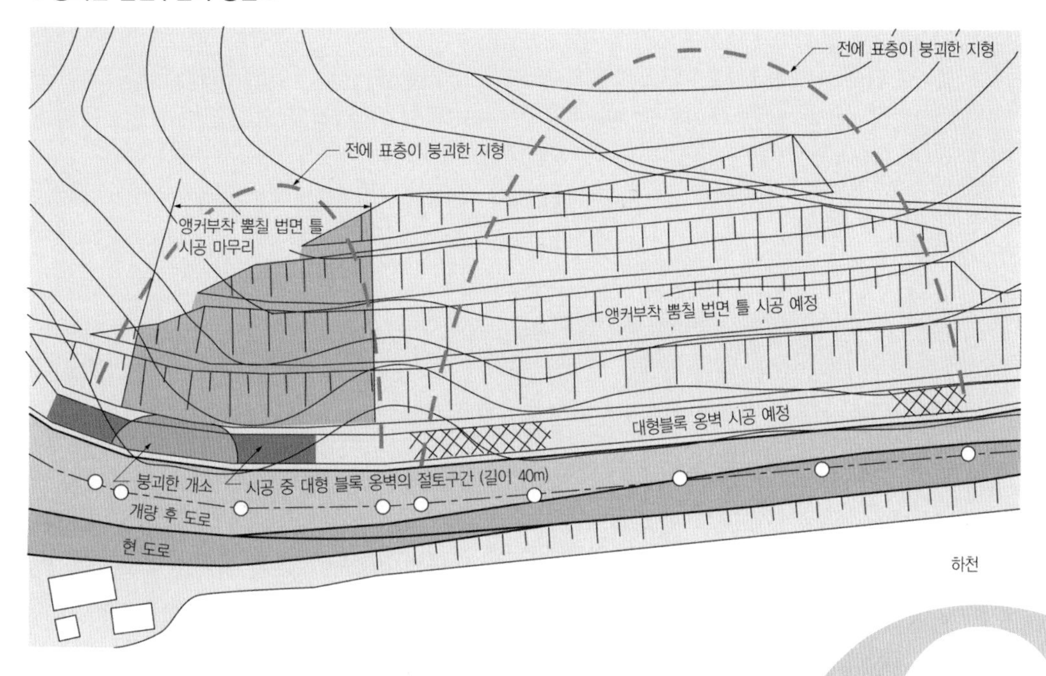

Q

산악부의 도로를 확장하기 위해 산 쪽의 사면에 5단인 절토법면을 계획했다. 법면의 보호로 상부로부터 4단까지는 앵커 포함 격자틀공법을, 최하단은 대형 블록 옹벽을 이용했다. 앵커가 사용된 격자틀은 무사히 완성하였고 최하단의 대형 블록 옹벽을 시공하기 위해 암반을 굴삭하기 시작했다. 큰 비가 내리고 이틀 후 갑자기 굴삭하고 있던 부분의 암반이 붕괴했다. 사면 주변의 지질은 화강암으로 되어 있고 옛날에 표층 붕괴가 있었던 지형임을 시공 전에 확인했다. 또한 사면의 표층부분은 풍화되어 토사화가 진행되고 있었다. 단 붕괴한 옹벽 부분의 암반에는 곳곳에 균열이 있었지만 '연암 II'로 분류되는 단단한 성질의 것이었다. 무엇이 원인으로, 어떠한 메커니즘으로 붕괴한 것일까?

A

화강암 내의 점토층을 따라 슬라이딩한다.

화강암은 비교적 안정된 단단한 지반으로 암석 중에 '점토세맥'이라고 불리는 점토가 얕은 층이 발달하는 경우가 많다. 점토세맥이 사면의 경사와 동일한 방향으로 된 '미끄러지는 지반'의 경우, 다양한 원인에 의해 슬라이딩이 발생할 우려가 높다. 이번 경우는 굴착에 따른 암반의 응력 해방이다. 또한 암반에 있는 다수의 균열로부터 물이 점토세맥까지 스며들어가 점토의 강도 저하가 원인이 되어 슬라이딩이 발생한 것으로 생각된다. 붕괴의 규모는 크지 않았지만 대책을 빨리 강구하지 않으면 확대될 우려가 있다.

도로를 확장하는 구간은 한쪽이 하천에 접하고 있기 때문에 산측으로 확장할 필요가 있다. 산측 사면의 경사는 급하고, 과거에 표층붕괴의 지형도 나타나기 때문에 안전을 위해 5단의 절토 법면을 계획하였다.

사면의 지질은 화강암이 주체이고, 사면의 하층에는 화강섬록암이 일부에 분포되어 있다. 표층부분은 풍화가 진행되어 토사되고 있지만, 법면의 최하단 부분의 암반은 국토교통성이 정한 『토목공사 설계 매뉴얼』에 의하면 '연암 II'에 분류되는 단단한 것이었다.

절토법면의 보호에는 상부로부터 4단까지는 앵커 부착 뿜칠 법면틀을, 최하단은 대형 블록 옹벽을 사용하였다. 법면틀의 공사를 끝내고 최하단의 옹벽 부분에 있는 단단한 암반을 리퍼로 굴착하였다. 그렇게 하였더니 굴착개소를 포함하여 폭 20m, 길이 7m, 깊이 3.6m에 걸쳐 암반이 붕괴하였다.

붕괴한 사면. 왼쪽이 떨어진 장소로부터 본 붕괴 개소이다. 오른쪽이 중간쯤에서 본 붕괴 개소이다. 법면틀에는 이상이 보이지 않았지만, 그 배면의 흙은 굴착한 것처럼 빠져 떨어져 있었다.

2일 전까지 강한 비가 내렸고, 붕괴 후에도 원지반으로부터 용출수가 나왔다. 그 때문에 강우가 붕괴를 발생시킨 원인의 하나로 생각된다. 붕괴 후 발주자로부터 조사를 의뢰받아 건설 컨설턴트가 추가 보링조사와 지질답사를 실시하였다. 그리하여 원인과 대책의 검토가 시작되었다.

●붕괴 후 추가된 보링 조사 등으로 알게 된 붕괴의 원인

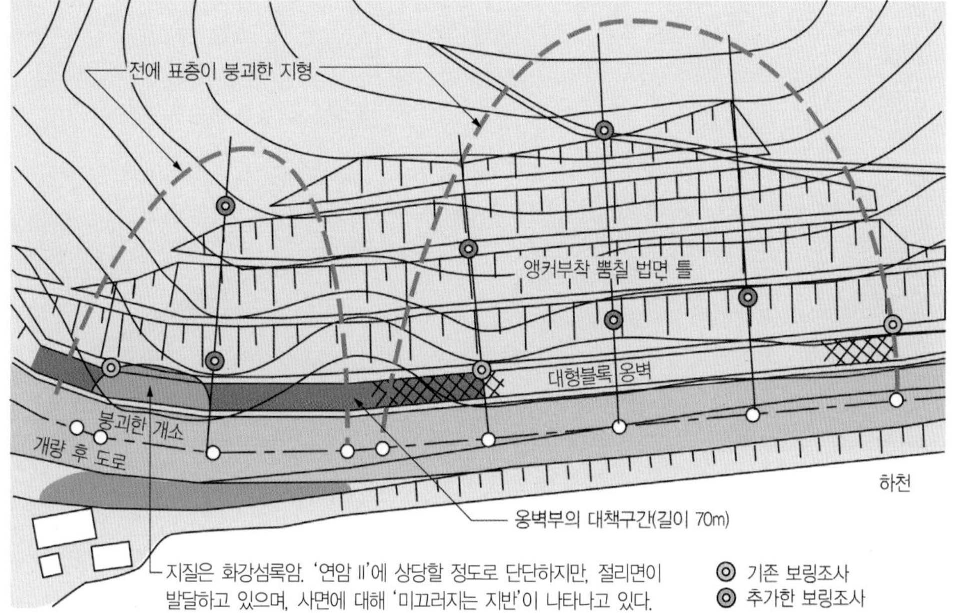

'약한' 암반에 공사나 강우가 악영향을 끼쳤다

현지조사 결과로부터 사면붕괴의 원인을 다음과 같이 정리할 수 있었다.

원지반의 암반에는 다음과 같은 특징이 있었다. 붕괴 개소는 화강섬록암이고 화강암과 접하고 있다. 변성에 의해 발달한 불연속면인 '절리면'에 점토가 포함되어 있다. 그 절리면은 사면에 대해 30~40° 정도 미끄러지는 지반이 나타나고 있다. 화강섬록암의 상층에는 풍화된 화강암이 존재하고 붕괴의 규모가 용이하게 확대되는 상황이었다.

더욱이 다음과 같은 것들이 붕괴의 계기가 되었다. 사면의 하부에 있는 토사덩어리를 제거하였기 때문에 암반의 응력해방을 조장하였으며, 화강섬록암이 단단하기 때문에 기계에 의한 굴삭의 진동이 사면을 불안정하게 만들었다. 또한 강우에 의해 균열면에 포함되었던 점토에 물이 공급되어 점토의 강도가 저하되었다.

이상으로부터, 붕괴 메커니즘은 다음과 같이 설명할 수 있다. 암반이 굴삭됨에 따라 응력해방에 의해 이완되면서 진동에 의해 불안정하게 되었다. 거기에 암반의 균열로부터 우수가 화강암과 화강섬록암의 경계에 흘러들어가 절리면에 침투하였다. 절리면에 있는 점토의 강도가 저하되어 화강섬록암이 쐐기모양으로 붕괴되었다. 이어서 상층의 화강암을 따라 전체가 붕괴되었다.

● 붕괴 메커니즘의 이미지도

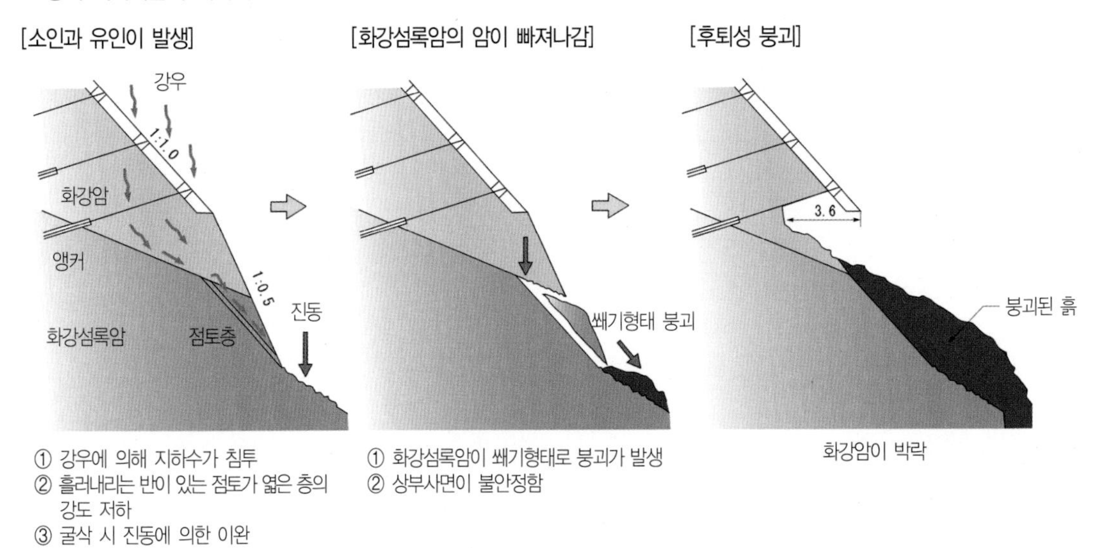

① 강우에 의해 지하수가 침투
② 흘러내리는 반이 있는 점토가 얇은 층의 강도 저하
③ 굴삭 시 진동에 의한 이완

① 화강섬록암이 쐐기형태로 붕괴가 발생
② 상부사면이 불안정함

화강암이 박락

화강암의 특징

화강암은 일본 국토의 13%밖에 차지하지 않지만, 생성과 풍화에 따른 각각의 특징이 있고 시공현장에서 골칫거리 문제가 발생하는 경우가 많다. 화강암의 특징은 주로 다음과 같이 4가지를 정리할 수 있다.

① 절리면의 발달

화강암은 심성암라고 불리고 있는 것처럼, 지각의 심부에서 생성되어 천천히 냉각되어 굳어진 암석이다. 따라서 광물의 입경도 크다. 화강암은 지각의 융기와 침식작용을 받은 후에 지표에 나타났다. 지각의 심부에서 받아 왔던 큰 응력이 서서히 해방되어 암석덩어리의 팽창되고, 절리면이 발생하여 성장이 더해진다. 이처럼 절리면의 발달은 조립한 광물로 구성된 화강암에 전형적으로 나타난다.

② 열수 작용을 받아 절리면에 점토가 생성

화강암은 지각의 심부에 있기 때문에 마그마가 가진 고온의 수분으로 인한 변질 등의 열수 작용에 의해 절리면에 점토가 생기게 되었다. 풍화와 함께 팽윤성을 가진 점토광물을 생성하기도 한다.

이것이 화강암으로 된 사면의 안정성이 저하되는 원인이 되고 있다.

③ 풍화하여 생긴 마사토는 불균질

화강암은 풍화되면 '마사토'라고 불리는 흙이 된다. 화강암은 주로 석영, 사장석, 정장석, 운모로 된 광물로 되어 있다. 석영과 정장석은 풍화가 잘 진행되지 않지만, 운모와 사장석은 시간의 경과함에 따라 최종적으로 점토광물로 변하게 된다. 광물의 풍화 특성이 다르기 때문에 마사토는 전체가 균질하지 않고 다양한 성질을 표시하고 있다.

④ 깊은 곳까지 풍화가 발달

화강암은 깊이 수십 미터까지 풍화하게 된다. 이것은 응력해방에 의한 절리면의 발달에 의해 지하수가 침투하기 쉬운 것과 풍화하기 쉬운 운모 등의 광물을 포함하고 있는 것이 원인이 된다고 생각된다.

이상과 같이 화강암의 특징을 정리했지만, 이것이 전부는 아니다. 다만, 여기에 열거한 성질을 인식해 두면 현장에서 문제가 발생한 경우, 그 원인과 대책을 빨리 판단할 수 있을 것이라고 생각된다.

붕괴범위를 추정하여 안정계산을 한다

대형블록 옹벽의 공사를 재개하는 당시에 이런 붕괴가 발생하는 우려가 있는 범위를 확실하게 하여 대책을 강구할 필요가 있다.

금회의 붕괴는 옹벽의 굴착면에 있는 화강섬록암이 먼저 붕괴되어 상층의 화강암도 붕괴된다. 그래서 화강섬록암이 분포하는 범위와 용수지점에 착목하였다. 시공 전과 붕괴 후에 추가한 보링조사, 굴삭면의 관찰 결과로부터 화강섬록암이 분포하는 범위를 폭 70m의 구간으로 설정하였다. 용수 지점은 구간 내에 2개소였다.

붕괴 우려가 있는 범위를 확인한 후 사면에 부족한 저항력을 안정계산에 의해 구하였다.

먼저 붕괴 후 현지 상황을 관찰하거나 붕괴할 때 상황을 청취한 결과로부터 붕괴의 형상을 추정하였다. 현지에서 측정한 붕괴면의 경사(수평면으로 된 각도)와 주향(경사의 방향과 교차하는 방향)으로부터 붕괴면을 45도 경사의 미끄러지는 지반의 절리면과 연계된 면으로 하였다. 붕괴의 깊이는 법면틀의 표면으로부터 수평방향으로 3.6m 들어간 위치로 설정하였다.

다음에 안정계산의 간편식인 페레니우스법을 사용하여 점착력과 전단저항각의 토질정수를 역산하여 구하였다. 페레니우스법은 슬라이딩 흙덩이의 단면을 몇 개의 슬라이스로 분할하여 슬라이스 사이에 활동하는 힘이 균형을 이룬다고 가정해서 슬라이스 사이의 힘을 무시하는 계산 방법이다. 역산으로 사용된 붕괴 시 사면의 안전율은 구건설성하천국방재과감수(旧建設省河川局防災課監修)의 '비탈면 및 사면재해복구공법'을 근거로 0.9로 설정했다.

역산으로 구한 토질정수 외에 필요한 암반의 단위체적중량과 변형계수는 旧本州四国連絡橋公団編集의 「풍화 화강암의 지지 특성 판정 요령(안)」 중 CL급 암반의 정수를 채용한다. 그리고 계획상 안전율은 '비탈면 및 사면재해복구공법'을 근거로 1.2로 저항력을 구했다.

대책공사에 억지말뚝을 채택한다

부족한 저항력을 보충하기 위해 억지말뚝을 시공하기로 했다. 억지말뚝으로 시공한 것은 붕괴 위치가 균열이 발달한 토괴로, 화강암의 일부가 빠져 나간 형상이며, 붕괴 규모가 비교적 작았기 때문이다.

억지말뚝은 다음과 같이 3가지의 장점이 있다. 사면의 형상을 바꿀 필요없이 안전성이 아주 높은 시공을 할 수 있다. 시공 규모를 최소한으로 할 수 있으므로 공사 기간이 짧다. 쐐기모양으로 붕괴된 법면틀 배면을 빨리 메워 원상태로 복구할 수 있다. 최후에 대형 블록 옹벽에 작용하는 토압에 대해 재검토해야만 한다.

그래서 옹벽배면의 슬라이딩면의 각도를 여러 가지로 바꿔 가면서 토압의 최대치를 구하는 '시행 쐐기법'으로 토압을 계산하였다. 단 옹벽배면에는 영구 구조물이 되는 저항말뚝을 타설하기 때문에 토압은 말뚝의 위치까지 작용하는 것으로 하여 옹벽의 안정계산을 실시했다.

●추가한 저항말뚝의 개요도

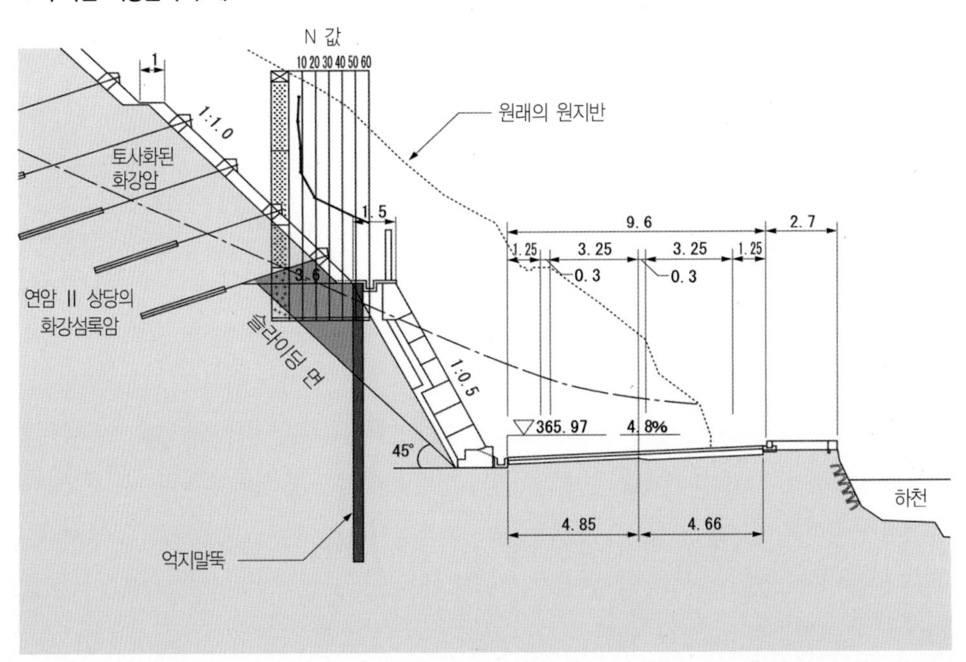

절토 안의 암반법면 ③

단단할 것 같은 암반이 붕괴된 것은 왜?

● 붕괴된 암반법면의 단면도

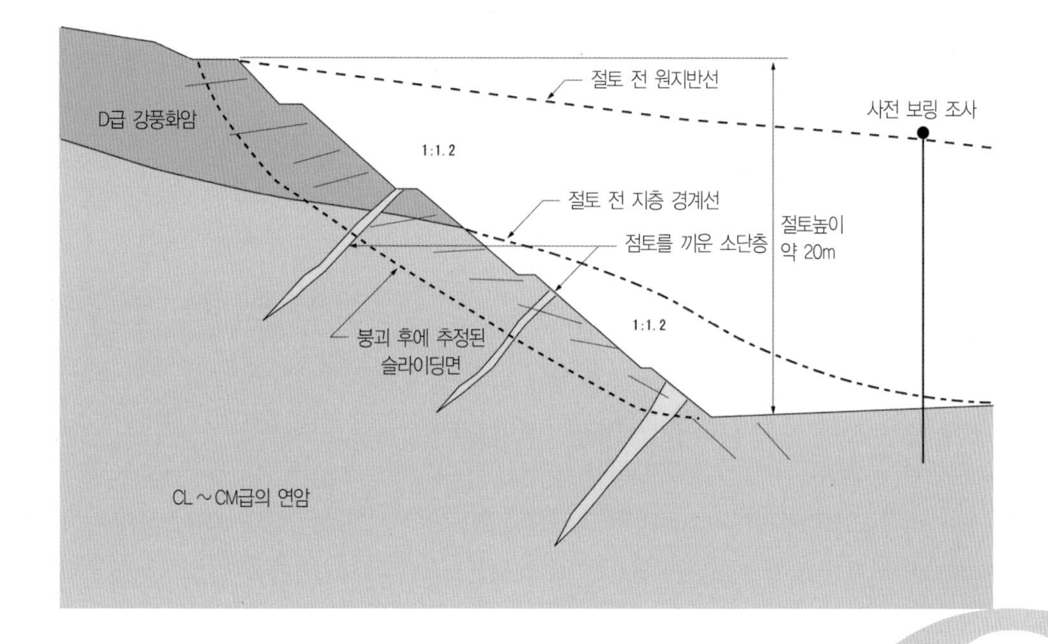

Q

도로공사의 일환으로 산지하부의 암반을 절토하고 있었다. 이 암반은 사암을 주체로 하여 이암을 끼고 있는 퇴적암이다. 착공 전에 실시한 보링조사로 암반 전체에 풍화가 진행되고 있는 것이 판명되었다. 법면은 1:1.2의 완만한 경사로 계획했다. 절토공사를 시작할 때 법면의 상부는 강풍화암(D급)이었으며, 중단에서 밑으로는 비교적 단단할 것 같은 연암(CL~CM급)이었다. 도중에 점토를 얇게 끼고 있는 소단층이 있었지만 법면에 눈에 띄는 변상은 없었다. 그런데 최하단이 되는 5단째의 절토에 착수했을 때 열화된 암반이 나타났고 법면이 대규모로 붕괴했다. 견고하게 보이던 절토면이 갑자기 붕괴된 것은 왜일까?

A

틈이 벌어진 점토맥을 따라 붕괴했다.

화산암이 관입된 부근의 암반에는 열수변질작용으로 균열면에 점토맥이 형성되는 경우가 있다. 이 암반에는 층리면, 절리면, 소단층 등의 틈이 생겼다. 점토맥을 따라 법면이 붕괴된 것이라고 생각된다.

암반법면의 붕괴는 폭 약 30m, 높이 약 20m, 법면길이 약 35m의 말발굽 모양으로 발생했다. 법면의 거의 전체에 미치는 대규모 붕괴가 일어났다. 붕괴의 원인을 조사하기 위해 현지조사와 추가적인 보링 조사를 실시했다.

암반은 강풍화된 사암이 주체가 되어 습곡에 의해 상부는 조금 영향을 받은 반상, 중단 이하에서는 미끄러지는 지반으로 되어 있었다. 보링의 코어를 관찰하면 사암은 심부까지 탈색되어 있었고 곳곳에 점토의 얇은 층을 끼고 있었다.

더욱이 공내경사계의 관측 결과에서 무너진 면은 법면의 밑 3～4m 부근에 발생하였고 두부에서 법면의 하부로 통하여 암반이 무너진 것으로 추정했다. 단 슬라이딩면은 사태가 일어난 면이나 단층파쇄대라고는 인정할 수 없었다.

열수변질 작용의 구성

열수변질작용이라고 하는 것은 마그마의 열수에 의해 암반이 변질되는 것이다. 열수에 포함된 많은 광상의 구성 물질이 온도와 수소이온의 농도(pH), 성분 등에 의해 여러 가지 변질광물을 생성한다.

예를 들면 견운모, 카오린, 스멕타이트, 녹니암, 활석, 사문암이라고 하는 점토광물이다. 이런 점토광물은 층상의 구조를 가지기 위해 일반적으로 전단 강도가 작다. 층상구조인 점을 이용해서 X선에 의한 회절측정을 함으로써 어떤 점토광물인가를 특정지을 수 있다.

이와 같이 열수변질은 마그마의 상승에 동반되는 것으로 열수가 주변의 암반을 변질시키는 것과 함께 2차적으로 생성된 열수점토가 암반의 틈이 벌어진 곳으로 침투하여 점토가 얇게 분포한다. 점토의 얇은 층이 암반 속의 약한 면이 되므로 절토공사와 터널 공사 등에서는 붕괴나 지반이 부풀어

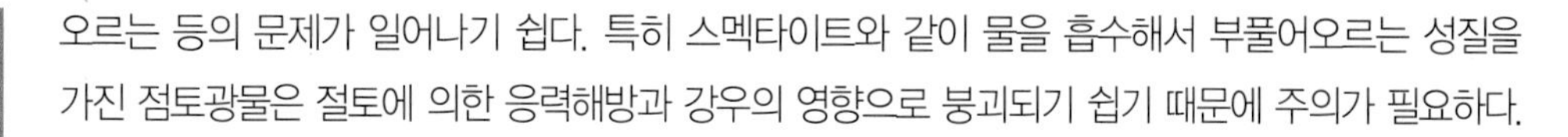
오르는 등의 문제가 일어나기 쉽다. 특히 스멕타이트와 같이 물을 흡수해서 부풀어오르는 성질을 가진 점토광물은 절토에 의한 응력해방과 강우의 영향으로 붕괴되기 쉽기 때문에 주의가 필요하다.

● 열수변질 작용의 이미지

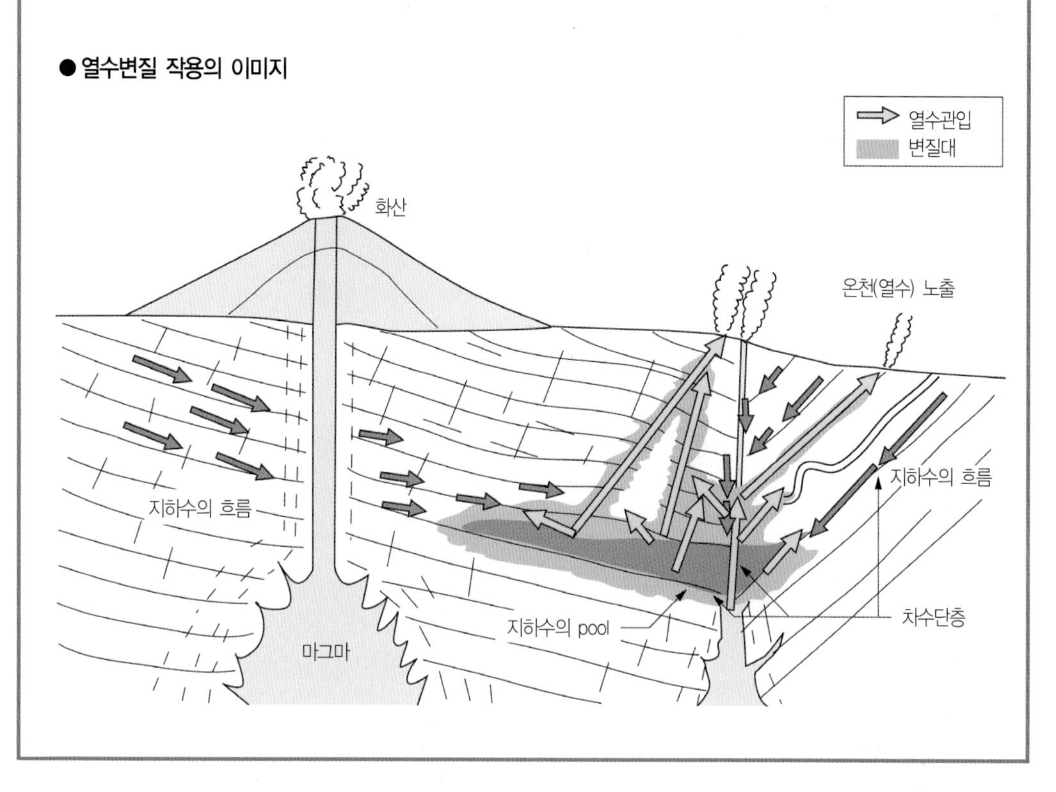

붕괴 블록의 파괴면에서는 절리면의 균열이 일어나기 쉽다. 이 절리면에는 담청 회색부터 유백색을 띤 점토가 부착되어 있었다. 붕괴된 법면은 비교적 단단한 암반의 상태를 유지하고 있었다. 한편 법면의 하부와 주변 부분은 암반이 블록모양으로 깨져 그 암반덩어리의 벌어진 틈 사이로 물을 포함한 점토가 부착되어 있었다.

부착되어 있던 점토는 어떻게 해서 생긴 것일까?

열화된 심부의 절토로써 불안정하다

사실은 이 부근에는 대규모의 지질 구조선이 있고 과거에 습곡과 단층파쇄 등의 조산운동을 받은 지역이었다. 더욱이 주변에는 화산암인 안산암의 관입암이 있기 때문에 '열수변질작용'으로 불리는 현상의 영향을 받은 것을 예상할 수 있다.

열수변질작용은 마그마의 상승에 동반된 열수가 주변의 암반을 변질시켜 2차적으로 생성된 열수점토가 암반의 벌어진 틈에 침투하여 얇게 분포하는 현상이다. 이와 같은 열수점토는 일반적으로 전단강도가 작으므로 절토법면을 불안정하게 하는 약한 지질의 하나이다(앞 페이지 상자 참조).

붕괴된 암반면은 단단하게 보이지만 이하의 지질적인 요인이 있다고 생각된다. ① 습곡작용 등에 의한 층리면과 절리면, 소단층이라고 불리는 벌어진 틈이 발달 ② 열수변질작용에 의해 벌어진 틈 사이로 망상의 점토맥이 형성 ③ 열수변질작용에 의해 심부의 암반이 열화한다.

이 때문에 절토에 동반된 앞면의 카운터 웨이터를 상실하게 된다. 이로 인해 응력해방에 의한 완만함과 강우의 침투에 의한 전단강도의 저하가 진행된다.

절토를 시작한 당초에는 비교적 단단한 CL~CM급의 암반이었기 때문에 법면은 안정되어 있었다. 그런데 심부의 열화된 암반을 굴착하는 단계에서 결국 법면은 안정을 유지할 수 없었다. 층리면이나 절리면의 벌어진 틈에 생긴 점토맥이 잠재적인 약한 면이었기 때문에 암반법면은 붕괴되었다고 생각한다.

● 암반 성질과 슬라이드면

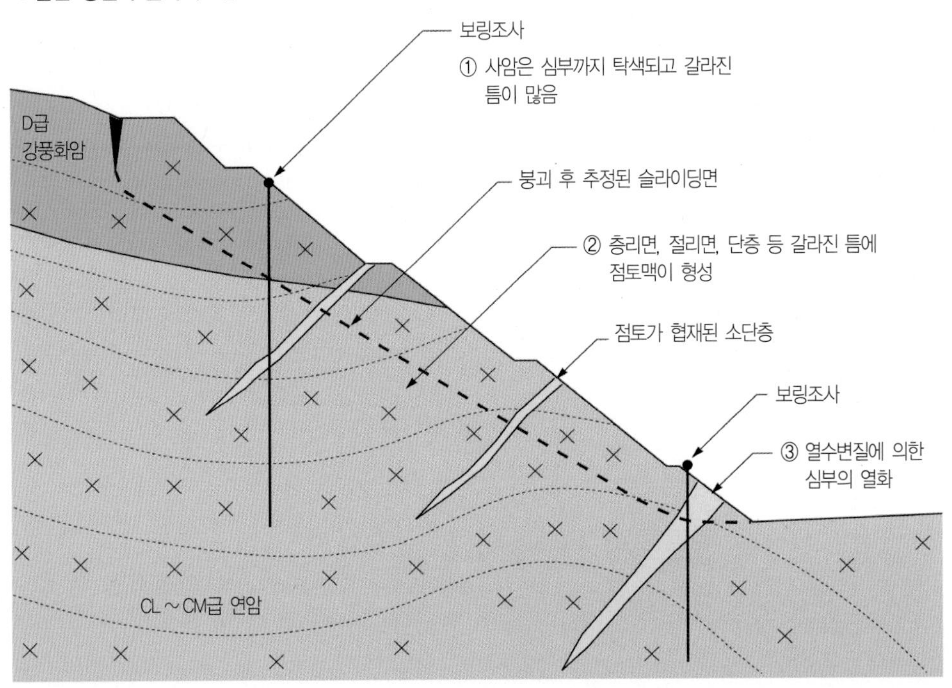

열수변질 작용은 사암에 많다

암반의 풍화작용과 열수변질작용의 특징을 비교하면 다음과 같이 다른 점이 있다.

풍화작용은 강우 등에 의해 물리적 작용과 화학적 작용에 의해 바위의 구조와 조직이 파괴되어 점토가 되는 현상이다. 이것에 대해 열수변질작용은 암반 내의 열수의 침투에 동반되어 암반의 파쇄와 점토광물의 생성이 동시에 일어나는 현상이다.

또한 일반적으로 풍화작용은 지표면에서 심부를 향해 풍화가 진행된다. 한편 열수변질작용은 지하에서 암맥에 따라 진행되기 때문에 심부만큼 암반이 열화의 영향을 받기 쉽다는 다른 점도 있다.

이와 같이 열수변질작용의 영향을 받은 암반은 일반적으로 풍화작용과는 열화의 상황이 다르다. 화성암이 관입되거나 온천과 열수성광상 등이 분포하는 장소는 열수변질작용의 영향을 받고 있을 우려가 많다고 보여진다. 절토공사의 조사와 설계, 시공에 있어서 충분히 주의할 필요가 있다.

법면틀과 앵커로 대책 공사를 한다

붕괴 후 암반 법면의 대책 방법으로는 무너진 암반을 제거하고 무너진 면의 경사에 가까운 1:1.5의 경사로 절토해서 고치기로 했다. 하지만 그것만으로는 붕괴 전보다 법면이 불안정하게 되어 다시 붕괴할 우려가 있다. 그래서 하단에는 법면틀과 그라운드 앵커에 의한 보강을 실시하기로 하였다.

절토법면의 안정성을 평가하기에는 약한 면이 되는 지질구조의 분포와 강도 특성을 파악하는 것이 중요하다. 그러나 일반적으로는 지질조사만으로는 복잡한 지질구조를 정밀하게 추정하는 것은 어렵다. 여기에서 거론한 열수변질작용을 받은 암반법면도 그 하나일 것이다.

이와 같이 절토법면의 붕괴를 피하기 위해서는 일반적인 지질조사에 덧붙여 열수지질대의 특징적인 점토광물의 특성을 X선 회절과 전단시험에 의해 파악한다. 또 복잡한 지질구조에 대해서는 시공 시 법면을 관찰하고 현장에서 계측한 정보를 도입해서 법면의 안정성을 확인하면서 시공하는 것이 좋다.

● 대책공사 개요

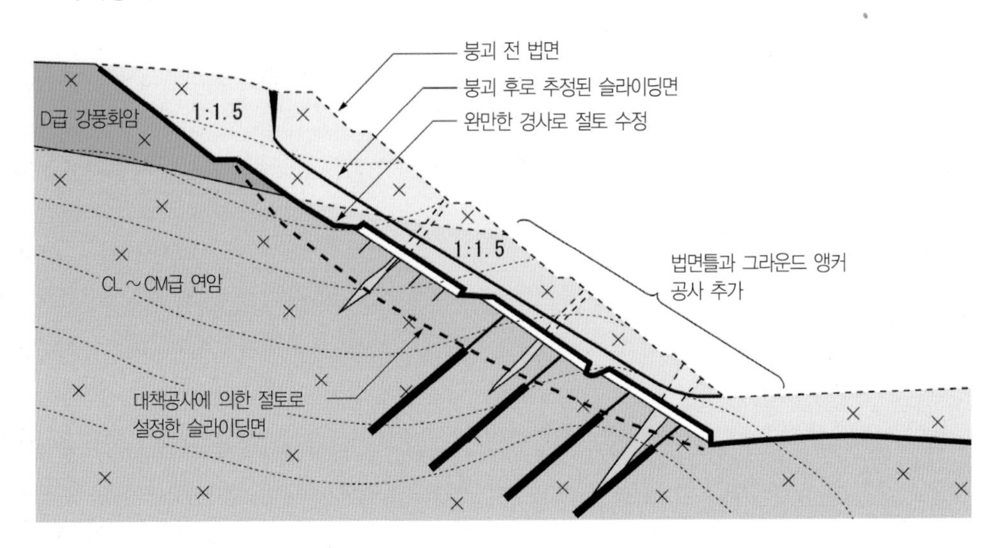

얕은 점토층의 전단강도를 구하는 방법

암반의 갈라진 틈 사이에 끼어 있는 얕은 점토층의 전단강도는 어느 정도일까? 현지에서 '교란된 시료'의 채취는 어려우므로 '슬러리 시료'로 전단시험을 실시했다. 유효응력기준에 의한 전단 강도정수는 전단 저항각(ϕ')이 27도, 점착력(c')이 0kN/m^2가 된다. 역시 작은 전단 저항각이다.

실제로는 토사붕괴의 역산법과 같이 붕괴시의 슬라이딩면의 응력상태에서 역산하여 구하는 평균적인 전단강도 정수 c와 ϕ를 사용해서 대책공사의 검토를 실시하는 경우가 많다.

여기에서는 무한히 계속되는 사면으로 가정한 안정해석의 계산식을 사용하여 전단강도 정수를 역산한다.

흙덩이의 저면에 작용하는 수직응력을 σ, 전단응력을 τ, 흙덩이의 두께를 D, 단위체적중량을 Υ, 무너진 면의 경사각을 θ로 한다.

$$\sigma = \gamma \cdot D \cdot \cos\theta$$
$$\tau = \gamma \cdot D \cdot \sin\theta$$

횡축을 σ, 종축을 τ로 해서 일차함수의 기울기를 ϕ, 절편을 c로 구하는 파괴기준선은 다음 식과 같다.

$$\tau_f = c + \sigma \cdot \tan\phi$$

흙덩이의 슬라이딩 파괴에 대한 안전율(Fs)는 다음 식과 같다.

$$Fs = \frac{\tau_f}{\tau} = \frac{c + \sigma \cdot \tan\phi}{\gamma \cdot D \cdot \sin\phi}$$

$$= \frac{c + \gamma \cdot D \cdot \cos\theta \cdot \tan\phi}{\gamma \cdot D \cdot \sin\theta}$$

여기에서 Fs=1.0으로 하면 c와 $\tan\phi$의 조합을 구할 수가 있다. 예를 들어 흙덩이의 두께(D)를 3m, 단위체적량(γ)을 24kN/m^3, 무너진 면의 경사각(θ)을 32도로 한다. c가 0kN/m^{2}일 때 ϕ는 32°, 또는 ϕ가 0°일 때 c는 38kN/m^{2}로 구할 수가 있다. c와 ϕ의 어느 쪽을 가정하면 다른 한편이 결정되는 관계에 있다.

이번처럼 얇은 점토층이 전단 파괴되는 케이스에서는 명확한 변위가 발생하기까지 무너진 면은 배수상태로 유지되고 있다고 생각된다. 그렇다면 배수상태의 전단저항각 (ϕ_D)와 거의 동등한 유효응력 기준에 의한 전단저항각(ϕ')이 참고가 될 것이다.

실제의 무너진 면의 전단강도는 점토층의 전단강도 이외에 암반블록의 맞물림 등도 생각할 수 있으므로 종합적으로 검토하는 것이 좋다.

● c와 $\tan\phi$의 역산식

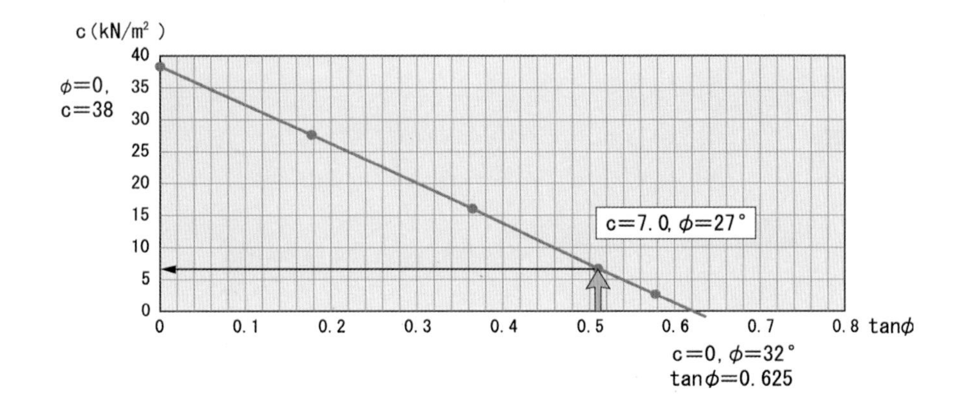

절토공사 후의 도로법면

대책을 실시한 법면이 다시 붕괴된 것은 왜?

●붕괴 법면의 평면도

●토사붕괴성 붕괴 주측선 단면도

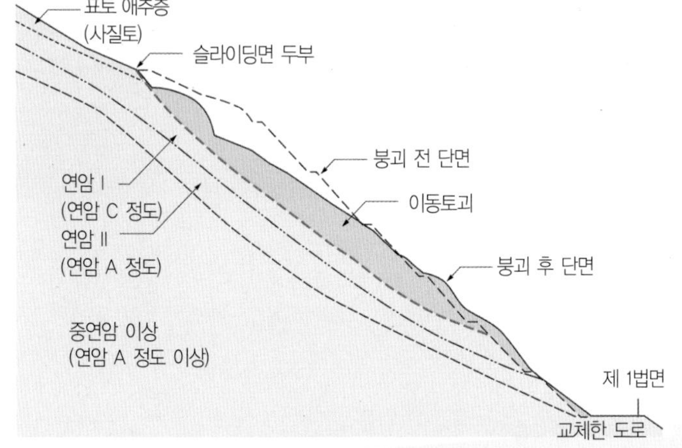

1998년에 다시 복구하는 도로의 절토법면에서 시공 중에 토사붕괴로 보여지는 사면붕괴가 재차 발생했다. 무너진 면의 깊이는 10m 정도였다. 불안정적으로 된 토괴는 층 두께가 10~12m로 N값과 10~20을 주체로 하는 점성토와 역질토였다. 대책공사로서 불안정적인 토괴를 제거한 후 법면에 식생을 실시했다. 높이 50m의 법면을 8단으로 절토해서 길이가 120m의 장대한 법면이 되었다. 경사는 1:1.0~1:1.2가 되었다. 이 절토법면은 얼마 동안 안정을 유지하고 있었다. 그러나 2003년의 장마 때 집중호우에 의해 98년에 붕괴된 장소에서 조금 떨어진 발생지점에서 다시 붕괴했다. 무너진 면에는 부드러운 점토가 있었다. 어떠한 메커니즘으로 법면이 붕괴가 재발한 것일까?

점토의 슬라이딩면 위에 불안정적인 토사덩어리가 있었다.

1998년의 붕괴 시에 상상한 것보다도 불안정적인 토괴는 발생지점의 심부까지 분포하고 있었다. 대책공사 후에도 발생지점에서는 불안정적인 토괴가 남았고 무너진 면에는 팽윤성의 점토광물이 많이 포함되어 있었다. 집중호우로 지하수위가 급상승하여 점토가 포화된 결과, 흡수팽창과 '석션'의 소실로 인해 강도가 현저히 저하되었다. 불안정적인 토괴가 균형을 잃어버렸기 때문에 붕괴되었다고 생각된다.

1998년 붕괴할 절토법면 상황

2003년에 붕괴한 법면의 두부 상황 : 기반암은 풍화가 심하고 슬라이딩면은 점토가 부착되어 있다. X선 회절의 결과 보링 No.2에서 확인한 스멕타이트질 점성토와 동일한 것으로 판명되었다.

법면 주변은 산의 밑자락 부분으로 표층수와 지하수가 특별히 집중되기 쉬운 지형은 아니었다. 지질은 중생대백악기의 안산암질응회각력암으로 지표에 노출되어 있는 암반은 비교적 단단하지만 균열이 진행되고 있었다.

1998년의 붕괴 전에 사진을 보면 단층을 경계로 종점측의 법면은 연암 Ⅱ와 중경암이 분포하였고, 기점측은 토사상의 강하게 풍화된 암반이 분포하고 있다.

2003년 붕괴 후 지표를 답사한 결과 법면의 중간부는 단층면을 경계로 붕괴가 일어났고 법면의 두부는 강하게 풍화된 부분으로 붕괴가 발생했다. 양쪽의 슬라이딩면에 담갈색을 띤 부드러운 점토가 부착되어 있었다.

더욱이 59페이지의 평면도에 나타낸 3개소에서 새로운 보링조사를 실시했다. No.1과 No.3에서는 얕은 장소에서 건전한 암반이 분포되어 있었지만 No.2에서는 깊이 11m 정도까지 N값 10~20 정도의 점성토와 역질토의 불안정적인 토괴가 분포하고 있었다.

또 슬라이딩면에 부착되어 있던 같은 스멕타이트질의 점토가 20cm의 두께로 협재되어 있는 것을 'X선 회절'(밑의 상자 참조)로 알았다.

슬라이딩 면의 점토가 포화되었다

이러한 조사결과와 과거의 암반검사의 사진에 의해 잔존하고 있던 불안정적인 토괴의 범위를 파악할 수 있었다. 그래서 2003년에 재발된 붕괴의 메커니즘을 다음과 같이 추정하였다.

불안정적인 토괴와 기반암부에 존재하는 무너진 면의 점토가 차수층이 되어 지하수를 집수 체류하기 쉬운 환경이었다.

집중호우에 의해 점토가 포화된 결과 석션이 소실되고 강도가 저하되어 붕괴되었다. 특히 스멕타이트처럼 팽윤성의 점토는 포화에 의해 흡수팽창하여 강도(점착력)가 급격하게 저하된다.

슬라이딩면의 전단강도를 정확하게 설정하는 것이 안정해석의 결과와 대책공사를 크게 좌우한다고 해도 과언은 아니다. 이것은 안정계산수법 이상으로 중요한 요소다.

X선 회절이란

단결정 혹은 다결정 물질에 X선을 비추면 각원자로 산란된 X선은 상호적으로 간섭하여 특정방향으로 강한 회절선이 나온다. X선의 파장과 결정 원자의 간격이 같은 정도이기 때문이다.

이것들의 회절선을 여러 가지 방법으로 측정하여 필름과 계수장치로 기록한다. 이 측정결과에서 결정의 격자정수, 공간군을 정하는 결정구조를 해석하는 방법이 X선 회절법이다.

X선 회절법에서는 이하의 '블랙 식'이 성립된다. 각종 광물 특유의 X선의 입사각과 반사각의 화(2θ)를 측정하는 것으로 점토광물을 특정한다.

$$n\lambda = 2d\sin\theta$$

n : 반사의 차수 (정수 n=1)

λ : X선의 파장 λ=1.5418 Å (=0.15418mm)

d : 저면간격(Å) 점토광물은 층상규산염이고, 층상점토광물의 저면부터 저면까지의 간극

θ : 입사, 반사 X선과 회절면 사이의 각도

X선 회절법으로 점토광물을 결정할때 분말시료 그대로의 분석으로는 단결정광물과 다결정광물 전부를 측정하는 것이 된다. 더욱이 스멕타이트와 바미큐라이트, 녹니암과 하로이사이트와 운모광물과 같이 2θ의 강도 피크가 일치 또는 근접하고 있는 경우 한 종류의 점토광물을 특정할 수 없다.

이러한 경우 시료를 만드는 방법을 연구하거나 약품처리와 가열 처리 등을 시험해서 점토광물의 2θ의 강도 피크를 조금 늦출 필요가 있다.

토목분야에서 X선 회절 결과의 이용법은 스멕타이트와 같은 팽윤성 점토광물의 존재 유무를 파악하는 것이다. 여기에서 채택한 절토법면과 터널 채굴현장의 안정평가의 지표로 이용한다.

스멕타이트를 많이 포함한 점토는 해성점토와 달리 특유의 점착력이 있다. 점성도가 높은 토루크아이스와 점토에 물풀을 섞은 듯한 감촉이므로 현장에서 어느 정도 판단할 수 있다.

통상적으로 슬라이딩면의 강도를 계산할 때 점착력(c)를 고정해서 내부마찰각(ϕ)을 역산해서 구한다. 이번 붕괴에서 수위의 상승에 의한 석션의 소실을 고려하여 ϕ를 고정하는 수법으로 했다.

슬라이딩면은 이미 변위를 받고 있으므로 '링전단시험'을 실시하여 점토의 잔류강도를 설정했다. 도넛 모양의 공시체를 회전시키면서 전단함으로써 무한의 변위를 주는 시험이다.

안정해석에서는 무너진 면의 점토가 포화되어 점착력이 제로가 되면 안전율이 1 미만이 된다. 이것에 대해 필요한 억지력을 구했다.

앵커에 의한 억지공법으로 대책을 세운다

법면의 안정대책의 기본을 크게 나누어 ① 안정경사를 확보한다 ② 지하수를 적극적으로 제거한다 ③ 법면의 안정공법(억지공사)과 보호공사로 억지하는 3가지 패턴이 있다. 구체적으로는 다음과 같이 검토했다.

①안은 불안정적인 토괴가 남아 있는 한 경사를 느슨하게 하더라도 불안정적이 된다. 만약 토괴를 전부 제거하더라도 원지반 전체를 컷트하게 되므로 현실적이지 않다. ②안 처럼 무너진 면에 팽윤성이 있는 경우는 차수층을 형성하여 무너진 면을 따라 지하수가 흘러내리기 때문에 배수효과에 의문이 남는다. 또 물빼기 보링 구멍에 팽윤성 세립분이 축적되면 배수능력이 저하되므로 정기적인 유지관리가 필요하다. 토탈 코스트가 비교적 높아질 우려도 있다.

따라서 ③의 붕괴를 억지하는 앵커 공법을 채택하여 얇은 층을 붕괴하는 방법으로 법면틀 공법으로 대응하기로 했다. 법면에 노출되는 불안정적인 토괴에는 침식과 풍화에 의한 강도

저하의 방지와 침투수의 차단을 목적으로 뿜칠 모르타르 공법을 채택했다. 대책공사 결과 법면은 현재도 안정을 유지하고 있다.

이 붕괴 현장에서는 운이 좋게도 법면의 전단에서 암반검사에 의해 지질 조사 결과를 조사할 수 있었다. 그 결과 법면 보호의 상세한 시공 장소 등을 현장에서 발주자와 시공자에 알맞게 전달할 수가 있었다. 발주자와 설계자, 시공자가 협력해서 이러한 기회를 가능한 유지하는 것이 중요하다.

또한 보링조사 전에 상세한 지형 지질답사와 과거의 조사 자료를 참고한 후 가장 효과적인 조사 방법과 조사 장소를 계획하는 것이 중요하다. 이번 예에서는 특히 암반조사의 사진이 도움이 되었다.

● 슬라이딩면 점토의 X선 회절 결과

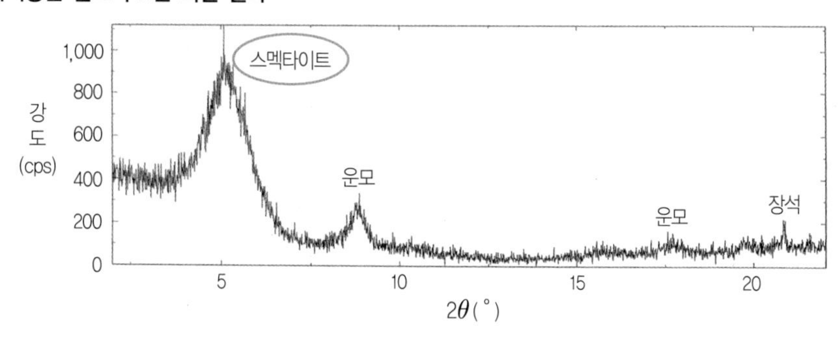

● 대책공사의 횡단도

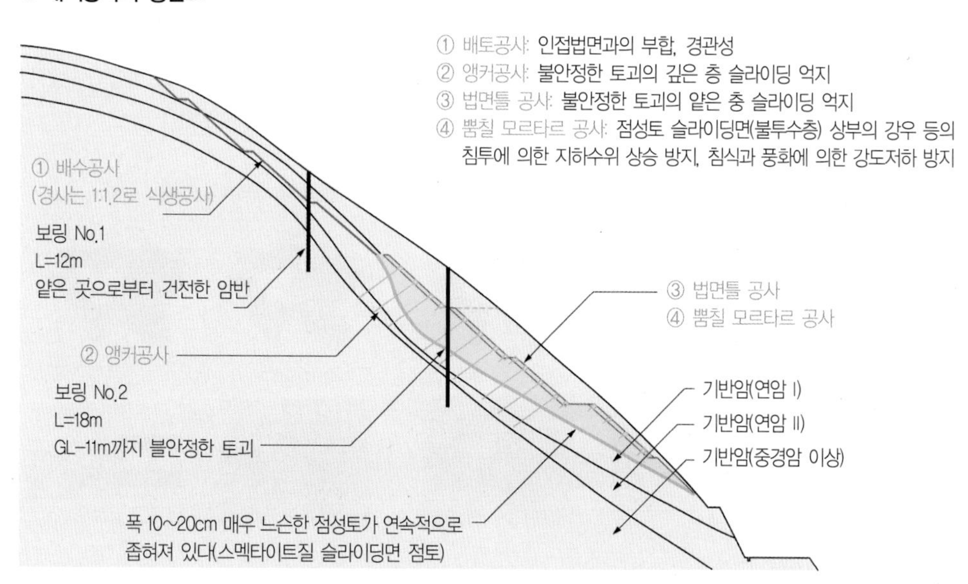

이번에 취급한 사면과 같이 단층과 열수변질맥, 과거의 슬라이딩면이 절토법면에 대해 같은 방향으로 분포하고 있는 경우, 약한 부분의 두께가 수 mm라도 연속해 있다면 장래에 사면붕괴의 위험이 있다고 생각해야 한다.

암반조사 사진. 왼쪽은 토사상의 불안정한 토사와 중경암 클래스의 건전한 경계부, 오른쪽은 경계부에 좁혀지도록 연속하여 분포하는 부드러운 점성토이다. 이 점성토는 스멕타이트를 많이 함유하고 있다.

슬라이딩면의 노두를 나타내는 암반조사 사진, 점토화되어 있고 주변 기반암은 원역질토로부터 아원역질상이 되고 있다.

석션이란?

지반의 흙 입자 사이에 발생하는 간극공기압부터 간극수압을 뺀 치를 '매트릭석션'이라고 한다. 석션이란 건조된 불포화의 흙이 모관현상에 의해 물을 흡입하여 올리는 힘을 말한다. 이것은 달리 생각해 보면 흙 입자가 물에 의해 서로 끌어당기는 힘이라고도 할 수 있다.

즉 물의 표면장력의 영향에 의해 생기는 간극공기압과 간극수압의 압력차가 생기면 흙 입자의 부착력이 증대한다. 역으로 포화상태가 되면 흙 입자의 부착력은 제로가 된다. 아래의 그림과 같이 불포화 흙에는 반드시 매트릭석션이 존재한다. 한편 건조토와 포화토에는 매트릭석션은 존재하지 않는다. 제로인 것이다.

● 3가지 불포화형태와 수분특성 곡선

흙입자 불포화 영역

현수수 불포화

과도적 불포화

봉입 불포화

석션 (s)

공기침입값

0

포화도 (Sr)

● 실제 흙에 있어서 건조, 불포화, 포화의 형태

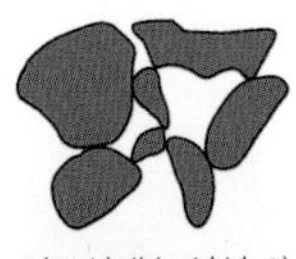

건조상태(=석션 0)

건조상태(=석션 대)

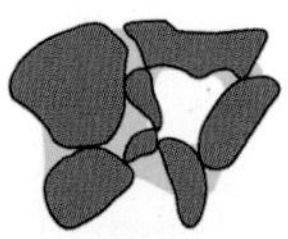

과도적 불포화(=석션 중)

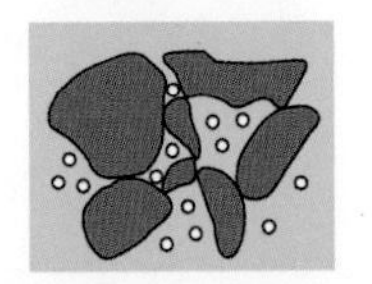

봉입불포화(=석션 중)

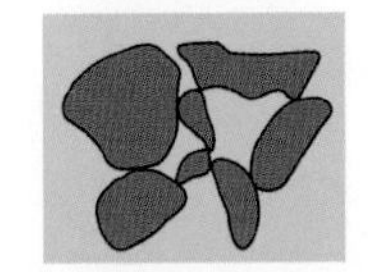

포화상태(=석션 0)

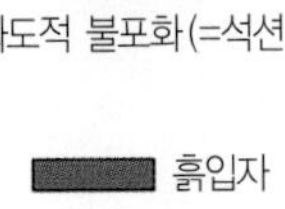

흙입자

간극수

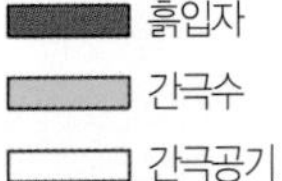

간극공기

터널 갱구부분의 절토법면

암석 활락이 다발하는 것은 왜?

● 터널갱도 입구 부근의 평면도

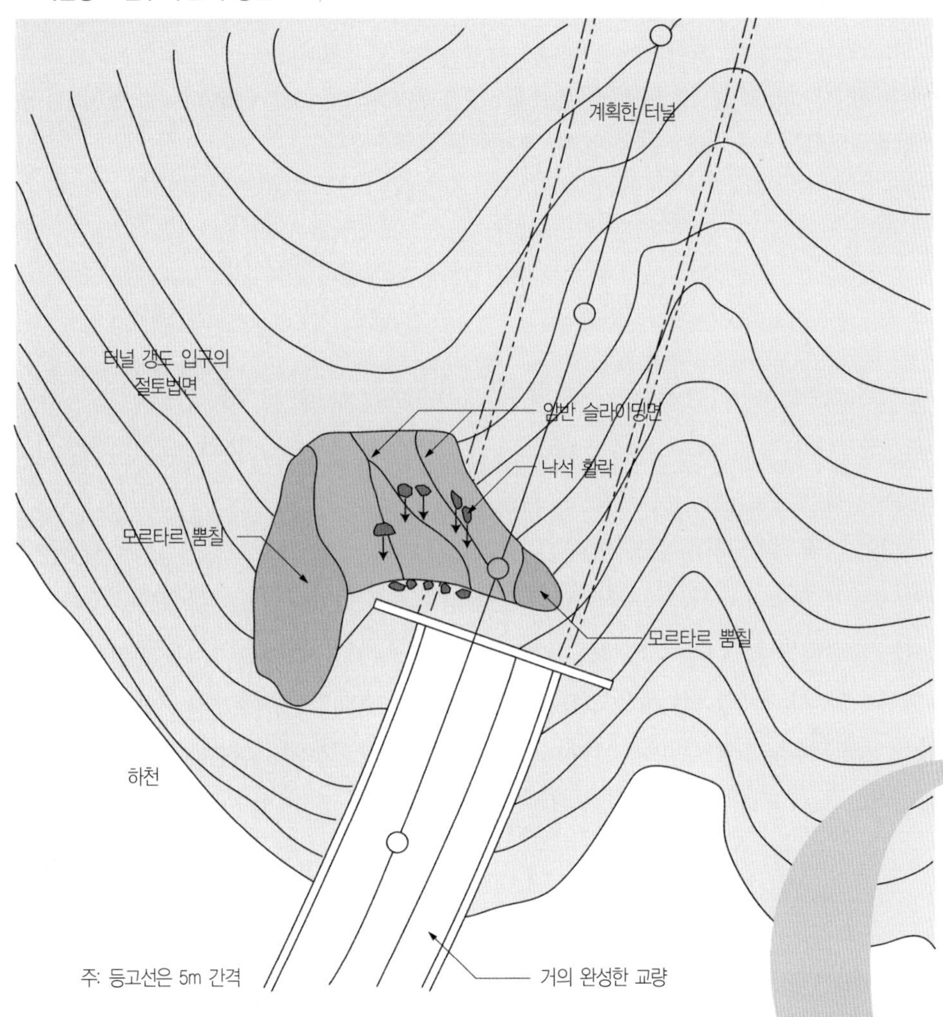

산악터널을 파기 위해 갱구부분의 사면을 절토하고 있었다. 그때 사면에서 암석의 활락이 계속해서 발생한다. 시공자는 공사를 일단 중단했다. 갱구부분의 절토법면을 눈으로 확인한 결과 암반 자체는 매우 단단한 성질을 가지고 있었지만 암반 속에는 여러 가지 깨지기 쉬운 암반도 포함하고 있는 것을 알았다. 절토공사와 암석의 활락 사이에는 어떠한 인과관계가 있는 것일까? 또 붕괴의 발생까지는 가지 않고 이대로 공사를 재개해도 좋은 것일까?

A 공사에 따른 응력해방과 진동이 원인이 되었다.

암석의 활락은 암반 속에 있는 여러 가지 깨지기 쉬운 면을 따라 일어났다고 볼 수 있다. 이러한 약한 암반은 자연의 상태에서는 안정적이지만 공사에 동반되는 지반 응력의 해방과 공사의 진동에 의해 불안정해진다. 이대로 공사를 진행하면 붕괴를 일으킬 우려가 있다. 그래서 터널공사를 재개하기 전에 슬라이딩되기 쉬운 면을 안정화하는 대책을 취할 필요가 있다.

경사가 급격하고 험한 산악부이면서 또한 산 사이에 구불구불한 하천이 반복되는 장소의 도로개량공사였다. 이러한 장소로는 교량부터 터널 또는 교량으로 연결되는 산악도로인 경우가 많다. 여기 현장도 마찬가지였다.

교량이 거의 완성되고 터널갱구부분의 절토를 시작하자 절토법면의 넓은 범위에서 암석의 활락이 많이 보였다. 시공자는 원지반의 안전성에 문제가 있다고 발주자에게 지적하였고 공사는 중단되었다.

발주자로부터 조사를 의뢰받은 건설 컨설턴트의 기술자가 빨리 현지에서 조사를 개시하였다. 터널갱구 부분의 절토법면을 보면 아래 사진과 같이 불안정한 바위덩이가 존재하고 있었고 암반이 무너질 것으로 생각되는 약한 암반이 연속적으로 확인되었다.

공사를 계속하면 암석의 활락이 더욱더 증가하여 암반 그 자체가 붕괴를 유발할지도 모른다는 우려도 있었다.

암반 활락이 계속 발생한 터널 갱구부분의 절토법면.
슬라이딩면과 암석이 활락한 경로를 볼 수 있다.

● 추정한 암반의 슬라이딩 범위

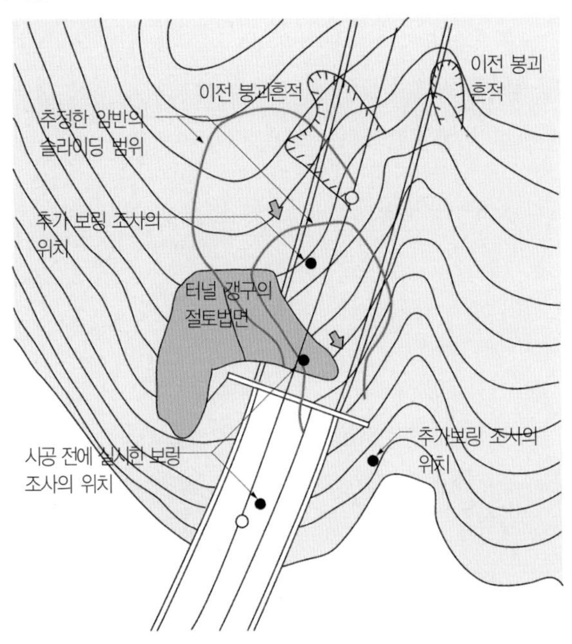

보링조사와 지질답사를 추가했다

현장의 지질은 변성암이었다. 변성암은 기존의 암석이 큰 압력과 고온의 열을 받아 재결정된 암석을 말한다. 재결정되는 과정에서 암석 안의 광물이 판자모양과 기둥모양, 바늘모양으로 평행하게 줄지어 있어 깨지기 쉬운 '편리면'을 만드는 경우가 많다.

편리면을 따라 풍화가 현저한 부분과 표층부에서 풀뿌리와 나무뿌리가 혼입되는 것에 의해 이완이 발달되는 부분도 있다.

이와 같은 약한 암반을 굴삭하면 응력의 해방과 굴삭 시의 진동에 의해 편리면을 따라 암석이 활락하거나, 암반이 돌출되어 있던 부분이 빠져 떨어지거나 한다.

그래서 터널의 갱구부분의 절토법면에서 확인한 슬라이딩면의 연속성을 조사하기 위해 보링조사를 새로이 2곳에서 실시했다. 보링조사의 결과와 갱구부분의 법면과 그 주변의 지질답사에 의해 슬라이딩면의 연속성을 확인할 수 있었다.

연속되는 미끄러운 면은 갈색을 띤 돌 모양을 하고 있었다. 또 터널의 횡단방향에 대해 미끄러지는 암반이 되어 있는 것도 밝혀졌다. 암반의 붕괴 등을 고려해서 암반의 붕괴 범위를 위의 그림과 같이 추정하여 이것을 기초로 대책을 세우기로 했다.

우선 터널 갱구부분의 법면을 보호해야만 한다.

사면이 암반이고 그 경사가 급하고 오목한 부분이 심한 것 등을 고려하여 불어넣는 법면틀 공법을 채택했다.

또한 절토는 사면을 불안정하게 하므로 절토 양을 적게 하기 위해 갱구의 위치를 변경하고 가능한 산의 바로 앞으로 이동시켰다.

● **대책공사 개요**

[평면도]

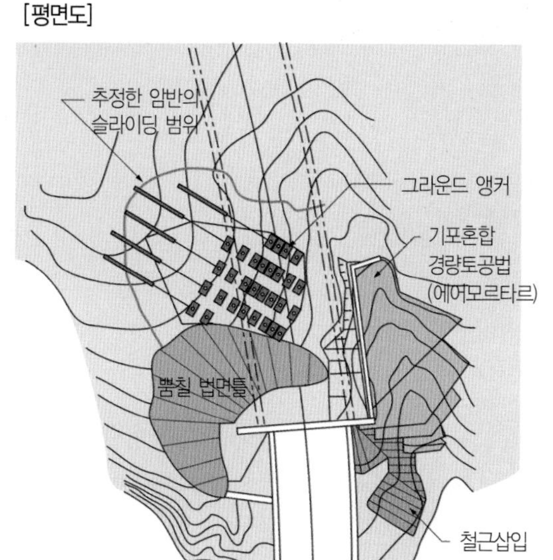

[단면도]

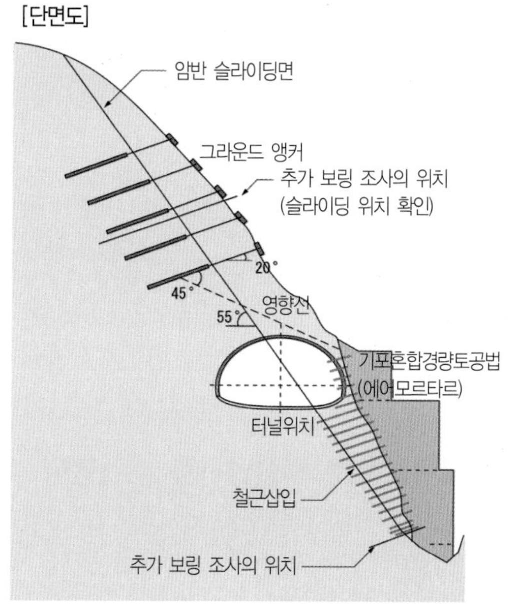

터널 상부의 사면 대책에 착수했다

중단하고 있던 터널의 굴착공사를 재개하는 데 있어서는 터널 상부의 사면의 안정과 암반 전체의 안정이 필수적이다. 실제로 취한 대책은 다음과 같다(위의 그림 참고).

처음에 터널 상부의 사면 안정해석을 실시했다. 그때 갱구부분의 법면의 지질답사와 보링 조사의 결과 등을 근거로 붕괴된 면의 경사각을 55도로 설정하고 각종 지반정수를 구했다.

그리고 터널 상부의 사면을 안정시키는 대책으로 그라운드 앵커 공법을 채택했다. 현 상황에서는 아직 움직임이 없는 붕괴라고 판단하여 안전율(Fs)을 1.05로 설정했다. 한편 계획안전율(Fs)은 1.2로 했다.

앵커의 시공 장소는 터널 상부에 위치한다. 발파의 진동에 의해 원지반의 느슨함을 유발할 우려가 있으므로 내부마찰각(ϕ)을 80%, 점착력(C)을 50% 저감시켜 안전도를 높였다(『구일본도로공단의 설계요령제1집』 참고 3~28페이지).

이 밖에 앵커가 터널 복공에 영향을 주지 않도록 배려하였다. 앵커의 위치는 앵커의 점착부의 중심부터 45도의 각도로 무너진 선까지 그은 '영향선'이 터널의 복공에 영향을 끼치지 않는 높이로 했다.

철근과 에어 모르타르로 전체를 안정시켰다

암반 전체에 대해서는 터널 상부의 사면의 안정에 덧붙여 터널 하부에 철근을 삽입하는 공법을 채택하는 것으로 안전성을 확보했다. 또 터널의 흙 덮개가 얇기 때문에 터널 옆 협곡에 기포혼합경량토공법(에어 모르타르)을 채택했다. 이 에어 모르타르와 삽입된 철근을 일체화함으로써 암반의 슬라이딩에 대항하는 누름 성토와 같은 역할을 한다.

산악부에서는 이와 같이 암질은 아주 단단하지만 암반 전체로 본 경우, 슬라이딩을 발생시킬 약한 면이 있는 경우가 있다. 그러나 시공 전 조사에서 판단을 내리기가 어렵다. 암반의 붕괴를 예측하는 것은 어렵다고 말하고 있다. 굴착에 동반된 응력의 해방과 지반의 진동에 의한 원지반이 느슨해져 암반의 슬라이딩이 일어나는 것을 염두에 두고 신중하게 시공하여 안전을 확보할 필요가 있다.

그라운드 앵커의 설계방법

그라운드 앵커의 설계 흐름은 다음과 같다. 우선 앵커 하나 정도의 설계 앵커 힘(Td)을 다음 식으로 구한다.

$$Td = \frac{T \cdot A}{N}$$

T : 1m에 해당하는 앵커의 끌어당기는 힘
A : 앵커의 수평방향의 타설 간격
N : 앵커의 설치단수

이때 앵커의 끌어당기는 힘(T)의 앵커가 부담하는 억지력(Pr)을 구하는 식은

$$Pr = T\cos\beta + T\sin\beta \cdot \tan\phi$$

β : 앵커 축과 붕괴 면과의 각도

ϕ : 붕괴면의 내부마찰각

다음에 앵커의 텐돈에 PC강보다 선을 사용하는 경우, PC강보다 선의 필요한 개수(n)는 다음과 같다.

$$n = \frac{Td}{Pa}$$

Pa : PC강보다 선의 하나에 해당하는 허용 인장력

마지막으로 앵커의 정착 길이를 계산한다. 그라우팅 재료와 지반의 주면마찰저항에 의해 결정되는 앵커의 정착길이(la)는 다음과 같다.

$$la = \frac{Fs \cdot Td}{\pi \cdot dA \cdot \tau}$$

Fs : 안전율

dA : 앵커체의 직경

τ : 정착 층의 마찰저항

한편 그라운드와 텐돈과의 부착응력도에서 결정되는 텐돈의 부착 길이(lsa)은 다음과 같다.

$$lsa = \frac{Td}{U \cdot \tau a}$$

U : 주장(周長)

τa : PC강보다 선과 그라운드과의 허용 부착응력도 앵커 정착길이는 텐돈의 부착길이를 구하는 식도 만족하도록 결정할 필요가 있다.

● 그라운드 앵커 설계의 흐름(P50)

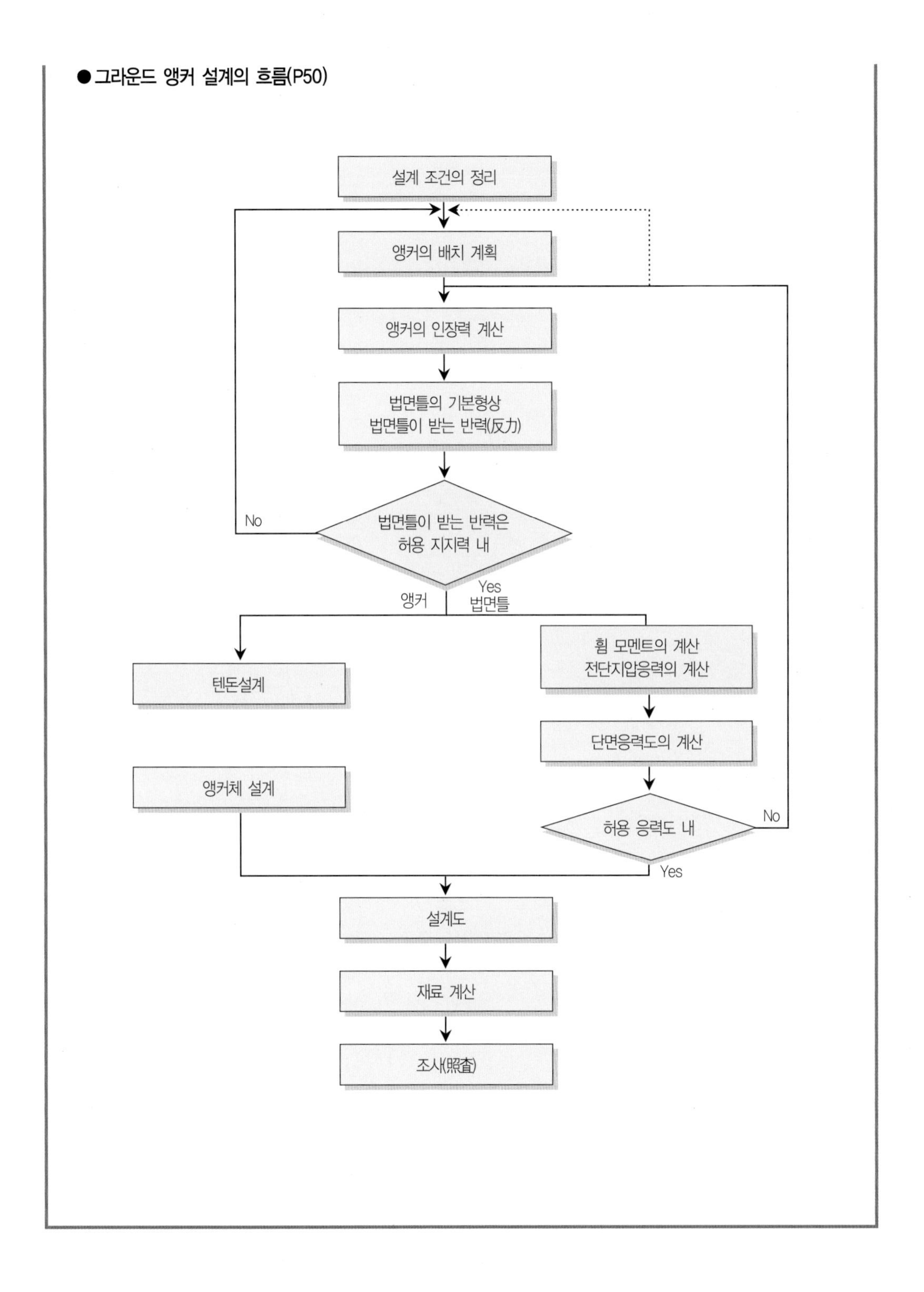

암반사면으로부터 낙석

낙석이 방호책을 뛰어넘은 것은 왜?

● 낙석이 발생한 사면의 단면도

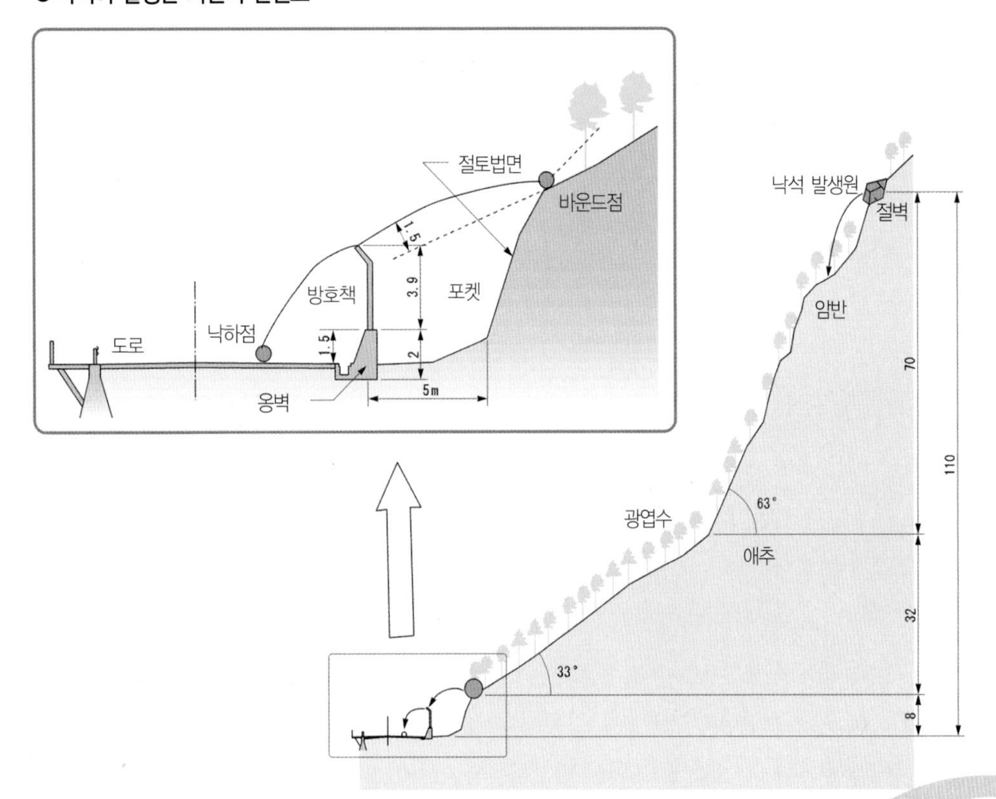

Q

시코쿠에 있는 도로에서 낙석사고가 발생하였다. 도로의 약 110m 위쪽의 절벽으로부터 빠져나온 암석덩어리가 도로에 설치된 방호책의 윗부분을 스치면서 노면 상에 낙하했다. 방호책의 높이는 3.9m였으며, 높이 2m의 콘크리트 옹벽 위에 설치되어 있다. 노면으로부터 방호책의 정점까지 높이는 5.4m이고, 또한 방호책의 배후에는 폭이 약 5m인 큰 포켓(pocket)이 확보되어 있었다. 그럼에도 불구하고 낙석을 저지하지 못한 이유는 무엇일까?

A

도약량 예측이 잘못되었다.

낙석의 도약량은 일반적으로 2m 이하지만, 도약량 예측방법에 주의할 필요가 있다. 경사 도중에 큰 변화가 있는 사면에서는 낙석이 바운드하는 사면을 연장한 선으로부터 수직방향으로 계측할 필요가 있다. 이 현장의 방호책은 노면으로부터 약 5.4m였지만, 예와 같이 낙석이 절토 법면의 뒤쪽에서 바운드가 되면 도약량이 1.5m라도 방호책을 넘게 된다.

낙석사고가 발생한 사면은 시코쿠 산지 중앙에 위치하였다. 지질은 秩父帶에 속하고 석탄기로부터 페름기의 시대에 형성된 秩父 고생층의 사암과 혈암이 분포하고 있다. 이 사면은 도로로부터 위쪽 40m까지의 범위는 애추(테일러스)가 퇴적되어 있으며, 경사각은 30~35도로 비교적 완만하다. 그러나 그보다 상부는 경사각이 60~70도로 매우 급한 경사로 변한다. 도로로부터 약 110m 위쪽에 절벽이 있다. 사면에는 광엽수가 빽빽하게 있다(앞 페이지 그림 참조). 절벽으로부터 암석덩어리가 빠져 나와 사면에 굴러 떨어져 애추사면의 말단까지 도달하였다. 그리고 절토법면의 어깨 부근으로부터 날라왔다. 암석덩어리는 사면을 굴러 떨어지는 사이에 분해되어 그 가운데 1개만이 방호책을 뛰어넘어 노면에 낙하된다. 그외의 암석덩어리는 방호책 배후의 포켓 내에 떨어진다.

낙석이 방호책을 뛰어넘어 도로에 낙하된 상황

낙석이 방호책을 뛰어넘어 도로에 낙하된 상황

낙석에 의한 방호책의 파손 상황

급사면을 굴러가면 속도가 올라간다

낙석 방호책 그 배후에는 폭이 약 5m로 큰 포켓이 설치되어 있음에도 불구하고 낙석 사고가 발생한 것은 왜일까?

이 사고 현장과는 별도의 장소이지만, 필자의 회사가 2003년도에 실시한 낙석실험의 결과로 설명할 수 있다. 이 실험은 국가기관으로부터 위탁을 받아 에히메(愛媛県) 내의 자연사면에서 실시하였다.

실험에서 얻어진 낙석의 궤적의 일례를 다음 페이지 그림에 나타내었다. V_i는 낙석의 입사(착지) 속도, V_r은 반사(이륙) 속도, h는 도약량이다.

자연사면에는 요철이 존재한다. 낙석은 아주 약한 속도로 비행운동을 시작하여 비행과 충돌을 반복한다.

비행 중에는 위치에너지가 운동 에너지로 변하기 때문에 속도가 증가한다. 더욱 사면의 경사가 급할수록 비행시간이 길어지기 때문에 비행 중의 속도 증가량은 커지게 된다.

사면에 착지하면 충돌에 의해 지반을 파괴 또는 소성변형시킴으로써 에너지가 소비되어 감속하게 된다. 충돌하는 방향이 지반면에 대해 수직에 가깝게 될수록 속도의 정도는 커지게 된다.

완만한 사면으로부터 튀어나와 멀리 도달했다

낙석이 튀면 그 중심은 77페이지 그림에 나타낸 바와 같이 포물선을 그린다. 이륙 시 접지점과 착지 시 접지점을 연결한 직선을 기준선으로 하고, 기준선로부터 수직방향에 낙석 중심이 그려져 궤도까지 측정한 거리(h)를 도약량이라고 부른다.

실험에서 얻어진 도약량을 78페이지 위 그림에 나타내었다. 계측된 전체의 95%는 도약량이 1.5m 이하, 99%는 2.0m 이하이다. 도약량이 1.5m를 초과하는 것은 완경사부로부터 날아나올 때와 그루터기와 기암 등의 돌기부에 충돌할 때이다.

또 이 실험에 이용한 것은 직경 0.54m, 무게 0.20톤 콘크리트 볼, 변 길이 0.6m, 무게 0.52톤의 입방체, 무게 0.12~2.1톤의 암석덩어리의 3종류이다.

구일본도로공단이 1973년에 실시한 薗原 댐의 실험과 구건설성이 1980년에 실시한 高松에서의 실험에서도 도약량은 2m 정도가 되는 것을 확인된 바 있다. (사)일본도로협회가 2000년에 발행한 「낙석대책편람」에서는 도약량을 2m로 간주하여 방호책의 높이를 결정하는 것으로 하고 있다.

● 낙석 궤적과 속도에 관한 실험결과

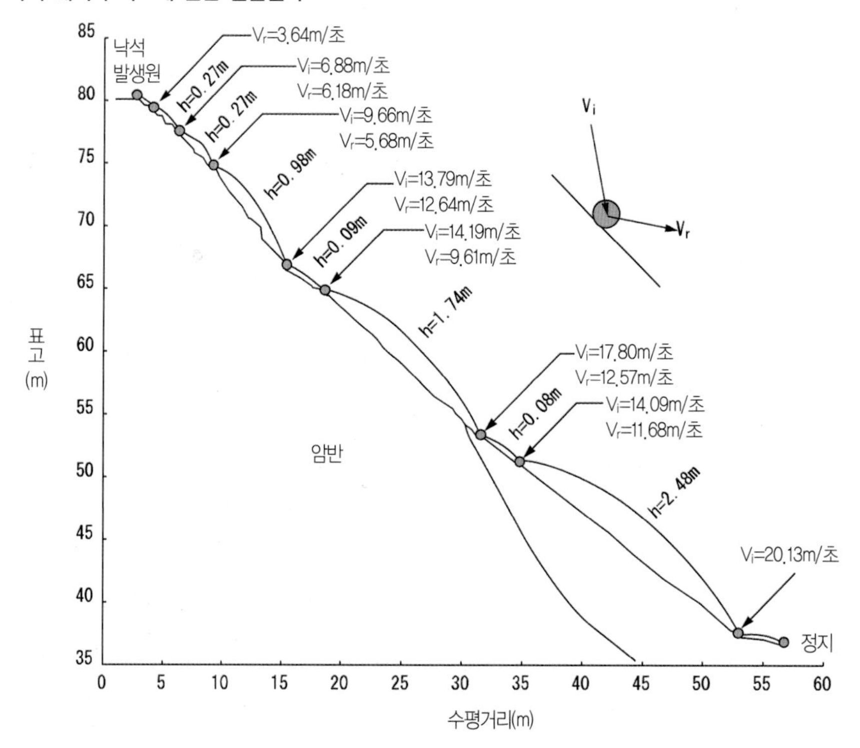

● 낙석 중심의 궤적

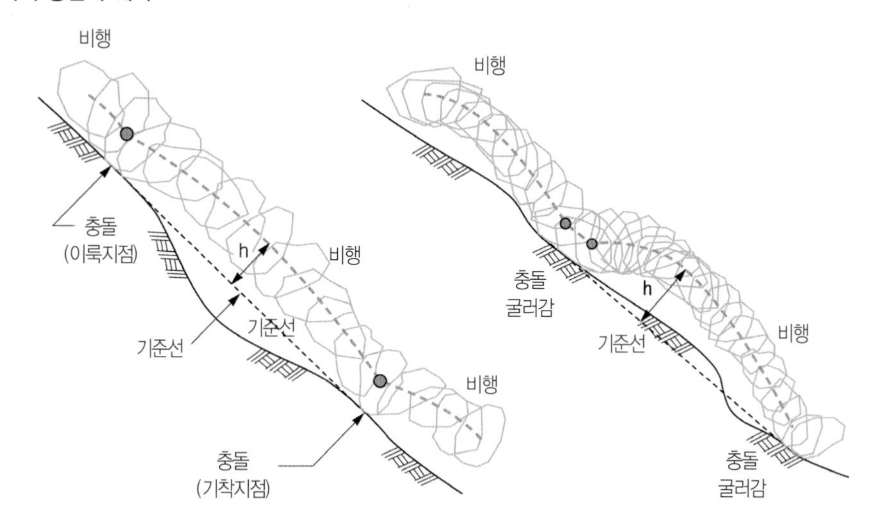

일률적으로 도약량 2m는 위험하다

그런데 도약량은 2m라는 경험측이 성립되는 것은 ① 낙석 직경이 대략 1m 이하, ② 사면 경사각이 대략 50° 이하, ③ 사면 경사가 똑같다는 3개의 조건을 전부 만족하고 있는 경우로 제한된다. 낙석 반경을 r, 사면의 경사각을 θ, 낙석의 날아오는 속도를 V, 날아오는 각도를 α로 하면, 낙석의 도약량(h)는 다음 식으로 나타낼 수 있다. g는 중력가속도(=9.8/s^2)이다.

$$h = \frac{(V\sin\alpha)^2}{2g\cos\theta} + r$$

예를 들어 낙석 직경이 6m이면 실질적으로 날아올라가는 양이 0.1m라고 해도 도약량은 3.1m가 된다.

이 식으로부터 명확해진 것처럼 사면의 경사각(θ)이 커지게 되면 도약량도 커지게 된다.

또한 도약량은 지형의 영향을 받는다. 사면의 지반선이 왼쪽 윗그림의 'A' 경우 도약량은 hA가 되지만, 지반선이 'B' 경우 hB가 된다. 낙석의 비행궤적이 동일하더라도 도약량은 전혀 다른 값이 된다.

사면에 그루터기와 암반이라는 돌기물이 있으면 78페이지 아래 오른쪽 그림과 같이 도약량이 예상외로 크게 된다.

도약량 2m의 의미를 정확하게 이해하지 않고 기계적으로 방호책의 높이를 결정하는 케이스가 많다. 이와 같은 낙석사고가 발생할 수 있으므로 주의해야만 한다.

이 낙석현장에서는 방호책의 높이가 노면으로부터 6m라면 좋았을 것이다. 또는 절토법면의 위쪽의 자연사면에 방호책을 설치되어 있으면 방호책의 높이는 3m라도 충분하다.

● 낙석 도약량에 관한 실험결과

[낙석의 도약량과 낙하 높이의 관계] [낙석 도약량의 히스토그램]

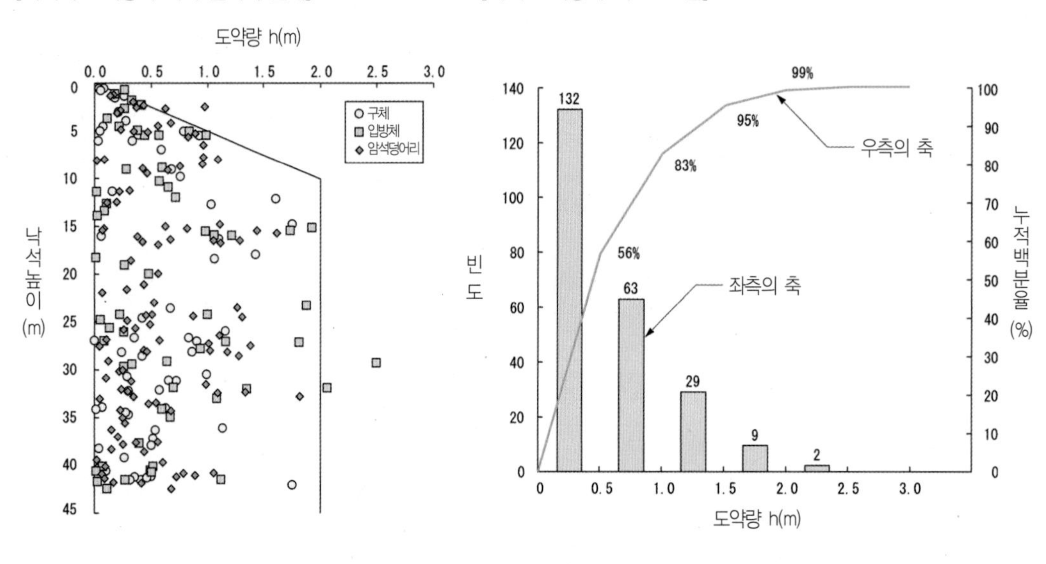

●사면 형상과 도약량의 관계 ●사면 돌기물의 충돌에 의한 이상 비약

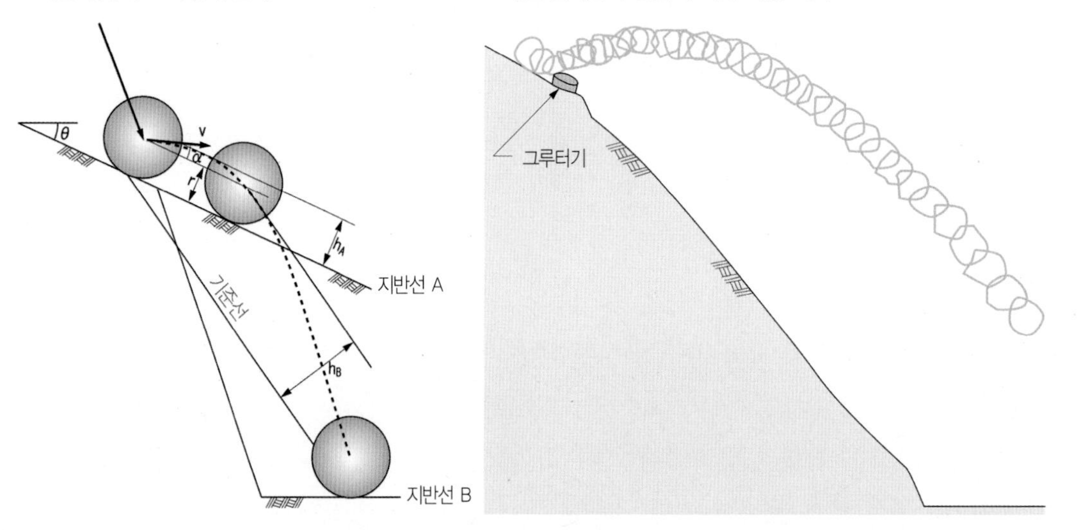

억지말뚝을 타설한 법면

협곡 측의 법면이 붕괴한 것은 왜?

● 인접공구의 토사붕괴에 의해 억지말뚝의 협곡측의 토괴가 붕괴한 법면

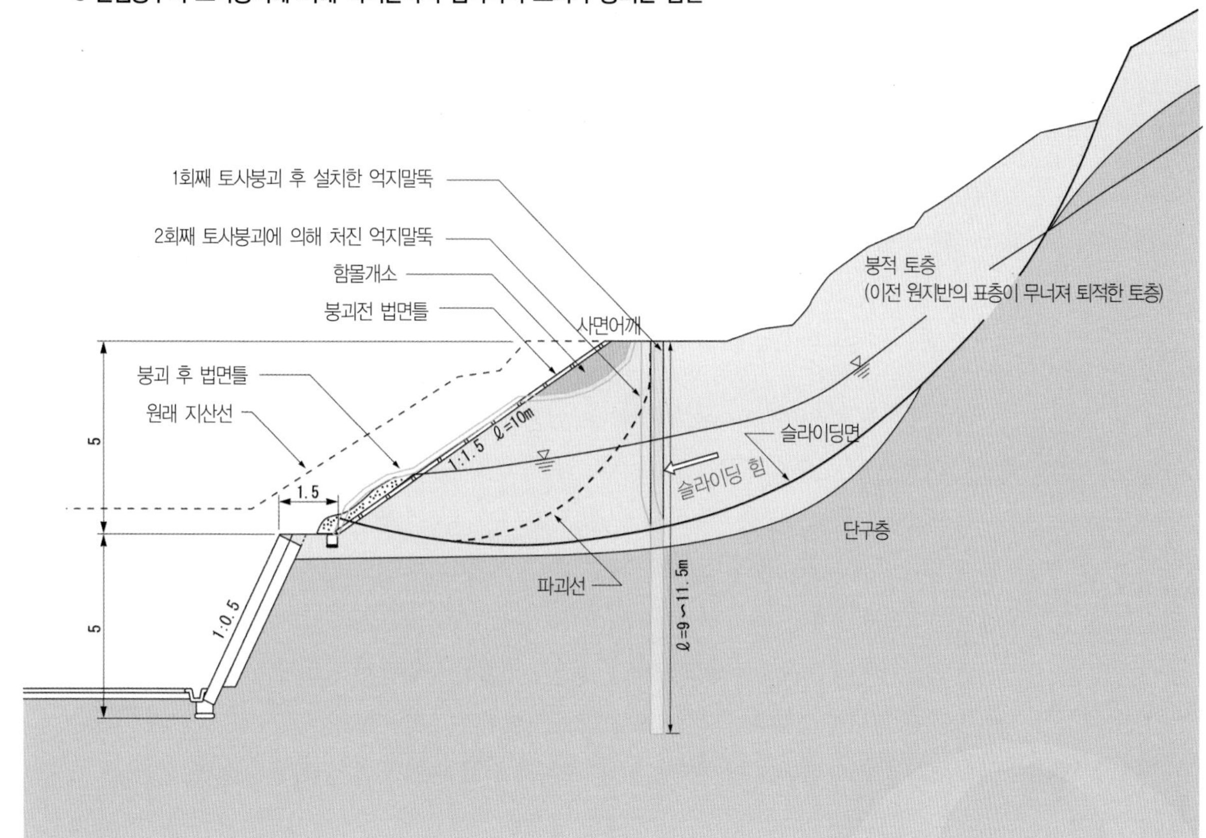

절토법면의 시공 중에 폭 30m의 소규모로 붕괴가 발생하였기 때문에 법면의 어깨부분에 억지말뚝을 시공하는 것으로 안정화를 도모했다. 그 후 인접한 구간의 절토가 끝날 무렵 붕괴가 발생했다. 이 붕괴는 앞의 붕괴보다 대규모로 발생하였고 기존 붕괴 장소와 함께 재발생하였다. 억지말뚝의 협곡 측 암반에까지 변화를 미쳤고 억지말뚝을 경계로 협곡측 법면이 붕괴했다. 1회째의 붕괴 후 설치한 공법은 '억지말뚝'으로 설계되어 있고, 협곡 측의 토괴가 무너지는 데 대한 안전율도 충분히 확보했다. 그런데도 법면이 붕괴한 것은 왜일까?

말뚝을 사이에 두고 힘이 협곡 측 토괴에 전달되었다.

미끄러지는 힘이 억지말뚝에 작용되려면, 말뚝의 저항력에 의해 계곡의 토괴에 힘이 전달된다. 억지하는 말뚝의 기능은 주로 4종류가 있으나 그 중 '보강 말뚝'은 미끄러지는 힘을 고려한 토괴의 안정평가(Fd 검정)를 실시한다.
그런데 이번 사례와 같은 '억지말뚝'으로 설계한 억지말뚝에서는 Fd검정을 실시하지 않는 것이 일반적이어서 미끄러지는 힘을 간과하였다. 억지말뚝보다 협곡 측 법면은 설계에서 고려하지 않아 미끄러지는 힘을 받아 붕괴되었다고 생각된다.

최초의 토사붕괴(이하 A 토사붕괴)는 홍적세에 형성된 단구층과 붕적토층으로 구성된 저구릉지 사면의 말단을 절토하고 있는 도중에 발생했다(81페이지 그림 참고).

대책으로서 채택된 것은 억지말뚝과 폭 30m, 깊이 6m의 원호 슬라이딩에 대해 '억지말뚝'이 되도록 설계되었다. 억지말뚝의 타설 후 다른 장소의 절토 공사도 완공되어 산사태는 안전하다고 생각하였다.

연도가 바뀌어 A 토사붕괴가 발생한 구간과 인접한 구간에서 절토 공사를 마친 시점에서 큰 토사붕괴(이하 B 토사붕괴)가 발생했다(81페이지 그림 참고).

B 토사붕괴는 두부와 양측부에 함께 확실하게 드러난 붕괴의 흔적이 있었다.

더욱이 B토사붕괴의 영향은 A 지역에도 영향을 주었다. A 지역 산사태는 억지말뚝의 영향을 벗어나 계곡측까지 영향을 미쳤다. A 토사붕괴 장소에 설치해둔 파이프 변형률계로는 측정할 수 없게 되었으며 억지말뚝의 두부에 3~7cm의 변위가 생겼다. 단 토사붕괴의 변위량은 B 토사붕괴 쪽이 확연히 컸다.

B 토사붕괴의 토괴는 A 토사붕괴의 토괴와 일체가 되어 움직였다. 단 원래는 B 토사붕괴와 A 토사붕괴는 합체되어 하나의 토괴로서 미끄러져 움직인 것이다. 그런데 억지말뚝이 크게 저항하였고 미끄러지는 힘이 억지말뚝을 사이에 두고 협곡 측 토괴에 작용하였다. 계곡 측 토괴에 의한 붕괴가 생긴 것 같다. 억지말뚝을 설치함으로써 계곡 측의 토괴에 연속된 약한 면이 생김으로써 B 토사붕괴의 측부가 A 토사붕괴 개소의 말뚝의 협곡측에까지 영향이 미쳤기 때문이다.

●A토사붕괴 평면도 ●B토사붕괴 평면도

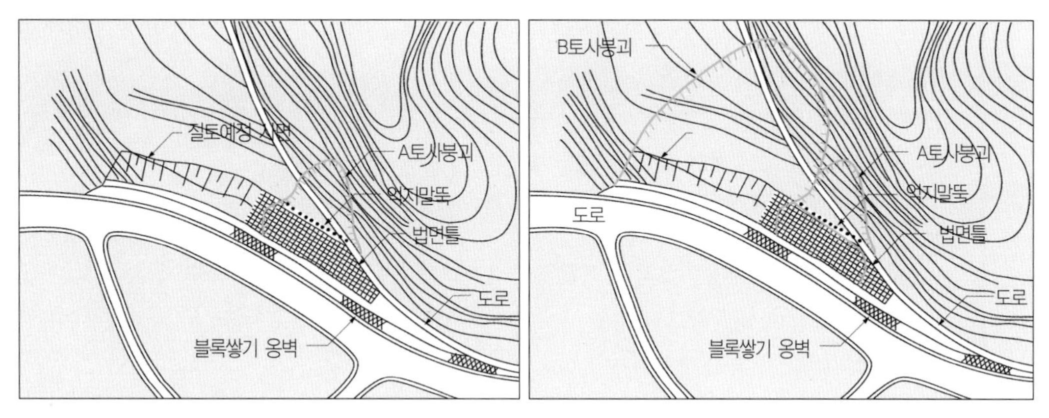

통상의 안정해석에서는 충분히 안전하다

억지말뚝에는(밑의 상자 참고)와 같이 4개의 기능이 있다. 설계에서는 4개의 기능 중 어느 것을 결정해야 하는지를 토사붕괴의 깊이와 이동층의 상태, 토사붕괴의 안정도, 말뚝의 설치 위치 등을 기준으로 결정한다.

A 토사붕괴의 억지말뚝은 '억지말뚝'의 기능을 기대해서 설계한 것이다. 억지말뚝에서는 말뚝의 협곡 측에 있는 토괴의 유효저항력을 기대하지 않는다. 그만큼 말뚝의 단면은 커지게 된다. 협곡 측 토괴의 안정성을 검토할 때 붕괴의 추력 전달을 고려하지 않는다. 말뚝을 경계로 아래 방향의 사면에 대해서는 별도로 통상 안정해석을 실시하는 경우가 많다.

이 사례에서도 통상 안정해석에서 말뚝의 협곡 측에 있는 토괴의 안전율을 계산하고 있다. 얕은 토사붕괴에 대한 안전율은 1.509, 깊은 토사붕괴에 대한 안전율은 1.198과 어느 것이든 계획안전율인 1.12를 상회하였다. 여기에서는 말뚝의 협곡 측 법면에 토사붕괴가 발생한 이유에 대하여 설명할 수 없다.

문제는 통상 안정해석으로는 말뚝을 사이에 두고 계곡부 토괴에 전달되는 미끄러지는 힘을 평가할 수 없게 된다.

억지말뚝의 4가지 기능

(사)붕괴대책기술협회 발행의 『붕괴 강관말뚝설계요령』에서는 붕괴 억지말뚝은 기대하는 기능에 의해 다음의 4가지로 분류된다. 기능마다 붕괴의 작용하중과 구속조건 등이 다르고 말뚝의 움직임이 달라지기 때문이다. 설계에는 각각 다른 계산식을 사용하므로 붕괴의 조건에 맞는 계산식을 선택하는 것이 중요하다.

① 쐐기말뚝

지반에 밀착하도록 묻는 말뚝이다. 말뚝이 이동층과 일체가 되어 움직이고 붕괴 시 말뚝이 휠 때 발생하는 저항력에 의해 붕괴의 추력에 저항한다. 붕괴의 이동이 허용되는 조건 하에 말뚝의 변위가 아주 큰 조건으로 설계한다. 따라서 활발한 붕괴 활동이 반복되고 있는 경우나 사면의 안정도가 극히 낮은, 또 이동층이 하나가 되어 무너질 것 같은 붕괴에 적용한다.

② 보강말뚝

지반에 밀착하도록 묻는 말뚝이다. 지반을 탄성체로 설정하는 '탄성상판위의 보'로 생각한다. 붕괴 추력의 일부를 근입 지반에 전달해 남은 추력을 하류 측에 이동층의 저항력으로 맡긴다. '신의 식'이라고 불리는 계산방법에서 채택 실적이 많다. 말뚝의 굽은 모멘트와 전단력, 휨량, 말뚝의 협곡 측 이동층의 안전성의 4가지에 대해 평가한다. 말뚝을 탄성상 위의 들보로 취급하여 붕괴의 추력을 삼각형 분포 하중으로 작용시킨다.

③ 전단말뚝

지반에 밀착하도록 묻는 말뚝이다. 붕괴 면에 작용하는 전단저항력만을 증가시킨다. 말뚝의 단면 파괴의 종국한계상태에 있어서 붕괴의 추력에 저항한다. 억지말뚝 중에서 과거에는 가장 채택하는 실적이 많았다. 말뚝의 재해를 입는 예로서 많은 부분이 얕은 붕괴에 의한 파괴이기 때문에 4~6m의 얕은 붕괴에서는 별도의 검토가 필요하다.

④ 저항말뚝

말뚝이 협곡 측의 이동층에는 유효저항력을 기대하지 않는다. 말뚝을 조각 들보로 취급한다. 붕괴의 말단부와 두부의 부근에서 근접 시공이 촉박할 경우 적용한다. 협곡 측의 이동층에 의한 지지는 기대하지 않는 점에서 말뚝의 저항력만으로 붕괴의 추력을 부담하기 때문에 말뚝의 단면은 크다.

● 억지말뚝의 4가지 기능

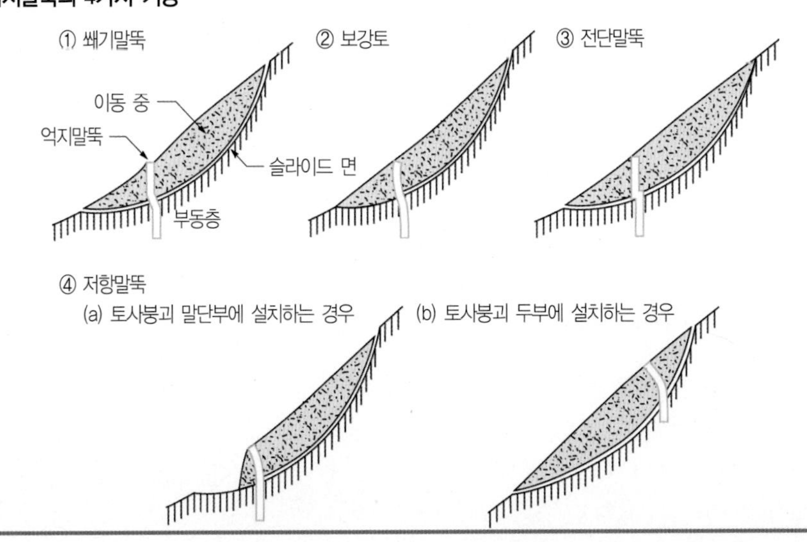

협곡부 흙이 슬라이딩을 시작한 계산결과

말뚝을 사이에 두고 협곡 측 토괴에 전달되는 토사붕괴의 추력을 평가하는 방법으로서 'Fd검정'이 있다(84페이지 참고).

이것은 '보강 말뚝'의 설계에 사용되는 평가방법이다.

A 토사붕괴의 억지말뚝에 대해 Fd검정을 실시해 보면 다음과 같은 결과가 나온다.

$$Rs' = 116.0\text{kN/m}$$
$$< H_{mu} \times \rho = 161.4\text{kN/m}$$

Rs'는 말뚝을 사이에 두고 협곡 측 토괴에 전달되는 허용수평추력, H_{mu}는 말뚝의 수평부담력, ρ는 지반반력합력계수이다.

즉 A 토사붕괴에 대해 설치한 억지말뚝의 위치로는 협곡측 토괴가 단독으로 슬라이딩 시작이 되었다는 결과가 된다. 억지말뚝이라 하지만 협곡 측 토괴가 연약한 경우에는 Fd검정에 의한 안정성의 검토가 필요하다.

이번의 트러블은 말뚝의 처짐에 의해 말뚝을 사이에 두고 협곡 측 토괴에 전달되는 붕괴의 추력을 놓쳤다는 것에 원인이 있다. 말뚝의 처짐이 없으면 협곡 측 토괴가 슬라이딩을 시작하지 않는다. 말뚝 머리에 처짐을 억지하는 앵커를 설치해 두면 트러블은 회피할 수 있었을 것이다.

●B토사붕괴 단면도

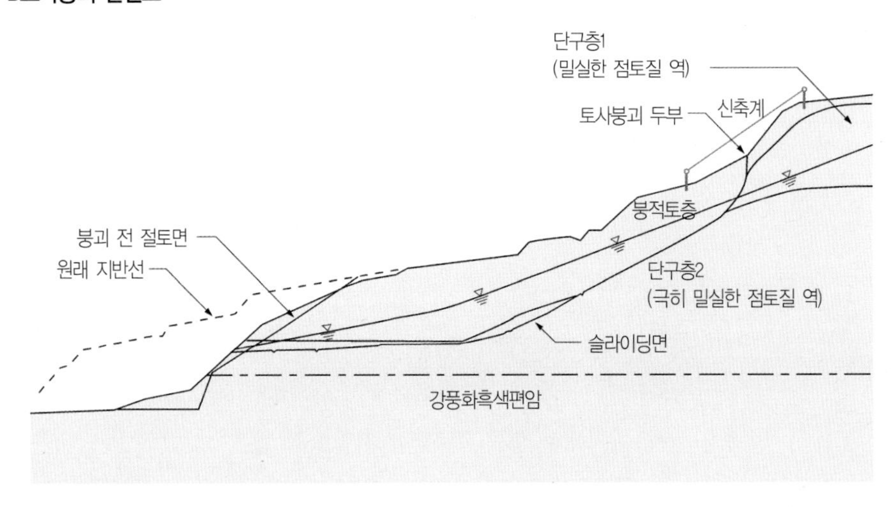

앵커를 설치한 억지말뚝으로 대책을 세운다

B토사붕괴가 발생한 법면의 상부에는 완만한 사면을 가지고 있다. 또 상부에는 분명한 지형의 변환점이 있고 급한 사면으로 되어 있다. 토사붕괴는 완만한 사면이 아니라 상부의 급한 사면의 두부에 나타났다(83페이지 그림 참고).

A 토사붕괴가 발생하기 전에 실시한 조사에서는 붕적토층 두께가 3m 정도로 이와 같이 큰 토사붕괴의 발생은 예측되지 않았다. 추가조사에서 붕괴층의 두께가 7m인 것을 확인했다. 이 두께에서 토사붕괴 전체의 규모를 추측하면 A 토사붕괴 장소가 충분히 포함되는 규모가 된다.

토사붕괴의 규모가 크고 상부에 연약한 토사붕괴 토괴가 분포하고 있기 때문에 B토사붕괴의 대책공사에서 처짐을 억지하는 앵커를 설치하여 억지말뚝을 전 구간에 채택하기로 했다. 또 A 토사붕괴 장소에도 말뚝 머리에 앵커의 추가와 양질토로 바꿔두어 법면의 보수를 실시하기로 했다.

Fd 검정에 의한 계산의 흐름

Fd 검정이란 보강 말뚝의 설계 단계에서 사용되는 말뚝의 협곡 측에 위치하는 이동층의 붕괴에 관한 평가 방법이다. Fd검정은 억지말뚝의 안에서도 보강 말뚝밖에 적용되어 있지 않는다. Fd 검정의 대표적인 계산방법인 '신의 식'에서는 다음과 같이 말뚝에 붕괴의 수평추력 (H)가 작용한 경우 지반반력의 합력(Rs)이 작용한다. Rs의 반작용으로 Rs′가 말뚝의 협곡측의 이동토괴에 작용한다. 협곡 측 법면은 이 여분 토사붕괴의 추력에 견뎌야만 한다.

Fd 검정에서 평가하고 이번의 트러블을 미연에 방지했는지 확인해 보자.

말뚝의 설치 위치에서 협곡 측의 이동층의 단독 붕괴에 대한 안정성은 다음 식을 만족하는가, 아닌가로 평가한다.

$$Rs' = \frac{\sum^{d} R - F_p \sum^{d} T}{F_p \cos\theta} \geq H_{mu}\rho$$

H_{mu} : 말뚝의 수평부담력(kN/m)

ρ : 지반반력계수(붕괴대책기술협회발행의 「붕괴강관말뚝설계요령」에 개재하고 있는 도표에서 읽는다)

$\sum^{d} R$: 말뚝의 설계 위치에서 협곡 측 붕괴 저항력의 합

$\sum^{d} T$: 말뚝의 설계 위치에서 협곡 측 붕괴 면접선력의 합

F_p : 계획 안전율

θ : 말뚝의 설계 위치에서의 붕괴 면의 경사각(도)

이하의 값을 Fd 검정의 식에 대입해서 Rs′를 구한다.

$\sum^{d} R$: 149.3(kN/m)

$\sum^{d} T$: 21.2(kN/m)

F_p : 1.12

θ : 15도

$$Rs' = \frac{\sum^{d} R - F_p \sum^{d} T}{F_p \cos\theta} = \frac{149.3 - 1.12 \times 21.2}{1.12 \times \cos 15} = 116.0\,(\text{kN/m})$$

다음에 Fd 검정의 식의 우항을 구한다.

$$H_{mu} = 215.2\,(\text{kN/m})$$

$$\rho = 0.75$$

이것에 의해 $H_{mu} \times \rho = 215.2 \times 0.75 = 161.4\,(\text{kN/m})$이 구해지고 $Rs' = 116.0 < 161.4\,(\text{kN/m})$이 된다.

Fd 검정에서는 억지말뚝의 설치 위치에서 협곡 측 이동층의 단독 붕괴가 생긴다는 결과를 얻는다.

● **억지말뚝에 작용하는 힘**

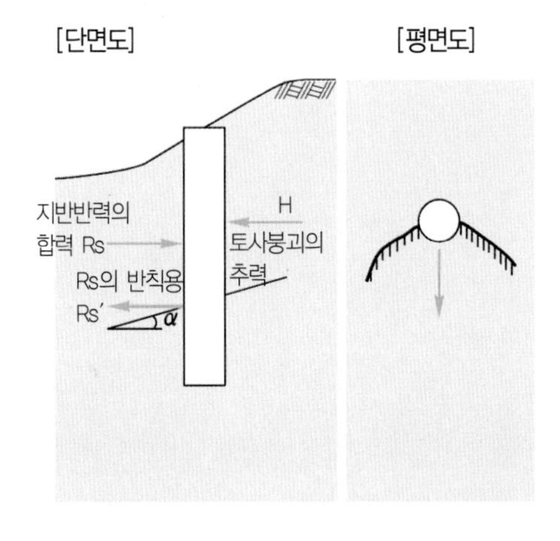

성토 내의 박스 컬버트 ①

균열이 생긴 것은 왜?

●성토 단면도

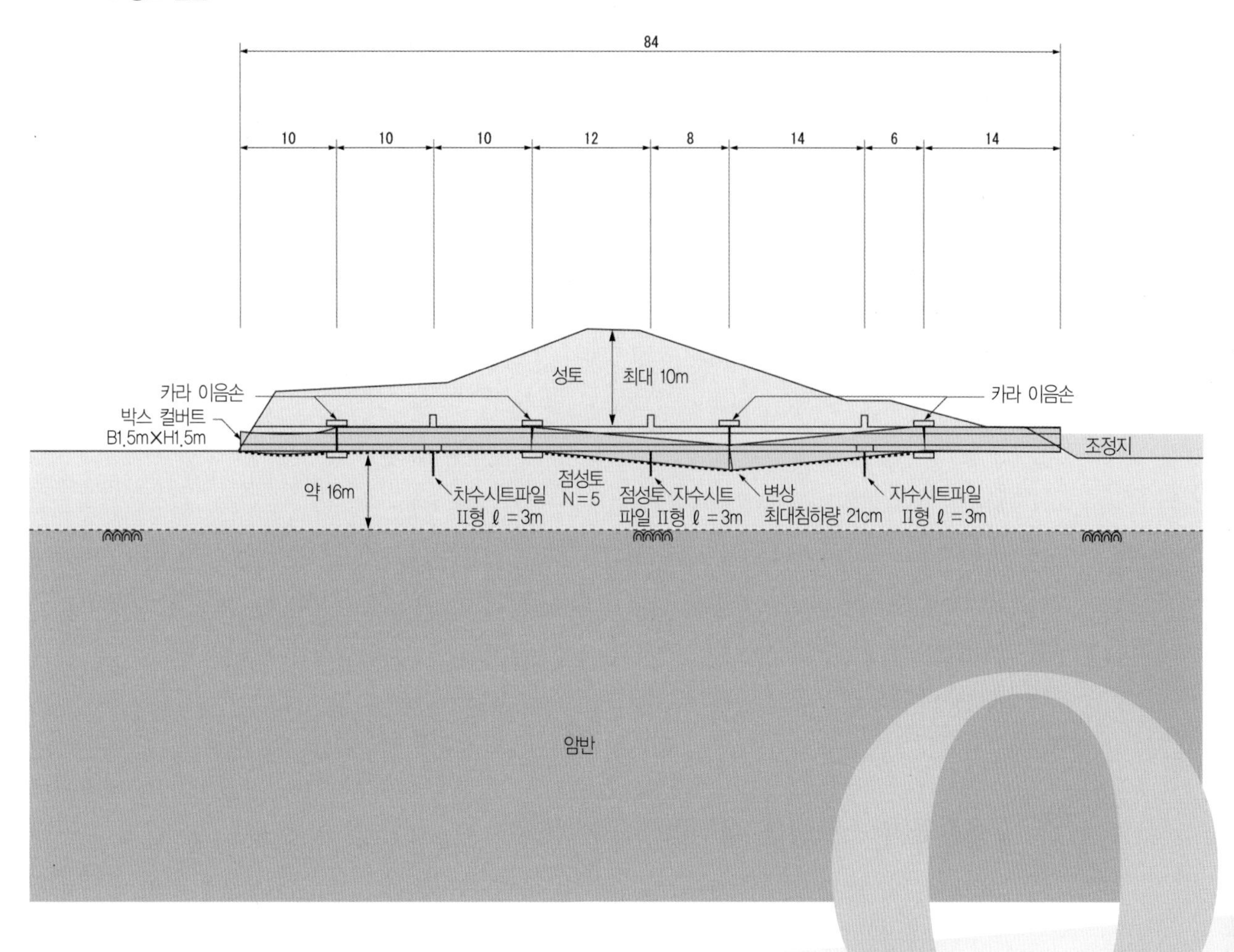

완성되고 나서 반년 후 박스 컬버트의 구체에 다수의 균열이 발견되었다. 홍수조정지의 방류관으로 습지대에 건설하고 완성 후에 성토하여 매립하였다. 흙 덮개는 최대로 약 10m이다. 컬벗의 아래에는 두께 16m 정도의 점성토가 퇴적되어 있다. 침투하는 지하수에 의해 절토가 붕괴하지 않도록 컬벗의 아래 3개소에 차수시판을 설치했다. 성토의 영향으로 침하되면 설계 단계에서 예상하고 있기 때문에 컬벗이 변위되더라도 대응할 수 있도록 이음부는 침하에 추종할 수 있는 '카라 이음부'로 하였다. 침하량이 예상 범위 내에 있었음에도 불구하고 균열이 생긴 것은 왜일까?

차수 시트파일(矢板)이 침하를 방해했다.

성토에 의해 생긴 박스 컬버트의 침하를 차수 시트파일이 억지하였다. 차수 시트파일이 구조물을 지탱하는 기초 말뚝과 같은 역할을 했기 때문이다. 그래서 차수 시트파일 근처 컬버트 구체의 설계에서 예상한 것보다 큰 휨 모멘트가 발생하여 균열이 생겼다고 생각된다.

시코쿠 지방에 있는 대규모의 조성지에서 발생한 트러블이다. 박스 컬버트는 홍수조정 연못의 방류관으로 성토 내에 매설되었다. 컬버트의 무게에 의해 압밀 침하할 수 있다고 처음부터 예상할 수 있었다. 그래서 박스 컬버트는 침하에 대처할 수 있는 '유연구조'를 채택했다. 이 설계방침 자체는 문제가 없었다.

문제는 차수 시트파일이다. 차수 시트파일은 컬버트를 따라 침투하는 물에 의해 물길이 생겨 이것에 의해 성토가 붕괴하지 않도록 침투수를 차단하는 역할을 한다. 이 차수 시트파일이 컬버트의 침하를 막아 차수 시트파일과 접하는 컬버트에 설계로 상정한 이상의 휨모멘트가 작용했다.

2종류의 스프링을 상정하여 계산했다

유연구조의 컬버트에서는 지반을 스프링으로 간주하여 그 스프링에 2개의 하중을 실었다고 가정하여 종방향의 단면력을 계산한다(다음 페이지 상자 글 참조).

2개의 하중은 박스 컬버트의 자중과 압밀침하량에 상당하는 연직하중을 가리킨다. 이음(조인트)은 칼라 이음을 사용하기 때문에 회전이 자유로운 힌지로 가정했다.

계산은 탄성 상판위의 보 이론을 근거로 한다. 계산이 복잡하므로 컴퓨터를 사용해서 해석할 수밖에 없다. 우선 차수 시트파일의 존재를 생각하지 않고 컴퓨터로 해석한 결과, 컬버트 중앙 부근에 있는 최대 휨모멘트(M)는 420kN·m, 철근인장응력(σ_s)은 70N/mm^{2}로 한다. 이것으로만 보면 160N/mm^{2}의 허용 응력도를 밑돌고 있고 설계에는 문제가 없었던 것처럼 생각할 수 있다.

다음에 트러블의 원인이 된 차수 시트파일의 영향을 덧붙여서 검토해 보았다. 차수 시트파일은 주변의 지반과 다른 성질을 가진 스프링으로 간주하였다. 스프링의 성질을 나타내는 연직 스프링값(k_{v2})과 N값은 875kN/m으로 추정되었다.

이러한 전제조건을 근거로 다시 컴퓨터를 사용하여 구한 휨모멘트는 아래 그림에 나타낸 바와 같다. 차수 시트파일에 의해 부 휨모멘트가 발생한 위치와 컬버트의 균열 위치는 거의 일치하고 있다.

이 트러블 사례는 설계 시 차수 시트파일의 영향을 놓친 것이 원인이다. 설계자가 차수 시트파일의 지지 메커니즘을 이해하여 해석했다면 방지할 수 있었을 것이다.

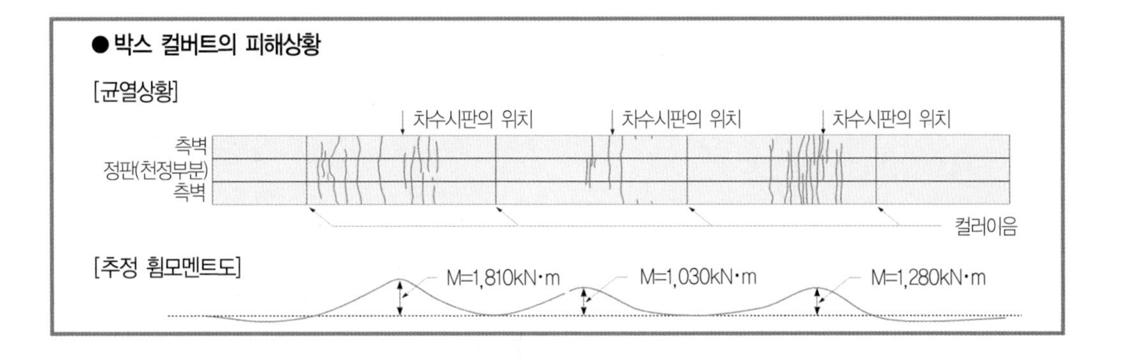

유연한 구조 박스 컬버트의 계산 방법

유연한 구조의 박스 컬버트는탄성 상판 위의 보라고 가정해서 검토한다. 이 가정에서는 지반을 아래의 그림과 같은 구조로 생각할 수 있다. 즉 박스 컬버트를 지탱하는 기초지반과 차수 시판을 연직 스프링으로 한다. 이 두 종류의 스프링에 박스 컬버트의 자중과 성토의 하중(지반변위 등가하중)이 실린다. 물론 기초지반과 차수시판의 연직 스프링의 성질은 다르다.

● 연구조 박스 컬버트 계산모델

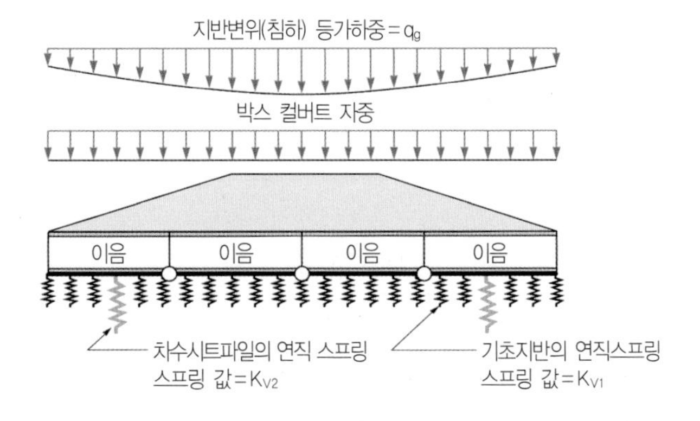

지반변위 등가하중(q_g)는 침하량에 균형을 이루는 하중강도이므로 지반의 스프링값(k_{v1})과 연직 방향의 지반변위(w_g)를 사용해서 다음과 같이 구한다.

$$q_g = k_{v1} \cdot w_g$$

여기에서 주의해야 만 하는 것은 흙을 덮은 연직하중은 q_g에 포함되어 있으므로 제외하는 점이다.

산출한 스프링값과 하중을 사용하여 탄성상판 위의 보로서 단면력을 산출한다.

$$\frac{EI}{B} \cdot \frac{d^4w}{dx^4} = q - k_{v1}(w - w_g) \quad \cdots\cdots (1)$$

EI : 박스 컬버트의 휨 강성

B : 박스 컬버트의 폭

w : 박스 컬버트의 변위

q : 연직방향의 하중(자중 +지반변위등가하중)

x : 임의점의 거리

$q = o$으로 한 경우, 임의의 위치에 있는 컬버트의 변위는 다음 식으로 알 수 있다.

$$w = A \cdot e^{\beta x} \cdot \cos\beta x + B \cdot e^{\beta x} \cdot \sin\beta x + C \cdot e^{-\beta x} + D \cdot e^{-\beta x} \cdot \sin\beta x \quad \cdots\cdots (2)$$

$$\beta = \sqrt[4]{\frac{k_{v1}B}{4EI}}$$

A, B, C, D : 각각 적분정수

β : 박스 컬버트의 특성값

(2)식에 하중(q)에 대한 (1)식의 해답을 더해 차수시판의 스프링값(k_{v2}) 등의 경계조건을 고려하면 적분정수가 구해진다. 수 계산으로 구할 수 없기 때문에 컴퓨터를 사용하여 프렘 해석이라고 하는 방법으로 구한다. 이로서 박스 컬버트 종방향의 단면력을 구할 수 있고 그 결과 휨모멘트 도표를 얻을 수 있다.

휨모멘트의 계산은 컴퓨터로밖에 할 수 없지만, 계산의 전제 조건이 되는 지반과 차수시판의 두 개의 스프링 값은 수 계산으로 구할 수 있다. 아래에서 구하는 방법을 보도록 하자.

점성토 층의 스프링값(k_{v1})은 연직 방향의 지반반력계수와 동등하다. 이 k_{v1}은 N값과 공내수평재하시험, 일축압축시험, 삼축압축시험 등에서 추정한 지반의 변형계수(E_O) 등을 기본으로 해서 다음 식에서 산출한다.

$$k_{v1} = k_{v0}\left[\frac{B_v}{0.3}\right]^{-\frac{3}{4}}, \qquad k_{v0} = \frac{1}{0.3}\alpha E_0$$

$$B_v = \sqrt{\frac{D}{\beta}}, \qquad \beta = \sqrt[4]{\frac{k_{v1}D}{4EI}}$$

k_{v0} : 직경 0.3m 강체 원반에 의한 평판재하실험의 값에 해당하는 연직방향 지반 반력계수

B_v : 기초의 환산 재하 폭

α : 지반의 변형계수 추정에 이용하는 계수

β : 박스 컬버트의 특성값

EI : 박스 컬버트의 휨 강성

D : 박스 컬버트의 저반폭(내 공폭 1.5m + 측벽폭 0.35m^2)

k_{v1} 식에는 β가, β식에는 k_{vo}이 각각 포함되어 있으므로 다음 식을 사용한 것이 편리하다.

$$k_{v1} = 1.208\sqrt[29]{\frac{(\alpha E_0)^{32}}{(EI)^3 D^9}}$$

이번 트러블 사례에서 일축압축시험으로 $E_0 = 8400\text{kN/m}^2$가 구해지므로

$$E = 2.5 \times 10^7 \text{kN/m}^2$$

$$I = 1.664m^4$$

$$D = 2.20\text{m}$$

따라서,

$$\begin{aligned} k_{v1} &= 1.208\sqrt[29]{\frac{(\alpha E_0)^{32}}{(EI)^3 D^9}} \\ &= 1.208\sqrt[29]{\frac{(4 \times 8400)^{32}}{(2.5 \times 10^7 \times 1.664)^3 \times 2.20^9}} \\ &= 4524.7\text{kN/m}^3 \end{aligned}$$

이 된다.

다음 식에 차수시판의 스프링값을 구해 보자.

$$k_{v2} = \alpha \frac{A_p \cdot E_p}{\ell}, \quad \alpha = \lambda \cdot \tanh\lambda$$

$$\lambda = \ell \sqrt{\frac{C_s \cdot U}{A_P \cdot E_P}}, \quad C_s = \frac{N}{0.15} kN/m^3$$

A_p : 강시판의 단순면적

E_p : 강시판의 탄성계수

ℓ : 강시판의 길이

U : 강시판의 둘레 길이

C_s : 강시판과 주변 지반의 슬라이딩 계수에서 N값으로부터 추정

차수시판은 길이 3m의 II형이고, 주면의 N값은 5이다. 시판은 11개가 있으므로 k_{v2}는 다음과 같이 구한다.

$$C_s = \frac{N}{0.15} = \frac{5}{0.15} = 33.3kN/m^2$$

$$U = 0.4m \times 11\text{개} \times 2 = 8.80m$$

더욱 강시판 1개의 단순면적은 0.00612m²이기 때문에

$$A_P = 0.00612 \times 11 = 0.067m^2$$

$$E_P = 2 \times 10^8 kN/m^2$$

$$\lambda = \sqrt[\ell]{\frac{C_s \cdot U}{A_P \cdot E_P}} = 3.0 \times \sqrt{\frac{33.3 \times 8.80}{0.067 \times 2 \times 10^8}}$$
$$= 0.014$$

$$\alpha = \lambda \cdot \tanh\lambda = 0.014 \times \tanh 0.014$$
$$= 1.960 \times 10^{-4}$$

$$k_{v2} = \alpha \frac{A_P \cdot E_P}{\ell} = 1.960 \times 10^{-4} \times \frac{0.067 \times 2 \times 10^8}{3.0}$$
$$= 875kN/m$$

이론값보다 관측값을 중시하여 보수했다

박스 컬버트 보수에 있어서 압밀침하의 진행 여부가 문제가 된다. 또한 침하가 진행되면 균열 보수를 하더라도 다시 균열이 발생하게 된다.

균열이 발견된 시점의 압밀도(U)는 78%로 추정되고, 컬버트의 침하는 더욱 침하될 것으로 보인다(아래 상자 글 참조). 그런데 그 후 관측에서는 침하가 진행되지 않았다. 압밀도의 계산 근거가 되는 테르자기의 일차원압밀이론은 깊이 방향의 배수밖에 고려하지 않으므로 압밀 진행속도가 실제보다 늦게 산출되게 된다. 이것에 반해 실제 점성토 층에서 2차원적으로 배수가 진행되므로 이론적으로 구한 값보다도 단기간에 압밀이 진행되는 경우가 많다.

관측결과를 중시하여 그 이상은 침하가 진행되지 않을 것이라고 판단하였다. 지반개량 등의 침하대책은 실시하지 않고 지반과 저판 아랫면과의 사이를 충전하였다. 한편 구체에 발생한 균열은 에폭시 수지계의 주입재를 고무 튜브의 압력으로 구속 깊이까지 주입하여 보수하였다. 균열은 전체 횡단방향에 발생했기 때문에 주철근이 들어가 횡단방향에는 큰 단면력이 작용하지 않고 파괴될 우려는 낮은 것으로 판단했다.

압밀침하는 무엇인가?

점성토를 지반에 성토하면 성토의 중량으로 지반은 서서히 침하한다. 이것은 점성토 내부의 물(간극수)이 오래시간에 걸쳐 압밀되어 나오게 되고 흙의 체적이 작아지는 것을 의미한다. 이 현상을 압밀침하라 부른다.

압밀침하는 다음 페이지 그림의 테르자기의 용수철 모델로 설계하면 알기 쉽다. 물이 들어가 실린더 내의 피스톤에 힘을 가하면 피스톤의 구멍으로부터 물이 배출된다. 구멍이 작은 경우 물은 금방 배출되지 않지만 시간의 경과함에 따라 배출되어 용수철은 서서히 압축되어 간다.

이 모델은 물이 배출된 시간이 '압밀침하 시간'에 용수철의 응축 정도가 '침하량'에 각각 대응된다. 그래서 물이 배출되는 시간과 용수철의 응축된 정도를 알게 되면, 압밀침하시간과 침하량을 계산할 수 있다. 점성토가 들어간 공시체 하중을 가하여 압축량을 계측하면 좋다.

시간이 경과함에 따라 진행하는 압밀의 진행 정도는 압축도(U)로 표시된다. U와 최종 침하량(S_f), 시간 t가 경과할 때의 압밀침하량(S_t) 사이에는 다음과 같은 관계가 성립된다.

$$U = \frac{S_t}{S_f} \times 100\%$$

또 계산에 의해 추정하는 경우에는 압밀시험에 의해 얻어진 압밀계수(C_v)로부터 구한 시간계수(T_v)를 사용하여 아래의 그림의 관계가 얻어진다. 이 사례의 압밀계수는 C_v=0.78m²/일이 된다. 균열발생은 완성으로부터 반년 후(180일)이고 배수처리는 점성토층의 아래가 암반이기 때문에 한쪽면 배수로서 점성토층의 깊이를 16m로 설정하여 계산하였다. 압밀도는 다음과 같이 된다.

$$T_v = \frac{C_v}{H^2}t = \frac{0.78}{16.0^2} \times 180 = 0.55$$

이 T_v에 대응하는 압밀도는 아래의 그림으로부터 U=78%가 된다.

● **압밀침하의 구성**

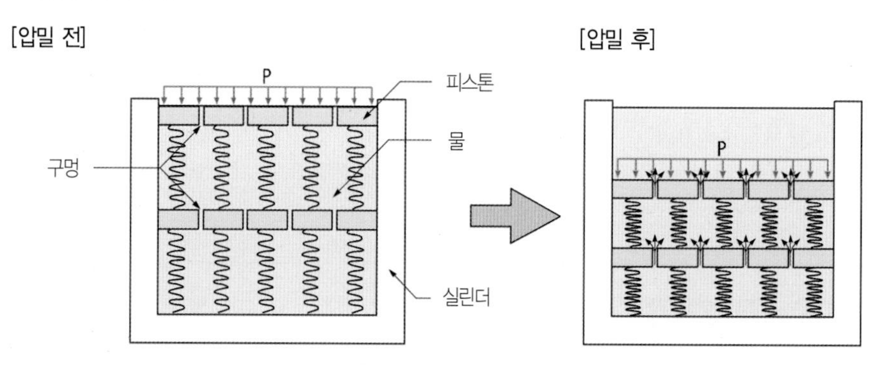

● **압밀도와 시간계수의 상관**

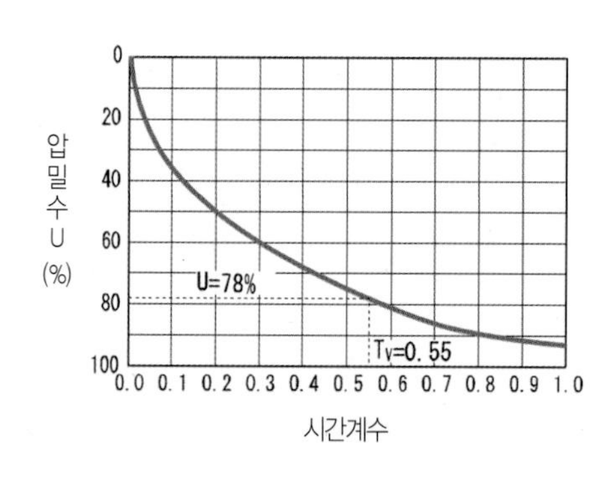

성토내의 박스 컬버트 ②

정판(頂版)과 측벽(側壁)이 파손된 원인은?

● 성토 단면도

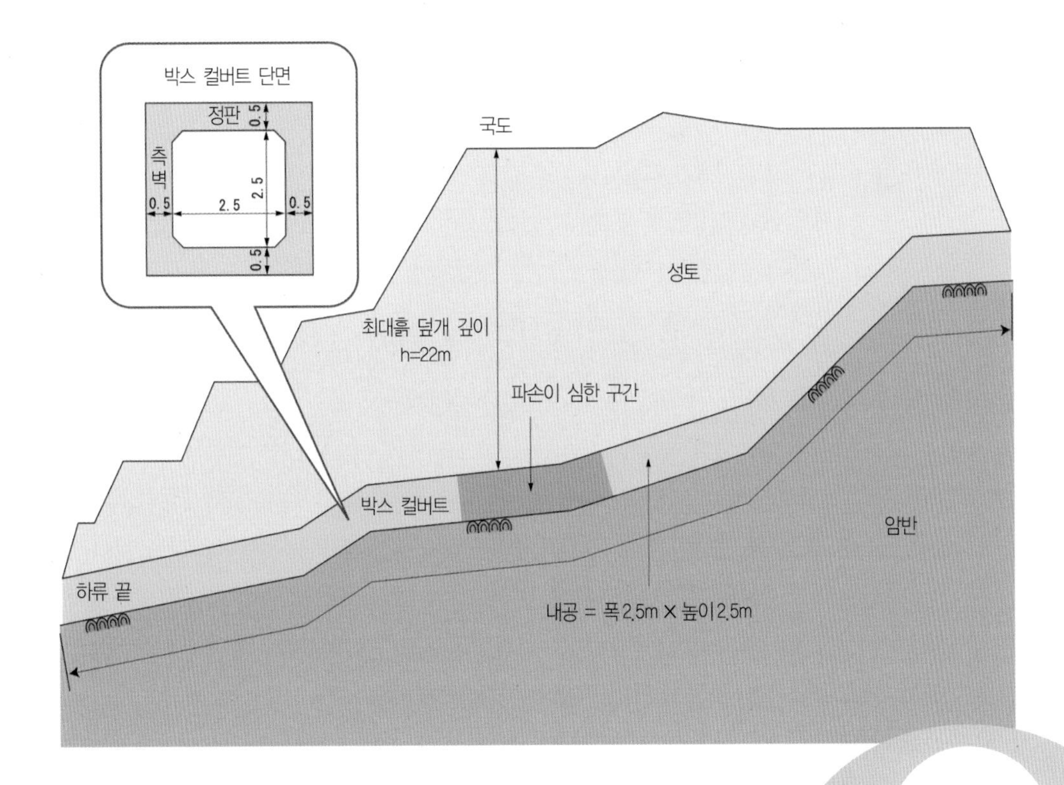

Q

쇼와 40년대(1965년~) 초기에 건설된 박스 컬버트의 정판과 측벽에 균열 등의 파손이 발견되었다. 내공기법이 폭 2.5m의 박스 컬버트를 협곡에 설치하고 20m를 넘는 성토로 매립한 것이다. 파손은 하류 가장자리 40m 구간을 제외한 전역에 걸쳐 발생하였고, 그 중에서도 흙 덮개가 큰 국도 바로 밑이 가장 심했다. 설계에서는 20m 이상의 흙 덮개를 고려했었고 기초는 암반 등으로 구성되어 침하에 의한 변상의 가능성이 적다. 왜 이러한 파손이 일어난 것일까?

A

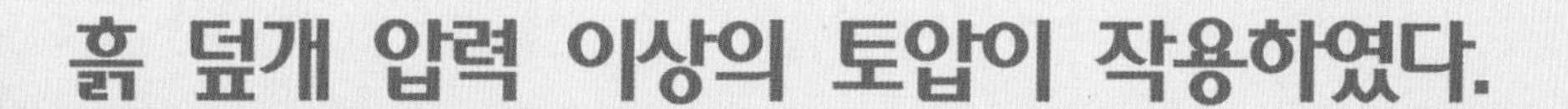

흙 덮개 압력 이상의 토압이 작용하였다.

파손된 박스 컬버트는 지반 위에 관을 설치하고 그 위에 성토하는 전형적인 '돌출형'이다. 성토는 시간의 경과와 함께 압밀과 크리프에 의해 침하한다.
침하량은 컬버트 바로 위와 주변과는 다르다. 따라서 주변의 성토가 컬버트 직상부 성토를 끌어내려 컬버트에는 흙이 덮인 압력 이상의 연직토압이 작용한 것이라고 생각된다.

계곡에 물을 배수하는 박스 컬버트를 암반 위에 설치하고 나서 국도를 건설하기 위해 20m가 넘는 성토를 했다. 그 장소에서 일어난 트러블이다.

박스 컬버트의 정판 중앙 부근에 1~4개의 균열이 종방향으로 생겨 유리석회도 다수 발견 되었다. 또한 정판과 측벽의 콘크리트가 박리되어 철근이 노출되어 있었다. 흙 덮개가 가장 큰 국도의 바로 밑은 정판의 중앙부와 우각부가 완전히 파손되어 10cm 정도 밑으로 늘어진 상태로 되어 있었다.

박스 컬버트의 상세는 당시 도면이 보존되어 있지 않으므로 알 수 없으나 콘크리트의 박리 장소에서 철근의 지름과 간격을 조사한 결과, 당시 표준설계와 다르게 배근되어 있었다. 흙 덮개의 크기에 따른 전형적인 설계였다는 것을 알았다.

흙 덮개의 압력에 상당하는 연직토압만이 작용했다고 한다면 각 부재의 응력도는 허용치를 충족시킨다. 흙 덮개 압력 이상의 연직토압이 작용하지 않는 한 박스 컬버트는 무너지지 않을 것이다. 그렇다면 왜 박스 컬버트는 무너진 것일까?

연직토압의 설계방법

『도로토공 컬버트공 지침』에서 다음 식의 흙 덮개 압력에 계수 α를 곱하여 연직토압(pvd)을 산출하고 있다.

$$P_{vd} = \alpha \cdot \gamma \cdot h \, (kN \cdot m^2)$$

γ : 컬버트 상부 흙의 단위체적중량(kN/m^3)

h : 컬버트의 흙 두께(m)

α : 연직토압계수(컬버트의 규모, 흙덮개, 기초의 지지조건에 따라 표의 값을 사용)

이 박스 컬버트는 흙 덮개 깊이(h)가 22m, 박스 컬버트 전폭(B_0)가 3.5m이므로 h/B_0는 6.29가 된다. 표를 보면 [$4 \leqq h/B_0$]이므로 연직토압계수 α는 1.6이 된다.

또한 이 계수 α는 국토교통성과 일본도로공단이 건설한 박스 컬버트를 실측한 결과에 근거하여 정한 계수이다.

● 연직토압계수의 고려방법

조건	연직토압계수 α	
다음 조건 중 어느 한 개라도 해당하는 경우 ·양호한 지반 위(교체한 기초도 포함)에 설치하는 직접기초의 컬버트에서 흙 덮개가 10m 이상이고, 또한 내부 공간 높이가 3m를 초과하는 경우 ·말뚝기초 등에서 성토의 침하에 컬버트가 저항하는 경우(주1)	$h/B_0 < 1$	1.0
	$1 \leq h/B_0 < 2$	1.2
	$2 \leq h/B_0 < 3$	1.35
	$3 \leq h/B_0 < 4$	1.5
	$4 \leq h/B_0$	1.6
상기 이외의 경우(주2)	1.0	

(주1) 시멘트 안정처리와 같은 강성이 높은 지반개량을 컬버트의 외폭 정도에 실시하는 경우도 포함
(주2) 성토의 침하와 함께 컬버트가 침하하는 경우, 연약지반상에 설치하는 경우도 포함

도량형과 도출형에서 크게 다르다

이 박스 컬버트의 바로 위와 주변과는 성토 침하량이 다르다. 그러한 침하의 차이로 발생한 연직토압의 증대가 파손의 원인이다. 연직토압은 박스 컬버트 바로 위의 흙과 주변의 흙의 전단저항력이 위로 향하게 작용하느냐 아래로 향하게 작용하느냐에 따라서 크게 다르다.

지반에 도량을 파서 그 안에 박스 컬버트를 매립하는 '도량형'의 경우, 주변 지반은 침하되지 않고 매립된 흙만 침하된다. 그 때문에 98페이지 그림에 나타낸 바와 같이 박스 컬버트 바로 위의 흙에는 위로 향하는 전단력이 작용하고, 연직 토압은 흙 덮개의 압력보다도 작게 된다.

한편 평평한 지반 위에 박스 컬버트를 설치하여 성토하는 '도출형'과 넓은 폭을 굴착하여 매립하는 경우, 성토의 높이는 박스 컬버트 바로 위보다도 그 주변 쪽이 크기 때문에 침하량은 상대적으로 주변 성토쪽이 크게 된다. 그 때문에 박스 컬버트의 바로 위의 흙에는 아래 방향의 전단력이 작용하고 연직토압은 흙 덮개의 압력보다 크게 된다(98페이지 그림 참조).

(사)일본도로협회가 발행하고 있는 『도로토공 컬버트공 지침』에서 연직토압계수 α를 사용하여 연직토압을 나누어 증가시킨다. 이 케이스에서 α는 1.6이 되고 이것으로 계산된 결과가 98페이지의 표가 된다. 정판, 측벽, 저판 모두 허용값을 크게 상회하는 결과가 된다. 이것으로부터 이 박스 컬버트는 연직토압을 나누어 증가시키지 않고 흙 덮개의 압력만을 고려하여 설계한 것으로 보여진다.

● 박스 컬버트 위에 작용한 연직토압

[도량형 박스 컬버트의 경우]

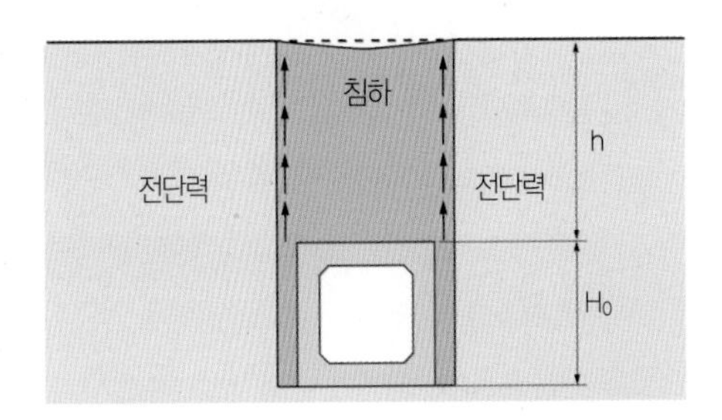

[도출형 박스 컬버트의 경우]

● 연직토압을 나누어 증가시키지 않은 경우의 박스 컬버트의 각 부재의 응력도

		정판		측벽		저판	
		단부	중앙	단부	중앙	단부	중앙
휨모멘트(kN)		−215.1	206.4	−215.1	10.5	−212.1	232.9
축력(kN)		290.4	290.4	562	577.9	302.1	302.1
전단력(kN)		562.0	0	290.4	0	593.4	0
부재 두께(mm)		500	500	500	500	550	550
철근 덮개(mm)		60	60	60	60	100	60
인장철근	직경(mm)	D22	D22	D22	D19	D22	D22
	간격(mm)	125	125	125	125	125	125
압축철근	직경(mm)	D22	D22	D19	D19	D19	D19
	간격(mm)	250	250	125	250	125	250
콘크리트응력도(N/mm^2)		9.1	11.1	9.1	3.1	8.0	10.9
철근응력도(N/mm^2)		208	264.4	127.1	−8.9	180.2	269.1
전단응력도(N/mm^2)		2.01	0	0.67	0	2.04	0
허용응력	콘크리트(N/mm^2)	7.0	7.0	7.0	7.0	7.0	7.0
	철근(N/mm^2)	140	140	140	140	140	140
	전단(N/mm^2)	0.72	0.36	0.72	0.36	0.72	0.36

(주) 연직토압계수 α=1.0으로 계산한다. 전단응력도가 허용응력을 초과하는 부분도 있지만, 사인장 철근으로 보강하여 전단력을 조사하고 있다고 추정한다.

● 수직토압을 나누어 증가시킨 경우의 박스 컬버트의 각 부재의 응력도

		정판		측벽		저판	
		단부	중앙	단부	중앙	단부	중앙
휨모멘트(kN)		−298.7	365.8	−64.0	−64.0	−277.8	410.2
축력(kN)		296.3	296.3	886.0	902.2	296.2	296.2
전단력(kN)		886.0	0	296.3	0	917.4	0
부재 두께(mm)		500	500	500	500	550	550
철근 덮개(mm)		60	60	60	60	100	60
인장철근	직경(mm)	D22	D22	D22	D19	D22	D22
	간격(mm)	125	125	125	125	125	125
압축철근	직경(mm)	D22	D22	D19	D19	D19	D19
	간격(mm)	250	250	125	250	125	250

		정판		측벽		저판	
		단부	중앙	단부	중앙	단부	중앙
콘크리트응력도(N/mm²)		9.1	11.1	9.1	3.1	8.0	10.9
철근응력도(N/mm²)		208	264.4	127.1	-8.9	180.2	269.1
전단응력도(N/mm²)		2.01	0	0.67	0	2.04	0
허용응력	콘크리트(N/mm²)	7.0	7.0	7.0	7.0	7.0	7.0
	철근(N/mm²)	140	140	140	140	140	140
	전단(N/mm²)	0.72	0.36	0.72	0.36	0.72	0.36

(주) 연직토압계수 α=1.6으로 계산한다.

위험한 균형상태였다

흙 덮개가 가장 큰 국도 바로 아래에서는 박스 컬버트 정판의 양단과 중앙부가 휘어지고 중앙에서 약 10cm 밑으로 늘어진 상태로 안정되어 있었다. 이것은 정판에 가장 큰 응력이 작용하여 양단과 중앙의 철근이 항복하고 힌지가 형성된 상태이다.

이와 같이 힌지가 생긴 정판이 크게 변형되면 박스 컬버트에 걸리는 하중이 작아지게 된다. '아치효과'라고 불리는 현상이다. 그 결과, 정판에 작용하는 연직토압은 아치효과에 의한 토압의 감소분을 빼서 흙의 압력보다 작은 이완토압만이 된다.

이 이완토압과 박스 컬버트의 각 부재의 종극내력이 위험한 상태로 밸런스를 맞추어 안정을 유지하게 된다. 콘크리트의 열화와 철근 부식이 급속히 진행되고 그대로 방치해 두면 종극내력이 저하하고 완전히 붕괴될 우려가 있다. 지진이 발생하면 성토 내의 아치가 붕괴되어 흙 덮개 압력에 가까운 큰 토압이 된다. 시급히 보수와 보강이 필요하다.

내부에 콜 케이트 파이프를 설치했다

철근이 항복할 정도로 큰 손상을 받을 경우, 보강은 극히 곤란하다. 거의 재구축할 수밖에 없다. 그러나 이 박스 컬버트는 유량에 대해 내부 공간 단면에 큰 여유가 있어서 다행이다.

박스 컬버트 내에 보충하는 스페이스가 확보되었기 때문이다.

박스 컬버트 내에서의 시공성을 고려하여 원형단면의 경량 콜 케이트 파이프를 설치하였다. 그 바깥 주변을 에어 모르타르로 충전하는 방법을 채택하였다. 기존에 설치한 박스 컬버트의 잔존내력은 철근부식이 심하여 신뢰성이 부족하므로 무시하였다.

계산에 사용한 연직토압은 성토 시공으로부터 20년도 경과하였기 때문에 압밀은 완전하다고 판단되어 흙 덮개 압력을 채택하였다. 그 결과, 성토 철거라는 큰 공사를 하지 않고 완전히 물이 아래로 흘러갈 수 있는 직경 1.5m의 내공 단면을 확보할 수 있었다.

EPS으로 토압을 경감할 수 있다

박스 컬버트는 흙 두께가 크게 되면, 연직토압이 증대되어 부재단면이 극단이 커지게 된다. 예를 들어 흙 덮개가 30m의 경우를 50m의 경우와 비교하면 부재의 깊이는 2~3배, 건설비는 3배 정도가 각각 증가한다.

그 때문에 박스 컬버트 위에 발포 스티로폼(EPS)를 설치하여 연직토압을 경감하는 공법의 채택이 증가하고 있다.

EPS에 의해 토압이 경감하는 원리는 다음과 같다. EPS는 압축성이 높기 때문에 성토 중량으로 압축된다. 그럼 그림에 나타낸 바와 같이 주변 성토에 비해 박스 컬버트 바로 위의 침하가 크게 된다. 즉 98페이지 위 오른쪽 그림과 같이 아래로 향하는 전단력이 작용하지 않게 된다.

더욱이 박스 컬버트 바로 위의 성토는 침하에 의해 이완되기 때문에 아치 효과를 발휘하여 연직토압은 유효 흙 덮개 압력보다 작게 된다. 이것은 구일본도로공단 등에 의한 시험시공 계측결과로부터도 확인되고 있다.

이처럼 EPS공법을 채택하면 그 만큼 코스트가 올라가게 되지만, 박스 컬버트 자체의 공비는 저렴해지게 되므로 전체 공사비는 저렴해질 수 있다. 예를 들어 내부 공간 치수가 폭 5m, 높이 5m의 박스 컬버트를 흙 덮개 30m의 장소에 설치하는 경우, 연직토압계수 α는 1.6이고, 필요한 부재 두께는 2m를 초과한다. EPS공법을 채택하면 연직토압계수는 1.0이 되어 필요한 부재 두께는 1.5m로 마무리할 수 있다. 콘크리트의 사용량은 약 30% 정도 감소한다.

● 박스 컬버트 위에 EPS를 설치할 때의 연직토압

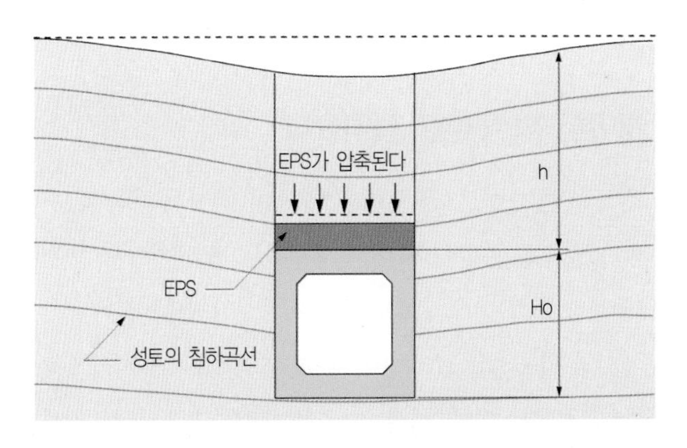

연약지반의 교대(橋台)

흉벽(胸壁)과 지승(支承)이 파손된 원인은?

● 교량 측면도

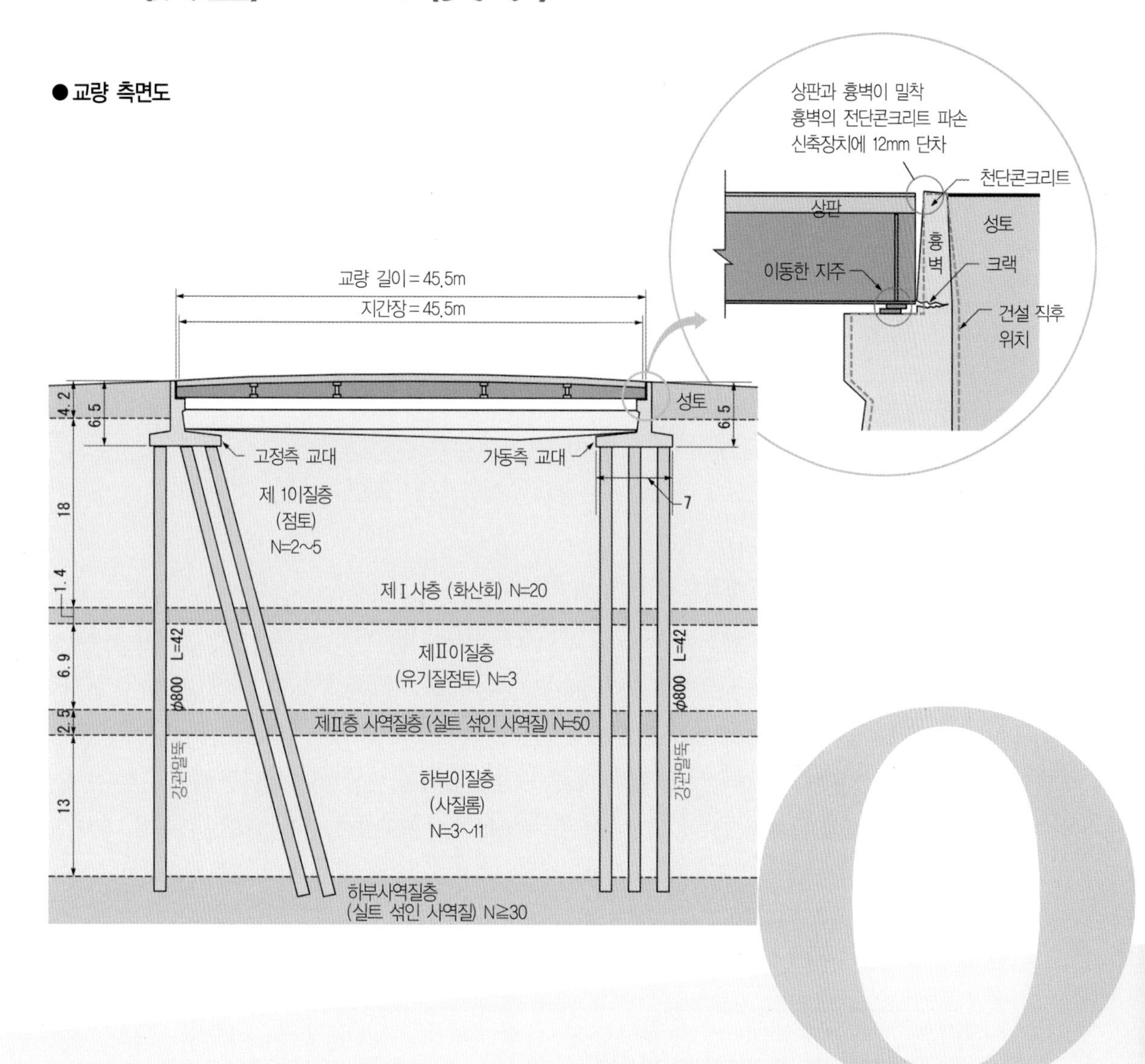

어느 현의 도로 관리자가 교량을 점검하는데, 교대 상부의 흉벽 천정 가장자리의 콘크리트가 박리되어 있는 것을 발견했다. 조사를 해보니 손상되어 있는 곳은 가동측의 교대였다. 거더와 흉벽이 밀착되어 있었고 흉벽이 거더와 반대측으로 휘어 있었다. 더욱이 지승의 앵커도 빠져나와 있었다. 교대는 역T식으로 연약한 점성토의 기초지반 위에 높이 4.2m 성토를 하고 기초에는 직경 800mm의 강관말뚝을 사용하고 있었다. 교대는 상정된 토압과 지진력에 대해 충분히 안전한 설계로 되어 있었고 완성 후에 예상된 이상의 큰 지진은 발생하지 않았다. 배면의 토압이 증대했다고 하면 흉벽은 전방으로 휘어져 있어야 하는데 흉벽은 토압의 작용방향과는 역으로 휘어져 있다. 왜 이런 파손이 발생한 것일까?

거더가 흉벽의 '측방 이동'을 방해하였다.

연역한 점성토의 기초지반 위에 성토를 실시함으로써 기초지반이 소성유동을 일으켜 그 결과, 교대가 거더 방향으로 향하여 '측방이동'했다. 설계 시 측방이동을 고려하지 않기 때문에 발생한 실수였다. 교대가 가동지승의 가동영역을 초과하여 이동하고 그 후 지승이 파손되었다. 흉벽의 상단이 거더 방향으로 움직이는 것을 교대가 직접 억지하는 형태가 되었다. 그 결과, 흉벽이 거더와는 역방향으로 휘어졌다고 생각된다.

어느 지방도시의 하천에 가설된 교량에 발생한 트러블이었다. 교량은 1970년대에 가설된 길이 45.5m의 단순합성 박스교이다. 교대의 배면에는 4.2m의 높이로 성토되어 있고, 성토의 아래에는 깊이 18m의 점성토층이 퇴적되어 있다. 이 연약한 기초지반 위에 성토된 결과, 기초지반이 교축방향으로 이동한 것이다.

기초지반의 측방 이동 메커니즘은 충분히 해명되지 않았지만, 다음과 같이 생각할 수 있다. 연약한 기초지반에 어느 정도 깊이 이상의 성토를 실시하면 하중이 증가하지 않더라도 변형이 계속되는 '소성유동'이라는 현상이 발생한다. 흙이 수평방향으로 흐르는 것처럼 이동한다. 그 소성유동에 의한 압력을 받아 교대 등이 이동하는 현상을 '측방이동'이라고 한다.

측방이동의 특징으로서 일단 이동을 시작하면 대처방법이 거의 없다는 것이다. 배면의 성토를 제거한 정도로는 정지되지 않는다. 그래서 사전에 측방이동의 유무를 판단하고 움직여 나오기 전에 대처하는 것이 중요하다.

측방이동 3개의 판정방법

[I값에 의한 방법]

I값에 의한 판정방법은 구건설성 토목연구소가 작성하여 도로시방서에 게재되어 있다. I값은 성토 높이, 연약층 깊이, 연약층의 점착력, 그리고 교대 길이의 요인 등을 분석하여 얻어진 측방 이동의 판정값이다. 측방이동과 I 값의 상관관계는 다음 페이지의 그림과 같다. I값이 1.2보다 작은 경우는 변상이 확인되지 않았기 때문에 I값이 1.2 미만의 경우에는 측방이동 염려가 없는 것으로 한다. I값은 다음 식으로 구할 수 있다.

$$I = \mu_1 \cdot \mu_2 \cdot \mu_3 \cdot \frac{\gamma h}{c}$$

$$\mu_1 = \frac{D}{\ell}, \quad \mu_2 = \frac{b}{B}, \quad \mu_3 = \frac{D}{A} \ (\leqq 3.0)$$

μ_1 : 연약층 깊이에 관한 보정계수
μ_2 : 기초체 저항폭에 관한 보정계수
μ_3 : 교대의 길이에 관한 보정계수
γ : 성토재의 단위체적중량 (kN/m^3)
h : 성토 높이 (m)
c : 연약층 점착력의 평균값 (kN/m^2)
D : 연약층의 두께 (m)
A : 교대 길이 (m)
B : 교대 폭 (m)
b : 총 기초체 폭 (m)
ℓ : 기초근입 길이 (m)

● I값과 측방이동과의 관계

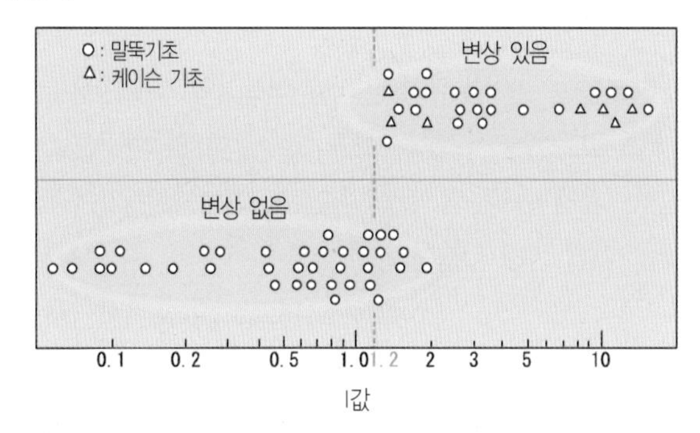

● I값 계산에 사용하는 기호의 의미

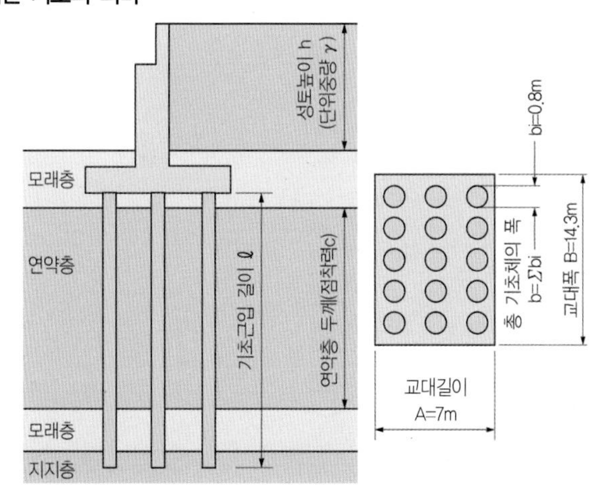

파손된 교량에서의 판정결과는

$$D = 18{,}0m + 6.9m + 13.0m = 37.9m, \ell = 42.0m$$

$$b = 5\text{개} \times 0.8m = 4.0m, B = 14.3m$$

$$A = 7.0m$$

$$\mu_1 = \frac{D}{\ell} = \frac{37.9}{42.0} = 0.90, \ \mu_2 = \frac{b}{B} = \frac{4.0}{14.3} = 0.28$$

$$\mu_3 = \frac{D}{A} = \frac{24.9}{7.0} 3.56 \rightarrow 3.0 \ \text{따라서,}$$

$$I = \mu_1 \cdot \mu_2 \cdot \mu_3 \cdot \frac{\gamma h}{c}$$

$$= 0.90 \times 0.28 \times 3.00 \times \frac{17.6 \times 4.2}{49.0} = 1.14 < 1.2$$

따라서 측방이동이 계속될 염려는 없다.

[F값에 의한 방법]

구일본도로공단에서 성토높이, 연약층 두께, 연약층 점착력의 각 요인을 분석한 결과로부터 얻어진 측방이동지수인 F값을 유도하였다. 각종 교대를 조사한 결과, 변상으로 인정되는 것은 F값이 4 미만의 경우임을 알았다. 그래서 F 값의 판정에서는 F값이 4 이상 되면 측방이동의 염려가 없는 것으로 한다. F값은 다음 식에 의해 산출한다.

$$F = \frac{c}{\gamma \cdot h} \cdot \frac{\ell}{D} = \ (\times 10^{-2} m^{-1})$$

c : 연약층의 점착력 평균값　　r : 성토재의 단위체적중량

h : 성토높이　　D : 연약층의 두께

파손된 교량에서의 판정결과는

$$F = \frac{c}{\gamma \cdot h} \cdot \frac{\ell}{D} = \frac{49.0}{17.6 \times 4.2 \times 24.9}$$

$$= 2.66 \times 10^{-2} m^{-1} < 4(\times 10^{-2})$$

따라서 측방이동이 계속될 염려가 있다.

[F_R 값에 의한 방법]

구일본도로공단에서 F 값 이외에 측방유동의 다른 한 개의 판정방법을 제안하고 있다. 연약기초지반 내에 직선의 슬라이딩면을 가정하였다. 교대의 전면측과 배면측의 평형조건으로부터 구해진 측방이동의 안전율인 F_R 값에 의해 판정하는 방법이다.

측방이동량의 추정값과 측방이동의 F_R 값은 다음 식에 의해 구해진다.

$$\delta = \beta \cdot \varepsilon \cdot D$$

$$\varepsilon = -0.72 \cdot (q_u/E_{50}) \cdot \ell_n(1 - 1/F_R)$$

$$F_R = \frac{\alpha_1 \cdot c + \alpha_2 \cdot cL/D + \alpha_3 \cdot 1/2 \cdot (\gamma_1 \cdot B \cdot N_f)}{\gamma_t \cdot h}$$

δ : 교대의 측방이동량 β : 보정계수(경험적으로 0.5로 한다)

ε : 흙의 변형률 q_u : 일축압축강도

E_{50} : 지반의 변형계수, F_R : 성토재하에 의한 지반에 대한 안전율

α_1 : 슬라이딩면의 형상 과정에 관한 보정계수, 말뚝에서 4, 케이슨에서 2.5

α_2 : 연약지반 아래면 부근의 점착력 증대와 기초기구조물이 존재하기 때문에 보정계수, 말뚝에서 5, 케이슨에서 2.5

α_3 : 성토하중에 의한 모래지반의 다짐효과에 관한 보정계수, 말뚝에서 3, 케이슨에서 2

c : 연약층의 점착력 평균값 L : 교축방향의 교대 길이

γ_1 : 모래층의 단위체적중량 B : 연약지반의 모래층 두께

h : 성토 높이 D : 연약층 중 연역점성토의 두께

측방이동 3개의 판정방법

N_f : 지반의 지지력 계수, γ_t : 성토의 단위체적중량

$F_R \geqq 3$ 및 $\delta \leqq 100$mm이면 측방이동의 영향은 작은 것으로 되어 있다.

파손된 교량의 판정결과는

$$q_u = 98.0\text{kN/m}^2,\ E_{50} = 3800\text{kn/m}^2$$

$$\phi = 32^\circ$$

$$N_q = \tan^2\left[\frac{\pi}{4} + \frac{\phi}{2}\right] \cdot \exp(\pi\tan\phi)$$

$$= \tan^2\left[\frac{180^\circ}{4} + \frac{32^\circ}{2}\right] \cdot \exp(3.14\tan 32^\circ)$$

$$= 23.18$$

$$N_\gamma = 2(N_q + 1)\tan\phi = 2 \times (23.18 + 1) \times \tan 32^\circ$$

$$= 30.22$$

$$F_R = \frac{\alpha_1 \cdot c + \alpha_2 \cdot cL/D + \alpha_3 \cdot 1/2 \cdot (\gamma_1 \cdot B \cdot N_f)}{\gamma_t \cdot h}$$

$$= \frac{4 \times 49.0 + 5 \times 49.0 \times 7.0/37.9 + 3 \times 1/2 \times (18.0 \times 3.9 \times 30.22)}{17.6 \times 4.2}$$

$$= 46.31 \geqq 3$$

$$\varepsilon = -0.72 \cdot (q_U / E_{50}) \cdot \ell_n (1 - 1/F_R)$$

$$= -0.72 \times (98.0/3800) \times \ell_n (1 - 1/46.31)$$

$$= 0.405 \times 10^{-3}$$

$$\delta = \beta \cdot \varepsilon \cdot D$$

$$= 0.5 \times 0.405 \times 10^{-3} \times 37.9 = 7.7\text{mm} \leqq 100\text{mm}$$

따라서 측방이동의 우려는 없다.

● F_R과 수평이동량의 상관

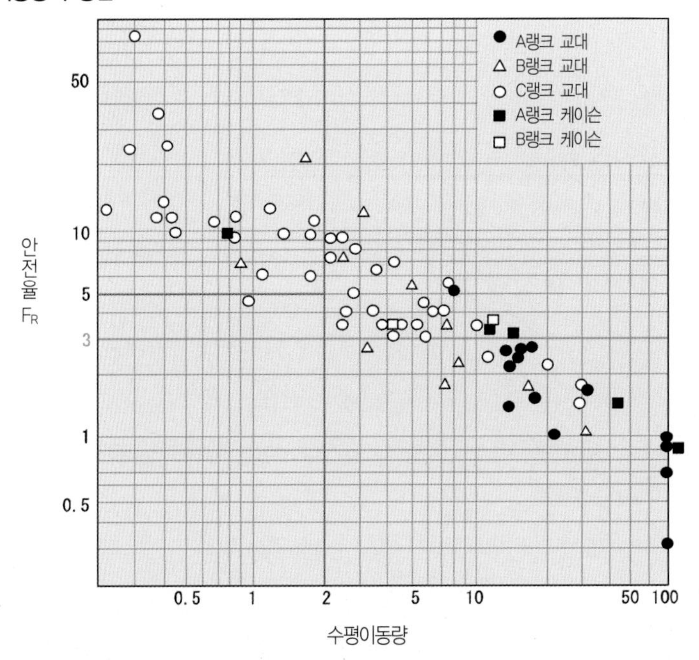

그림 중 A, B, C 각 랭크는 각각 아래와 같다.

A랭크 : 변위가 발생하여 교대형식의 변경, 이음 등의 보수가 실시된 것

B랭크 : 신축이음 사이 간극이 없거나 열림이 큰 것

C랭크 : 전혀 이동이 없는 것. 또는 이음 등에서 변위가 있다고 추정되지만, 유지관리 상 문제가 없는 것

● 측방이동의 대표적인 판정방법

종별	제안기관	판정법의 개요
I값에 의한 방법	구건설성토목연구소	성토높이, 연약층 두께, 연약층의 점착력, 기초체 저항폭 및 교대 길이의 각 요인분석 결과로부터 얻어진 측방이동판정값(I값)에 의해 판정
F값에 의한 방법	구일본도로공단	성토높이, 연약층 두께, 연약층의 점착력의 각 요인분석 결과로부터 얻어진 측방이동판정값(F값)에 의해 판정
F_R값에 의한 방법	구일본도로공단	연약지반내에 직선의 슬라이딩면을 상정하여 교대 전면측과 배면측의 평형조건으로부터 구한 측방이동의 안전율(F_R값)에 의해 판정

● 측방이동의 판정결과 (105-106페이지 상자 글 참조)

종별	계산값		허용값	판정
I값	1.14	<	1.2	측방이동 없음
F값	2.66	<	4	측방이동 있음
Fr값	46.3	≧	3	측방이동 없음
측방이동량	7.7	≦	100	

측방이동의 종식여부를 확인한다

측방이동의 메커니즘이 충분히 이해되지 않은 현시점에서 정량적인 판정을 내리는 것은 어렵다. 그래서 각 발주기관에서는 측방이동의 실태를 조사하여 과거 구조물의 계측 데이터를 수량화 이론에 따라 분석하여 요인을 판정하는 방법을 제안하고 있다.

교대가 측방이동하는 직접의 원인은 성토다. 기초지반이 점성토인 경우 시간의 경과와 함께 압밀이 진행되어 기초지반의 전단강도가 증가한다. 성토에 의해 기초지반에 가해지는 전단력을 기초지반의 전단강도가 초과하는 시점에서 측방이동은 종식된다. 즉 일반적으로 성토 후의 빠른 단계에서 측방이동은 종식된다.

그런데 이 파손된 교량에서 파손을 발견한 시점에서 측방이동이 아직 계속되고 있었다. 완성 후에 교체한 차도부의 신축장치가 교대의 측방이동이 원인이 되어 기능을 잃고 있었다. 교체한 시기는 분명하지 않으나 적어도 신축장치의 교체 후에도 측방이동이 계속되고 있다는 것을 나타내고 있다.

그래서 측방이동이 종식된 것인가 아닌가가 문제가 되어 토질시험에 따라 판정하기로 하였다. 위의 표가 그 결과이다. 3개의 판정식 중 2개는 측방이동의 우려는 없고 남은 하나는 측방이동할 가능성이 있다는 결과가 나왔다.

조사를 담당한 컨설턴트는 이 교량의 경우 F값에 의한 판정 결과는 신뢰성이 낮다고 생각하여 측방이동은 구속된다고 판단했다. 연약층의 사이에 화산재층과 사역암이 끼어 있어 점착력은 낮고 점착력에 중점을 둔 F값은 부적합하다고 생각했다.

측방이동의 판정에서 구조물의 특성 및 기초지반의 조건을 충분히 파악하여야 한다. 하나의 판정식뿐만 아니라 복수의 판정식으로 판단하는 것이 중요하다.

근처 구조물의 변위에도 주의한다

더욱이 측방이동의 판정에서 주변의 상황에도 주의할 필요가 있다. 측방이동을 일으키는 기초지반에서 주변에 어떤 변상이 확인되는 경우가 많다. 근처 구조물의 침하와 변위, 가까운 교량에서 지승의 변상 등을 발견하게 되면 주의할 필요가 있다.

파손된 교량에서 측방이동이 구속된다고 판단되기 때문에 대책공사는 실시하지 않고 파손부분의 수리복구만을 실시한다.

그럼 미리 측방이동이 예상되는 경우, 어떠한 대책을 수립해야 좋을까? 측방이동의 원인은 성토 하중의 증가에 의한 기초지반이 파손되는 것이기 때문에 이 요인을 제거할 필요가 있다. 즉 성토에 의한 하중을 줄이거나 기초지반의 저항력을 증가시키면 된다.

하중을 경감하는 대책의 대표격은 경량성토공법일 것이다. 또는 성토 중에 콜 게이트 파이프 등으로 공동을 설치하는 중공(中空)구조물 매설공법, 말뚝 위에 슬래브를 설치하여 성토의 하중을 말뚝으로 지지하는 파일 슬래브 공법 등을 채택하여도 좋다.

한편 측방이동 하지 않도록 기초지반의 저항력을 높이기 위해서는 교대 등의 전방에 성토하여 저항력을 높일 수 있는 압성 성토공법을 채택해야 한다. 그 밖에도 플레로드 공법 등이 있다.

시공 중의 배려도 중요하다. 측방이동은 구조물 배면의 성토에서 시공 중에 일어나는 예가 많다. 성토의 시공속도를 늦추거나 기초지반의 변위를 관측하거나 하는 등의 대응이 필요하다.

경량 성토

EPS의 천정 단부가 침하는 것은 왜일까?

● 옹벽 천단이 침하된 경량성토 단면도

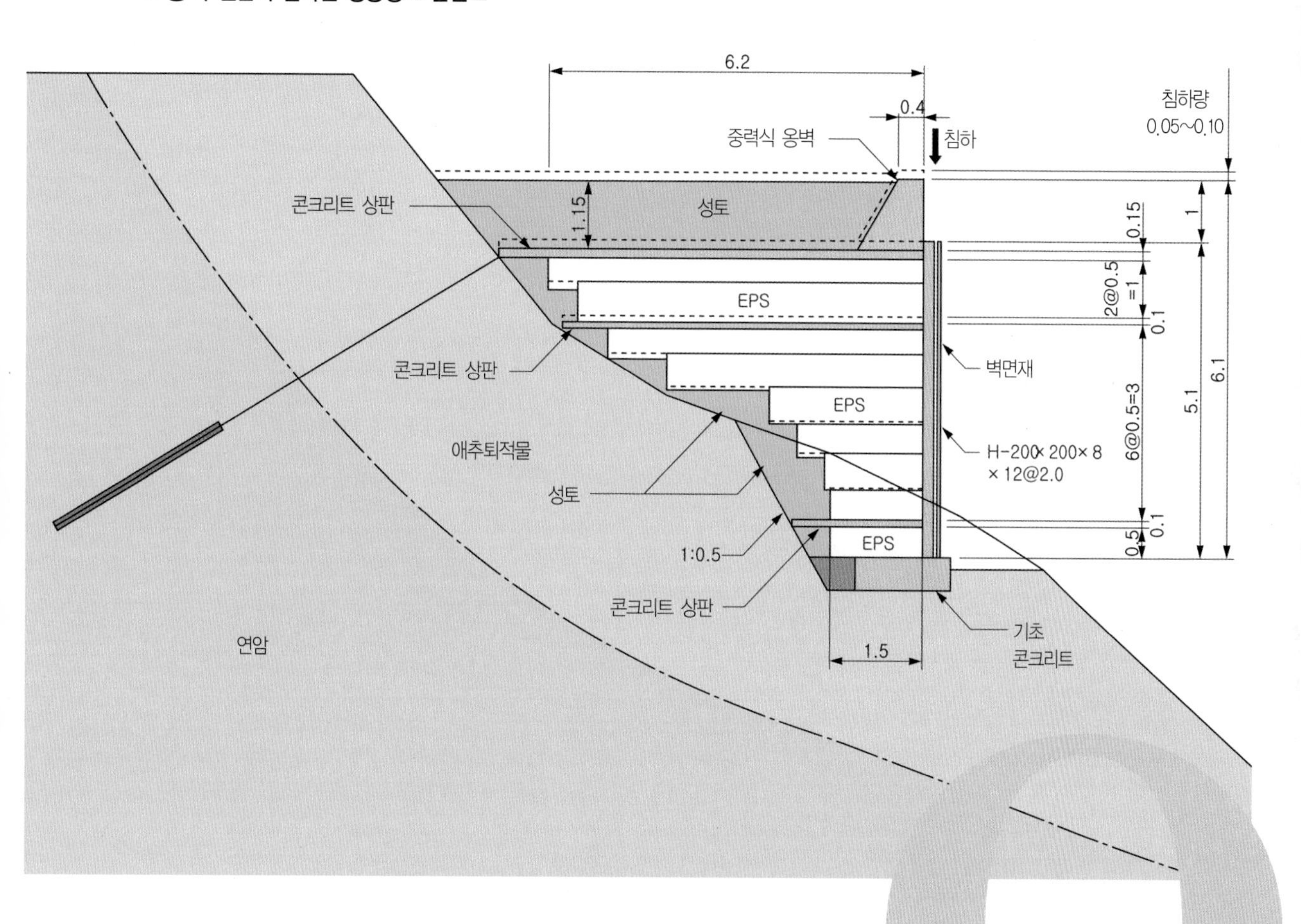

Q

급경사면에 도로를 건설하기 위해 매우 경량인 발포 스티로폼(EPS)을 쌓아 옹벽을 만든다. 이 옹벽이 완성되어 노면을 포장하기 위해 깊이 약 1m의 성토를 하였다. 그럼 EPS 위에 설치한 중력식 옹벽이 5~10cm 침하하였다. 동시에 성토와 EPS도 침하하였다. 그러나 EPS 아래의 기초콘크리트와 벽면재에는 눈에 띄는 변상과 침하가 없었다. 옹벽 전체를 포함한 슬라이딩이 발생한 징후도 보이지 않았다. 그럼에도 불구하고 옹벽 천정 단부가 침하한 것은 왜일까?

EPS가 압축변형했다.

옹벽의 저부 부근에 있는 EPS의 폭이 1.5~2.0m로 좁고, 그 배면이 1:0.5의 급경사로 절토되어 있다. 그로 인해 EPS 위의 콘크리트 바닥판과 성토에 의한 하중이 폭이 좁은 저부 부근의 EPS에 집중하여 EPS가 압축변형되어 침하하였다.

● EPS(D-20)의 변형특성

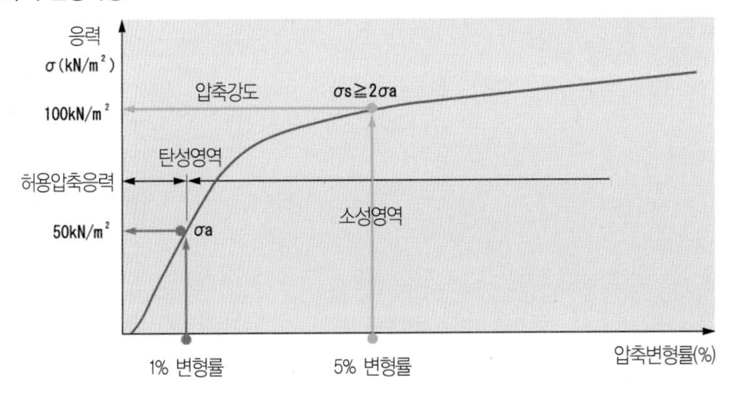

● EPS의 압축변형 요인(모식도)

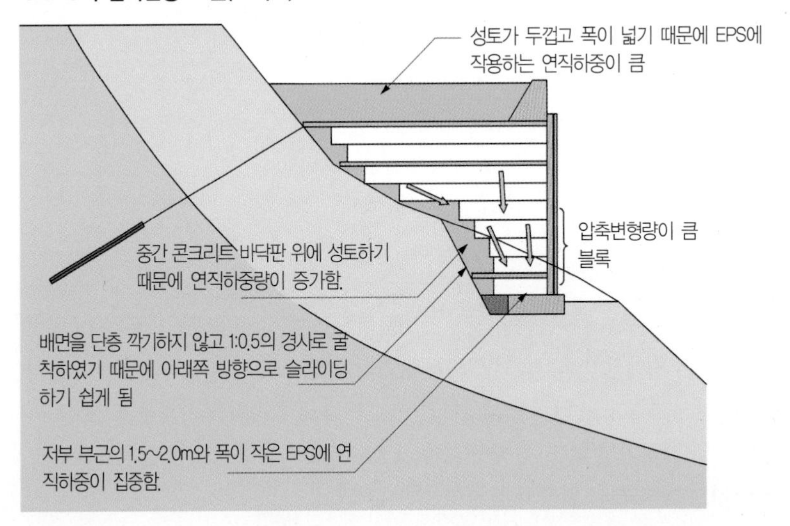

EPS의 변형특성은 110페이지 그림에 나타낸 바와 같이 탄소성이다. 그 때문에 반복하중에 대해 탄성적인 거동을 나타내는 압축변형률이 1% 정도 이내가 되도록 설계 시에 허용압축응력을 정하고 있다.

이 공사에서 채택한 EPS는 D-20 규격으로 밀도가 20±1kg/m^3, 허용압축강도(σ_a)는 50kN/m^{2}이다. 설계응력에는 활하중에 의한 응력도 포함되어 있으므로 사하중만의 응력은 더욱 작다. EPS에 작용하는 사하중응력을 간단히 산출해보자.

먼저 EPS 상의 성토에 의한 응력은 높이 1.15m×단위체적중량 19.0kN/m^2 = 21.9kN/m^{2}이다. 다음 바닥판에 의한 응력은 높이(0.15m+0.10m×2)×단위체적중량 24.5kN/m^2= 8.6kN/m^{2}이다. 마지막으로 EPS에 의한 응력은 높이 0.50m×9×단위체적중량 0.20kN/m^2= 0.9kN/m^{2}이다. 이런 것들을 합계한 31.4kN/m^{2}이지만, EPS에 작용하는 사하중응력이 된다.

이 하중강도에 의한 EPS의 예상침하량은 EPS 전체의 높이 4.5m×EPS에 작용하는 사하중강도 31.4kN/m^2÷허용압축강도 50kN/m^2×1% 변형률=0.028m이다. 0.05~0.1m의 실제 침하량보다 아주 작다.

원지반을 단계별로 절취하지 않았다

침하량이 다른 원인을 해명하기 위해 부재가 노출된 공사 종점부의 단면에서 EPS 두께를 계측하였다. 그 결과, EPS 압축변형량은 각 단에서 일정하지 않고, 변형이 큰 개소가 아래부터 2~4단 매의 배면측에 집중하고 있음을 알 수 있었다. 최대 두께 500mm의 블록이 490mm에서 변형하고 있다.

급사면에 구축하는 EPS에 의한 성토는 단면이 역삼각형에 가까운 형상이고 아래 방향으로 갈수록 EPS의 폭이 작아진다. 즉 하부의 EPS에는 하중이 집중되기 쉽다. 그 때문에 EPS의 배면의 원지반은 층단 깎기하고 EPS를 사면에 박히도록 설치하는 것이 기본이다.

그런데 이 현장에서 단층 깎기를 하지 않고 급경사의 절토면과 EPS와의 사이에 다량의 흙을 충전하였다. 그 결과, EPS 배면이 슬리이딩되기 쉽다. 또한 중간 바닥판 위에 성토한 EPS에 작용한 하중이 증가되었다. 폭이 작은 하부의 EPS에 하중이 집중하고 EPS에 의한 압축변형이 발생한 것으로 추정된다(110페이지 아래 그림 참조).

EPS의 응력집중에 대한 검토

발포 스티로폼 토목개발기구가 발행한 「EPS공법 설계 · 시공기준서(안)」에서 EPS 배면의 원지반 경사가 45도보다 급한 경우, 최하단의 EPS에 응력집중을 받을 우려가 있다고 지적하고 있다. 그래서 하단에는 강성이 높은 EPS 블록을 채택하는 것과 최하단의 EPS 폭을 적절히 설계하는 것이 요구된다. 이 기준서에서 하단의 EPS 블록에 작용하는 응력도(q)의 산정식을 다음과 같이 정하고 있다.

q=사가중(死加重)(포장, 성토, EPS노상 및 콘크리트 바닥판 등) ÷ 최하단의 EPS 폭

이 산정식에 본문에서 취급한 사례의 각 수치를 넣어 계산하면 다음과 같은 결론을 얻는다. 먼저 성토와 바닥판, EPS재의 각각 재료의 사가중을 계산한다.

성 토 : 높이 1.15m×폭 7.0m×단위체적중량 19kN/m^2=153kN/m

바닥판 : {높이 0.15m×폭 7.0m+높이 0.1m×폭(6.0+2.2m)}*단위체적중량 24.5kN/m^3=45.8kN/m

EPS재 : 높이 0.5m×폭(6.3m+5.8m+5.2m+4.3m+2.6m+2.1m+1.7m+1.5m+1.5m)×단위체적중량 0.20kN/m^3=3.1kN/m

이러한 사가중의 합계는 201.9kN/m이다. 이 값을 최하단 EPS 폭 1.5m로 나누면 q가 구해진다.

$$q = \Sigma W \div B = 201.9\text{kN/m} \div 1.5\text{m}$$
$$= 134.6\text{kN/m}^2$$

이 결과, EPS(D-20)의 허용압축응가도(qa) 50.0kN/m^2를 초과하고 있음을 알 수 있다.

EPS 변형과 침하에 따라 벽면재에 있는 H형강의 지주와 송판을 연결하는 금속장치가 파손되었다.

종방향으로 EPS의 침하에 차가 발생하였기 때문에 EPS 위의 중력식 옹벽에 균열이 발생하였다.

하부의 EPS에 허용치를 초과하는 응력이 있다

이처럼 급사면에서 도로 확폭 수단으로서 EPS는 하단으로 갈수록 응력이 집중하기 쉽다. EPS의 응력도 조사는 노상 바로 아래의 상단에 있는 EPS뿐만 아니라 하부에서의 응력조사도 필요하다.

EPS이 응력집중에 의한 압축변형을 방지하기 때문에 2002년에 개정된 발포 스티로폼 토목 개발기구의 『EPS 공법 설계·시공기준서(안)』에서 하단의 EPS에 강성이 높은 것을 사용하는 것과 과대한 응력이 작용하지 않도록 적절한 폭으로 하는 등의 검토사항을 추가하고 있다.

동기준서에 나타낸 산정식을 이 현장의 사례에 적용하여 계산해보니 최하단의 EPS가 압축응력도는 135kN/m^2과 허용값 50kN/m^2의 2.7배나 되었다(112페이지 상자 글 참조).

상층 4단분의 EPS 폭이 넓기 때문에 최하단의 EPS 전체에 연직하중이 작용한다는 것은 생각하기 어렵다. 전하중의 2분 1이 작용한다고 가정하면 67.3kN/m^2의 압축응력도가 되어 허용치를 초과한다. 이 사례의 현상을 뒷받침하는 결과가 되었다.

성토를 EPS로 치환하여 가볍게 한다

EPS에 작용하는 압축응력도가 탄성영역을 넘어 소성영역에 도달하면 작은 힘에서도 변형률이 급증한다. 하중이 장기에 걸쳐 작용하면 시간이 경과함에 따라 서서히 압축변형이 진행하는 '크리프 현상'에 의해 더욱더 큰 침하가 발생하는 경우가 있다. 일반적으로 성토재인 EPS재의 침하와 변형은 옹벽 천정 단부과 노면의 침하로 끝나지 않는다. 벽면재를 지지하는 H형강의 지주와 바닥판과 연결하는 금속장치의 파손, 벽면의 전도, 옹벽 천정 단부의 전단파괴라는 2차 피해를 발생시킬 우려가 있다.

EPS의 침하와 변형을 방지하기 위해서는 하단의 EPS 폭을 넓게 하고 적절한 강도를 가진 EPS를 사용하는 등의 배려가 필요하다. 또 EPS 위의 성토를 극력, 적게 하거나 최하단의 EPS 아래에 쇄석과 모래를 덮어 큐션으로 처리한다(114페이지 위 그림 참조).

시공완료 후에 발생한 침하에 대한 대책은 사하중 전체의 약 4분의 3을 점유하는 EPS 위를 제거하는 것이 가장 효과적이다. 예를 들어, 성토의 일부를 고강도 EPS로 치환하여 하중을 경감한다(114페이지 아래 그림 참조).

EPS 공법과 같이 경량성토공법은 연약지반과 토사붕괴지에서 하중 경감, 산악도로에서 지형의 개변을 경감하는 데 유효하다. 단, 채택할 때 공법과 재료의 특성을 이해하고, 충분히 검토해야 한다.

● 사전의 압축변형 대책(현지조건에 맞게 조합)

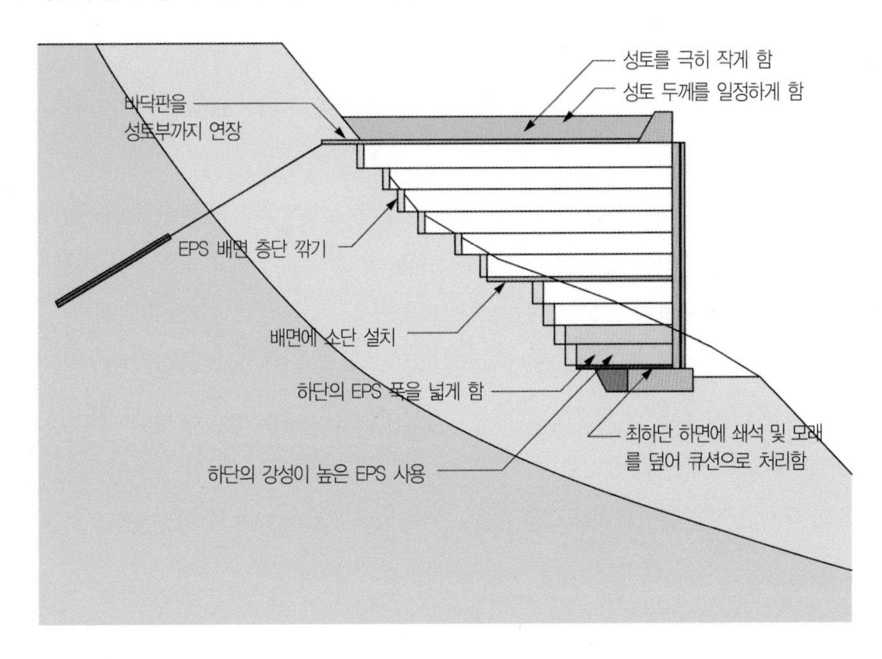

● 이 트러블 사례에 대한 압축변형 대책

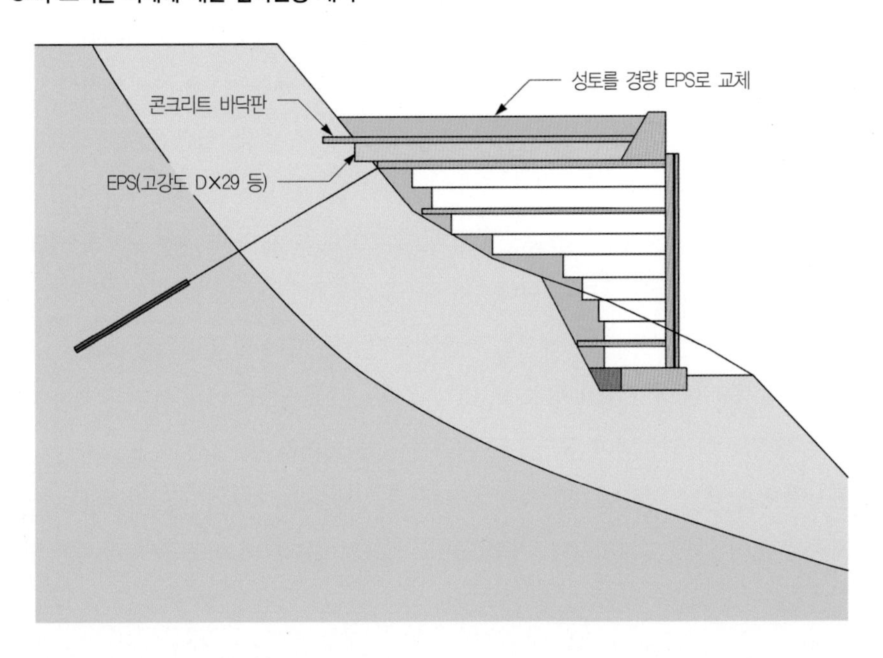

토사붕괴 대책의 누름 성토

토사붕괴가 재발한 것은 왜일까?

● 토사붕괴가 재발한 사면의 평면도

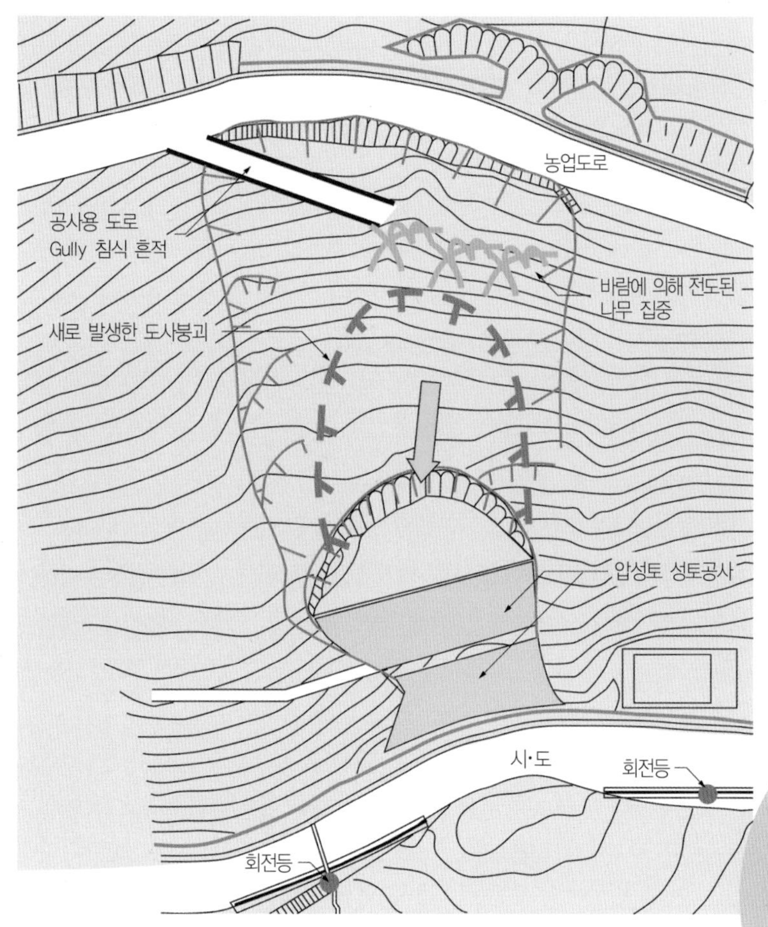

산풍에 따른 집중호우에 의해 토사붕괴가 발생한 사면에서 응급대책으로서 지하수의 배수공사를 실시한 후 누름성토를 시공하였다. 그 직후 토사붕괴의 감시용으로 설치하고 있던 경보기가 작동하였다. 사면 중 복부의 토사덩어리가 밀려 나오는 토사붕괴가 발생하였다. 전일에 강우가 있었지만, 토사붕괴가 재발할 정도의 이상한 강우는 아니었다. 현지 상황에서 착목할 점은 토사붕괴의 두부에 바람에 쓰러진 나무가 집중하여 있던 것과 사면의 상부에서 농토의 공사를 실시하고 있었던 것이다. 이러한 상황에서 토사붕괴가 재발한 것은 왜일까?

공사와 바람에 의해 전도된 나무(풍도수)에서 지하수가 증가했다.

강우에 의한 지표수는 농도로부터 공사용 도로를 통과하여 사면에 대량으로 운반된다. 사면 위는 태풍에 의해 풍도수가 집중되어 있고 물이 지하에 침투하기 쉬운 상태로 되어 있다. 지하수가 증가하여 지반 내의 간극수압이 상승하여 토사붕괴가 발생하였다고 생각된다.

2004년에 태풍에 따른 집중호우에 의해 어느 도시의 산측 사면이 소규모로 붕괴되었다. 또 시간을 두지 않고 약한 규모의 토사붕괴가 발생하여 사면 상부에 시공 중 농도를 덮친 사건이 있었다.

긴급히 현지조사를 실시한 결과, 토사붕괴는 지하수의 집중에 의해 발생한 것으로 판명되었다. 응급대책으로서 지하수를 배제하는 공사를 사면에서 실시하여 실시간 감시체제를 두었다. 그 후 원래의 원 지반 형태로 복구하기 위해 누름 성토를 실시한 결과, 사면은 원래 안정을 되찾았다.

● 토사붕괴가 재발한 사면의 단면도

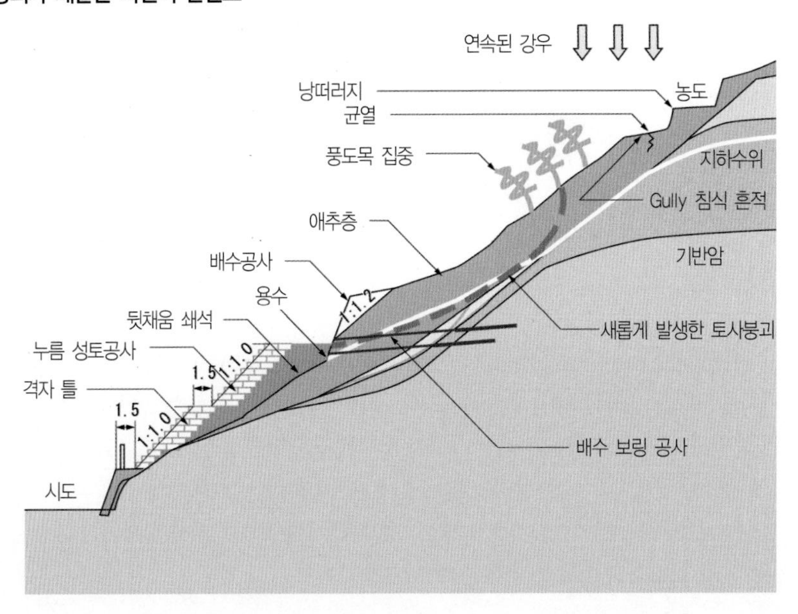

시도의 산측 사면이 안정된 시점에서 농로의 공사가 재개되었다. 농로를 복구할 때 옹벽을 만들기로 하여 중기를 운반하기 위해 가설 공사용 도로를 사면 위에 만들었다. 그때 1시간당 20mm를 초과하는 강우가 3시간 동안 계속되었다. 누름 성토보다는 상부의 사면에 균열이 발생하여 새로운 토사붕괴가 발생하였다.

활단층에 가까운 취약한 사면이었다

토사붕괴가 발생한 장소는 중앙구조선에 가깝다. 표고 100~150m의 구릉지대에 위치하는 북향의 사면이었다. 주변에는 국내에서 제1급 활단층이 있었다. 활단층이 예전의 활동으로 취약해진 매우 불안정한 사면이었다. 주변에는 토사붕괴지 및 단층이 집중되어 있었다.

최초 토사붕괴가 발생한 시점에서 지표면 신축계를 설치하여 관측을 시작하였다. 또한 보링조사를 실시하여 지중변위와 지하수위도 계측하기 시작하였다. 지반의 신축량과 강우량으로부터 지표면의 움직임은 명확히 강우와 상관이 있음을 알았다(아래 그래프 참조). 보링조사에서 채취한 흙에서는 토사붕괴면과 지하수가 통과하는 길을 명확히 관찰할 수 있었다. 이러한 조사로부터 불안정하게 된 취약하고 위험한 사면임을 알았다.

응급대책으로서 먼저 지하수를 배제하는 것이 가장 효과적이다. 예상한 대로 횡공식의 배수 보링으로부터는 다음 페이지의 사진과 같이 용수가 얻어졌다.

● 지표면 신축계에 의한 관측결과

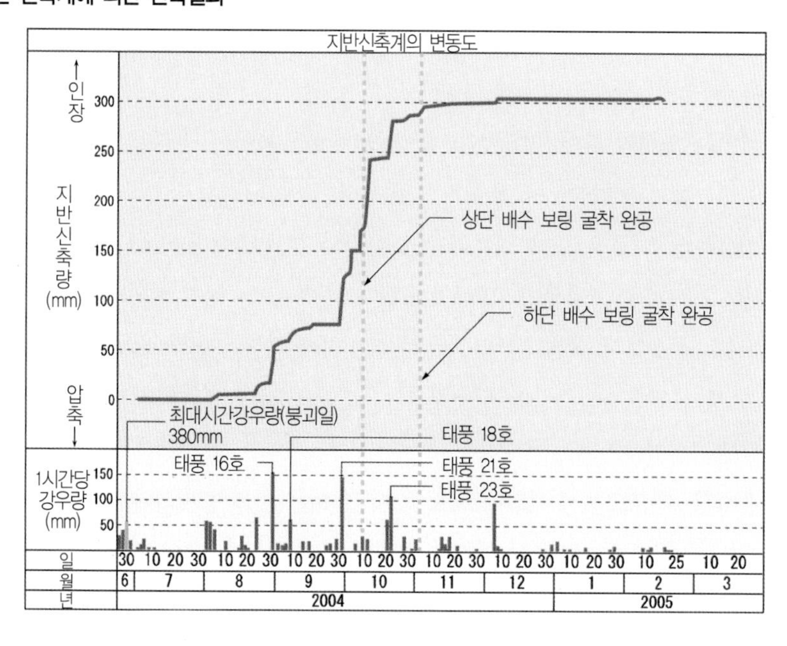

토사붕괴의 말단부에 설치한 배수 보링 구멍으로부터 흘러나오는 용수

● **보링 코어의 상황**

[GL-4.00~6.00m 구간]

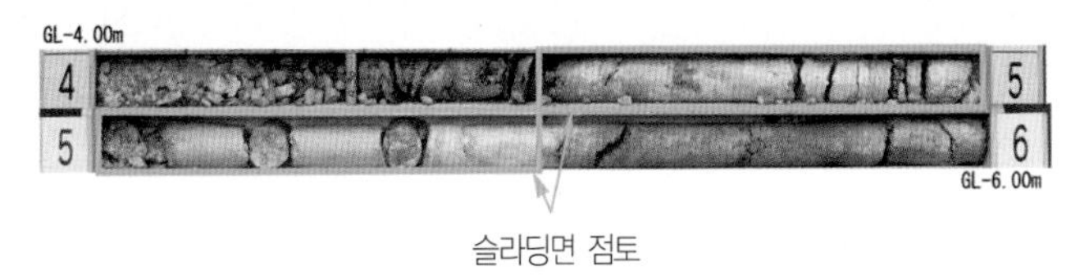

[GL-4.20~4.50m 구간]

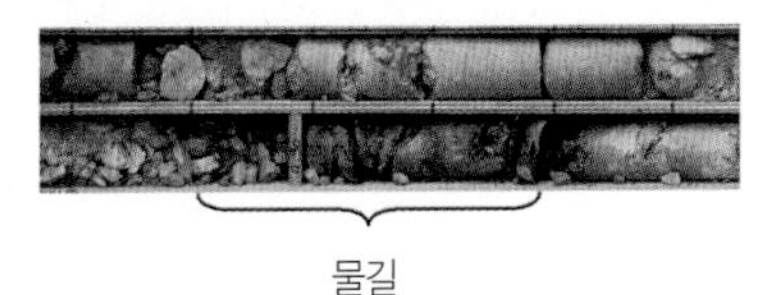

공사용 도로에 'gully 침식'이 발생하였다

응급대책으로 지하수위를 확실히 내리고 사면을 안정시킨 후 누름 성토 시공을 완료하였다. 그럼에도 불구하고 토사붕괴가 재발하였다. 그 직후 조사에서 다음과 같은 사항을 알았다.

① 가설의 공사용 도로 표면에 'gully 침식'이 집중하고 있다. gully 침식은 강우가 지표의 약한 부분에 집중하여 생기고 차츰 깊게 파져서 침식되는 현상이다. ② 농도의 표면에 유하물이라고 생각되는 토석이 흩어져 있었다. ③ 사면에 풍도목이 집중하여 지표면이 취약해져 있었다. ④ 토사붕괴의 말단부에 용수가 집중되어 있었다.

이런 사실로부터 발생한 토사붕괴의 원인을 다음과 같이 추정하였다. 먼저 지표수가 농로로부터 공사용 도로에 전달되어 사면에 운반되었다. 이때 gully 침식 발생하였다. 다음 사면에 운반된 지표수는 풍도목에 의해 침투하는 것이 유리하게 된 지표면으로부터 지중에 흘러들어 간 지하수가 증가하여 간극수압이 상승하였다. 사면은 지하수가 채워져 불안정하게 되어 토사붕괴가 발생하였다.

복구방법으로는 농로로부터 사면에 지표수가 침투하는 것을 방지하기 위해 수로를 설치하는 것이 있다. 또한 지하수위의 상승을 억지하기 위해 횡공식 배수 보링을 배설하는 것을 계획하였다. 이 대책공사를 실시한 결과, 사면은 안정한 상태로 되돌아왔다.

풍도목의 집중 개소에 주의한다

토사붕괴의 두부에는 태풍에 의한 풍도목 재해가 집중하고 있다. 풍도목은 풍속이 초속 17m부터 발생하기 시작하여 초속 25m에서 뿌리가 부러지는 현상이 발생한다. 풍도목에 기인하여 사면의 표층붕괴가 다발한다. 또한 나뭇가지를 치지 않았기 때문에 직경 크기 비율에 비해 수목이 너무 높아 불안정한 상태로 되어 있다. 2004년에는 이 사례와 같은 풍도목 재해가 매우 많이 발생하였다(120페이지 사진 참조).

풍도목이 발생한 경우, 뿌리 주변의 지반은 나무의 흔들림에 의해 이완되어 지표수의 침투율이 상승하는 것으로 생각된다. 지표수의 침투가 촉진되어 지하수가 증가하고 간극수압이 상승한다. 토사붕괴가 발생하기 용이하다는 것은 쉽게 상상이 된다.

토사붕괴를 유도하는 풍도목 재해에 대한 대책은 향후 중요하게 될 것이다. 2004년에 풍도목 재해가 집중한 원인으로 강렬한 '강풍 태풍'이 다수 상륙한 것은 부정할 수 없지만, 밑바탕에는 방치되고 절단된 삼림이 이러한 현상을 초래했다. 향후 임업종사자의 후계자를 육성하고, 목재의 수요를 안정적으로 확보하는 등 긴급한 대응이 필요하다.

삼림 황폐에 의한 영향

삼림의 기능은 다양하지만, 일단 황폐해지면 다음과 같은 폐해가 나온다.

① 산지 재해가 발생하기 쉽다.
② 댐 기능이 저하하거나 하천 범람이 발생하기 쉽다.
③ 홍수 및 갈수가 발생하기 쉽다.
④ 맛있는 물이 공급되기 어렵다.
⑤ 지구온난화를 촉진하기 쉽다.
⑥ 다양한 야생동식물의 번식, 생육 장소가 적어진다.

특히 토사 재해 측면으로부터 삼림 하층의 식생 및 떨어진 나뭇가지, 낙엽이 지표의 침식을 방지함은 물론 수목이 뿌리를 내리게 함으로써 토사의 붕괴를 방지하고 있다.

본래 수자원의 확보라는 측면에서도 삼림의 기능을 회복하고 건전한 삼림 환경으로 되돌려야 되는 것이다. 임업관계자는 물론 행정 주도 하에서 재해 방지를 염두에 두고 안심할 수 있고, 건전한 생활환경을 창조하는 것이 매우 중요하다.

● 삼림이 가진 기능 일례

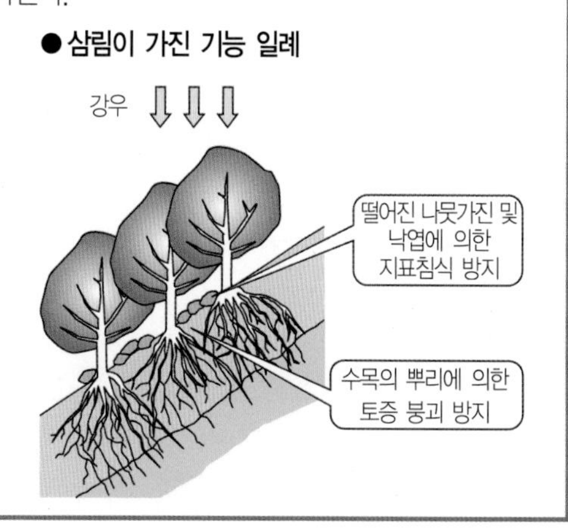

● 재발한 토사붕괴 매커니즘

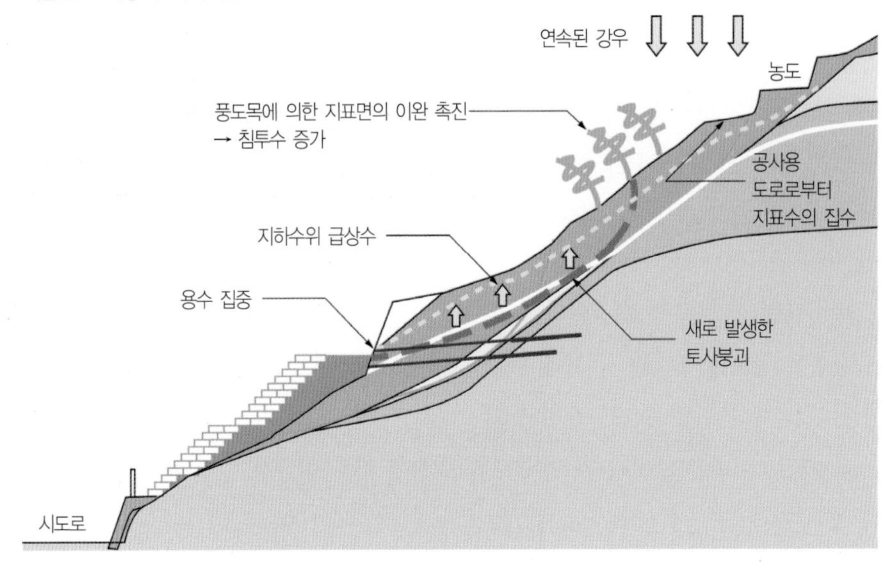

● 풍도목 재해의 발생기구 이미지

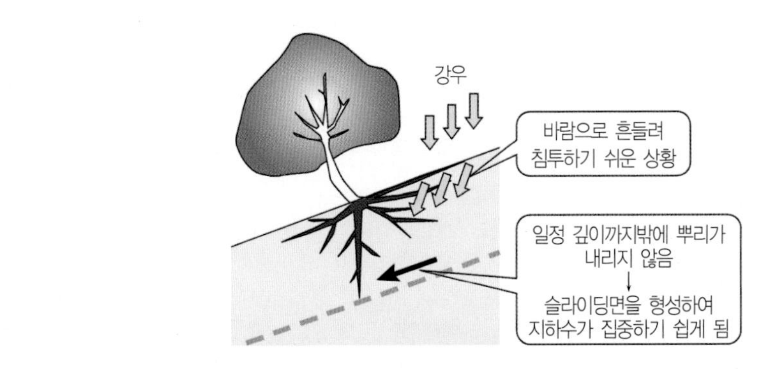

풍도목(바람에 의해 쓰러진 나무) 재해의 일례

급경사 법면의 역T형 옹벽

법면에 부등침하가 발생한 것은 왜?

● 산간부를 통과하는 국도의 단면도

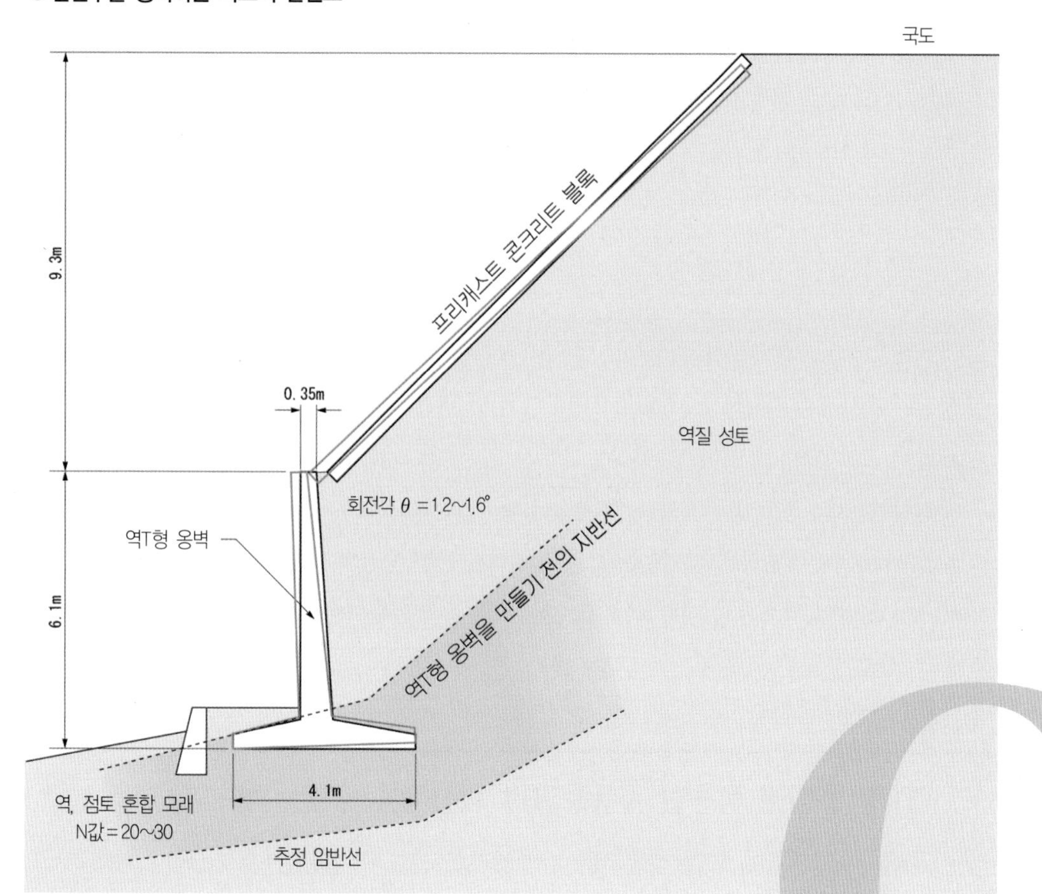

산간부를 통과하는 국도에서 높이 약 6m의 역T형 옹벽(위 그림 참조)을 시공했다. 그런데 옹벽 시공으로부터 2년 정도 경과된 시점에서 옹벽이 1.2~1.6도의 각도로 앞으로 기울어진 것을 도로를 순회하고 있던 순시원이 발견했다. 언제부터 변상이 시작되었는지는 불명확했다. 법면에는 부등침하가 발생하여 법면의 프리캐스트 콘크리트 블록이 덜덜거리고 있었다. 옹벽 지지지반의 토질은 역토와 점토가 섞인 모래였고, N값은 20~30이다. 옹벽의 배면에도 역토로 성토되어 있었다. 옹벽의 근입은 충분하고 설계도 잘못되지 않았다. 그런데 옹벽이 기울어지고 법면에 부등침하가 일어난 것은 왜일까?

성토의 다짐이 부족하였다.

법면이 급경사로 성토되어 있으므로 다짐기계를 법면 끝에 가까이 놓으면 성토가 붕괴되기 쉬워서 전압을 충분히 할 수 없었다고 생각된다. 프리캐스트 콘크리트 블록이 덜덜거리고 있었다. 성토의 다짐이 부족하면 내부마찰각이 예상했던 것보다 작아지게 된다. 그 결과, 역T형 옹벽에 큰 토압이 걸려 경사가 발생하였다고 생각된다.

이것은 시코쿠(四國)에 있는 어느 현이 관리하는 국도의 개량공사 중 발생한 트러블이다. 양질인 성토재를 사용해도 다짐이 부족하면 이런 사례와 같이 예상보다 큰 토압이 발생한다. 토압이 크게 되면 옹벽이 변위되는 경우가 있다. 트러블이 일어난 현장에서 성토의 내부마찰각이 어느 정도 있는지를 관측해 보았다. 일반적으로 옹벽에 걸리는 하중에는 자중과 토압이 있다. 역T형 옹벽의 경우는 보통 옹벽의 후단에 수직의 가상배면을 생각하여 가상배면에 주동토압이 작용한 것이라고 보고 안정성을 조사한다. 이때 뒷굽판 상부의 흙은 역T형 옹벽 자중의 일부로 본다.

역T형 옹벽에 작용한 주동토압과 회전각을 구하는 법

가상배면에 작용하는 주동토압을 '개량 시행 쐐기법'으로 구한다. 본문에도 기술한 것처럼 경사각을 합리적으로 구하기 위한 것이다.

개량 시행 쐐기법에서는 ab와 ac 2개의 직선 슬라이딩면이 발생한다고 가정한다. 슬라이딩면 ab각도는 ϕ로부터 "45도+ϕ/2"까지의 범위이고, 슬라이딩면 ac의 각도는 "45도+ϕ/2"로부터 90도까지의 범위에 있지만, 구체적으로는 알 수 없다. 먼저 ω_1을 44도, ω_2을 90도로 가정하면 가상배면보다 후방의 흙 쐐기의 중량(W_1)은

$$W_1 = \frac{\gamma}{2}(\cot\omega_1 H_t^2 - \cot\beta \Delta H^2)$$
$$= \frac{18}{2}\times(\cot 44\times 15.4^2 - \cot 45\times 7.05^2) = 1763.0\text{kN/m}$$

이 된다.

● **산간부를 관통하는 국도의 단면도**

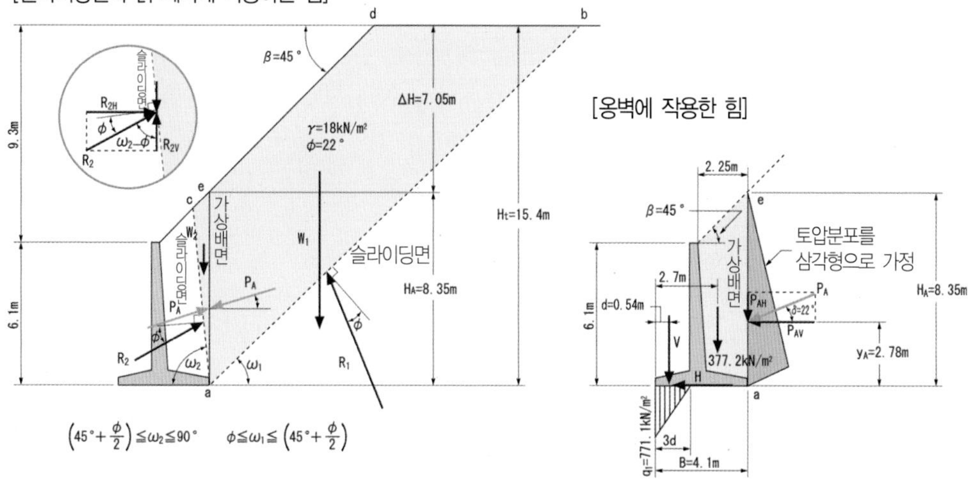

H_t는 성토의 전체 높이, H_A는 가상배면의 높이, ΔH는 H_t와 H_A의 차이이다. 가상배면보다 전방의 흙 쐐기의 중량은(W_2)

$$W_2 = \frac{\gamma H_A^2}{2(\tan\beta + \tan\omega_2)} = \frac{18 \times 8.35^2}{2 \times (\tan 45 + \tan 90)} = 0$$

이 된다.

따라서 쐐기 전체의 중량(W)은

$$W = W_1 + W_2 = 1763.0\text{kN/m}$$

전방의 슬라이딩면으로 부터의 반력은

$$R_2 = \frac{\sin(\omega_1 - \phi)}{\sin(\omega_1 + \omega_2 - 2\phi)} W$$
$$= \frac{\sin(44 - 22)}{\sin(44 + 90 - 2 \times 22)} \times 1763.0 = 660.4\text{kN/m}$$

R_2의 수평 반력(R_{2H})은

$$R_{2H} = R_2 \sin(\omega_2 - \phi)$$
$$= 660.4 \times \sin(90 - 22) = 612.3\text{kN/m}$$

주동 토압 합력(P_A)의 경사각(δ)은

$$\delta = \tan^{-1}\frac{R_2\cos(\omega_2-\phi)-W_2}{R_2\sin(\omega_2-\phi)}$$

$$= \tan^{-1}\frac{660.4\times\cos(90-22)-0}{660.4\times\sin(90-22)} = 22\text{도}$$

가상배면의 주동토압합력(P_A)은

$$P_A = \frac{\sin(\omega_2-\phi)R_2}{\cos\delta} = \frac{\sin(90-22)\times 660.4}{\cos 22} = 660.4\text{kN/m}$$

주동토압 합력의 수평성분(P_{AH})은

$$P_{AH} = R_{2H} = 612.3\text{kN/m}$$

주동토압 합력의 연직성분(P_{AV})은

$$P_{AV} = P_A\sin\delta = 612.3\times\tan 22 = 247.4\text{kN/m}$$

이다. 똑같이 ω_1을 22도로부터 56도(=45+ϕ12), ω_2를 56도로부터 90도의 범위에서 1도씩 변화시켜 R_{2H}가 최대가 되는 ω_1과 ω_2의 조합을 구하면 각각이 주동 슬라이딩 각이 된다. 그때 P_A가 가상배면의 주동토압합력이다.

이 사례의 경우, 최초의 가정한 대로 ω_1이 44이고 ω_2가 90도일 때 R_{2H}가 최대가 된다. 수계산으로 ω_1과 ω_2를 구하는 것은 시간이 걸리지만, Excel 등의 표계산 쇼프트를 사용하면 간단히 구할 수 있다.

주동토압의 분포가 삼각형이라고 가정하면 합력의 작용위치는 가상배면의 높이의 3분 1의 위치가 되기 때문에 y_A=8.35/3=2.78m이다.

이상으로부터 옹벽마찰각에 작용하는 하중을 집계하면 다음 페이지의 표와 같다.

아래의 표로부터 하중의 합력 작용 위치로부터 끝까지의 거리(d)는

$$d = \frac{\Sigma(V_x)-\Sigma(V_y)}{\Sigma V} = \frac{2036.5-1702.2}{624.6} = 0.54\text{m}$$

이다. $3d = 3 \times 0.54 = 1.62m < B = 4.1m$ 가 되므로 지반반력은 삼각형으로 분포한다. 따라서 앞굽판 지반반력도(q_1)는

$$q_1 = \frac{2\Sigma V}{3d} = \frac{2 \times 624.6}{1.62} = 771.1kN/m^2$$

이다. 기초의 안길이는 옹벽의 길이방향의 이음간격을 잡아 6m, 지지지반의 N는 20이므로 연직방향의 지반반력계수(k_v)는

$$k_v = 3783N(B \cdot L)^{-0.375}$$
$$= 3783 \times 20 \times (4.1 \times 6.0)^{-0.375} = 2\text{만}\,2765kN/m^3$$

이 된다. 옹벽의 회전각(θ)은 지반반력이 삼각형으로 분포하기 때문에

$$\theta = \frac{q_1}{3dk_v} = \frac{771.1}{1.62 \times 2\text{만}2765} = 0.021rad = 1.2\text{도}$$

가 된다.

● 역T형옹벽의 저면에 작용하는 하중의 집계

	연직력 V (kN/m)	수평력 H (kN/m)	하중 작용위치		모멘트(kN·m/m)	
			x (m)	y (m)	V·x	H·y
자중	377.2	0.0	2.71	–	1022.2	0.0
토압	247.4	612.3	4.10	2.78	1014.3	1702.2
합계	624.6	612.3	–	–	2036.5	1702.2

다짐에 따라 ϕ는 변화한다

(사)일본도로협회의 『도로토공옹벽시공지침』(이하, 옹벽공지침)에 의하면 흙의 단위체적중량은 역토의 경우는 $20kN/m^3$이 되지만, 다짐이 불충분한 것을 고려한 $18kN/m^3$으로 가정한다. 철근콘크리트의 단위체적중량은 옹벽공지침에 준거하여 $14.5kN/m^3$으로 한다.

흙의 내부마찰각도 성토의 다짐 정도에 따라 변하게 된다. 성토재가 역토이고 잘 다짐되어 있으면 50도 정도가 되지만, 설계에서 옹벽지침에 있는 35도를 사용하는 경우가 많다. 이 사례에서 성토재가 사용된 역토의 다짐 정도가 불명확하기 때문에 ϕ을 22도 가정하여 토압과

옹벽의 회전각을 계산하였다.

가상배면에 걸리는 토압의 일반적인 계산방법은 시행 쐐기법, 크론식, 랭킨식이 있다. 그러나 이 사례에서는 슬라이딩면이 성토 턱보다 후방이기 때문에 토압 합력의 경사각을 합리적으로 결정해야 한다. 이 때문에 이론적으로 δ를 결정하기 위해 개량 시행 쐐기법(다음 페이지 상자 참조)으로 계산하면 주동 토압의 합력은 660.4kN/m이 된다. δ는 22도가 된다.

전단강도를 높이는 대책이 필요하다

옹벽 저면에 작용하는 연직력(V)과 수평력(H), 뒷굽판 끝에서 연직력 작용위치까지의 거리(d) 등을 구하는 가운데 옹벽의 회전각(θ)을 계산하면 약 1.2도가 되고 측정된 옹벽의 회전각도 거의 일치한다. 즉 성토의 ϕ는 22도였다고 여겨진다. 또한 가정된 계산결과가 옹벽의 회전각과 일치하지 않으면 ϕ를 변경하여 계산할 필요가 있다. ϕ를 변화시켜 계산한 결과(밑의 그림 참조)를 보면, ϕ가 작게 되면 주동 토압은 거의 직선적으로 증가하게 되지만 옹벽의 회전각은 '쌍곡선적'으로 증가한다. 성토의 다짐이 부족하지 않을 경우 옹벽의 회전각이 매우 크게 됨을 알았다.

전압이 어려운 급경사의 법면에서 이러한 트러블을 방지하기 위해서는 성토 내에 30m 정도의 간격으로 지오텍스타일 등의 보강재를 수평으로 덮고 또는 성토에 시멘트를 혼합하는 등 대책에 따라 전단강도를 높이는 경우가 고려된다.

● 내부 마찰각과 주동토압의 관계

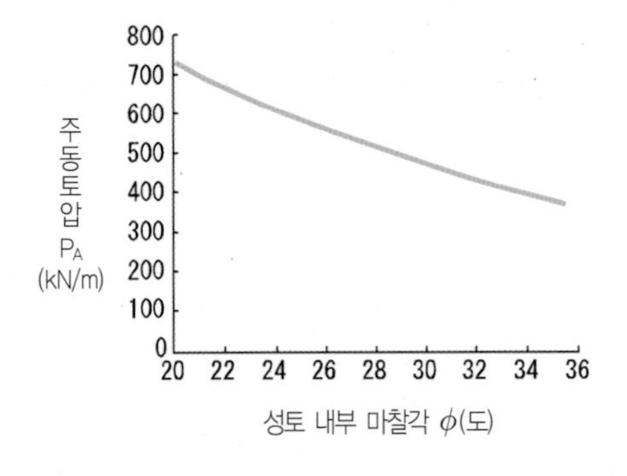

● 내부 마찰각과 옹벽 회전각의 관계

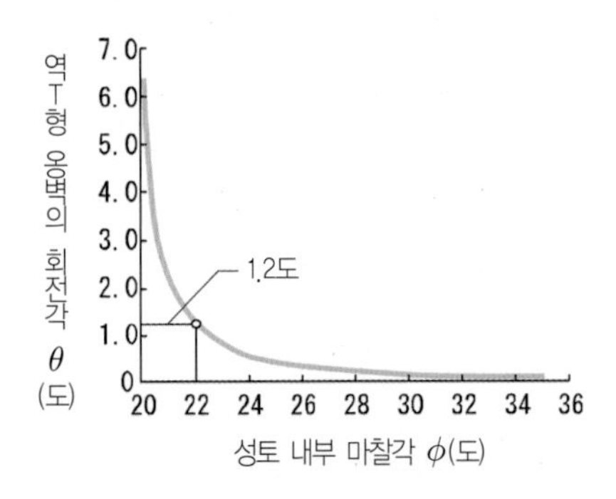

개량 시행 쐐기법이란

가상배면에 작용하는 주동토압의 합력과 그 경사각을 구하는 방법으로 필자가 제안하는 계산 방법이다.

역T형 옹벽 등과 같은 뒷굽판이 있는 옹벽이 전방으로 수평 이동하면 다음 페이지의 그림과 같이 2개의 슬라이딩면이 발생하고 흙 쐐기 abc가 형성된다. 흙 쐐기의 중량을 W, 2개의 슬라이딩면이 수평면으로 되는 각을 각각 ω_1, ω_2로 하면 슬라이딩면 ac의 반력(R_2)은 다음 식으로 나타낼 수 있다.

$$R_2 = \frac{\sin(\omega_1 - \phi)}{\cos(\omega_1 - \omega_2 - 2\phi)} W \quad \cdots\cdots (1)$$

R_2의 값은 ω_1과 ω_2에 의해 변하지만, 구하려 하는 ω_1과 ω_2는 식 (2)의 범위에 있으므로 그 범위 식으로 식 (3), 즉 R_2의 수평성분을 최대로 하는 ω_1과 ω_2를 구하면 그것이 주동슬라이딩 각이 된다.

R_2의 수평성분을 최대로 하는 ω_1, ω_2를 구한다는 것은 옹벽을 수평으로 이동시킬 힘을 최소로 하는 슬라이딩면을 구할 수 있다는 뜻이다.

128페이지 그림의 힘의 다각형이 명확해진 것처럼 R_2의 수평성분은 R_1, 또는 P_A의 수평성분과 동일한 값이 되므로 R_1과 P_A의 수평성분은 최대가 된다.

$$\left.\begin{array}{l} \phi \leqq w_1 \leqq 45 + \dfrac{\phi}{2} \\ 45 + \dfrac{\phi}{2} \leqq \omega_2 \leqq 90 \end{array}\right\} \quad \cdots\cdots (2)$$

$$R_2 \sin(\omega_2 - \phi) \quad \cdots\cdots (3)$$

ω_1, ω_2 및 R_2를 구하게 되면 아래 그림(b)의 흙 쐐기 acd에 작용한 힘의 평형으로부터 가상배면 ad에 작용하는 내력 P_A와 경사각을 다음 식으로 구한다.

$$\delta = \tan^{-1} \frac{R_2 \cos(\omega_2 - \phi) - W_2}{R_2 \sin(\omega_2 - \phi)} \quad \cdots\cdots (4)$$

$$P_A = \frac{\sin(\omega_2 - \phi) R_2}{\cos\delta} \quad \cdots\cdots (5)$$

이때 내력 P_A는 가상배면에 작용하는 주동 토압합력이다.

● 개량 시행 쐐기법의 개념

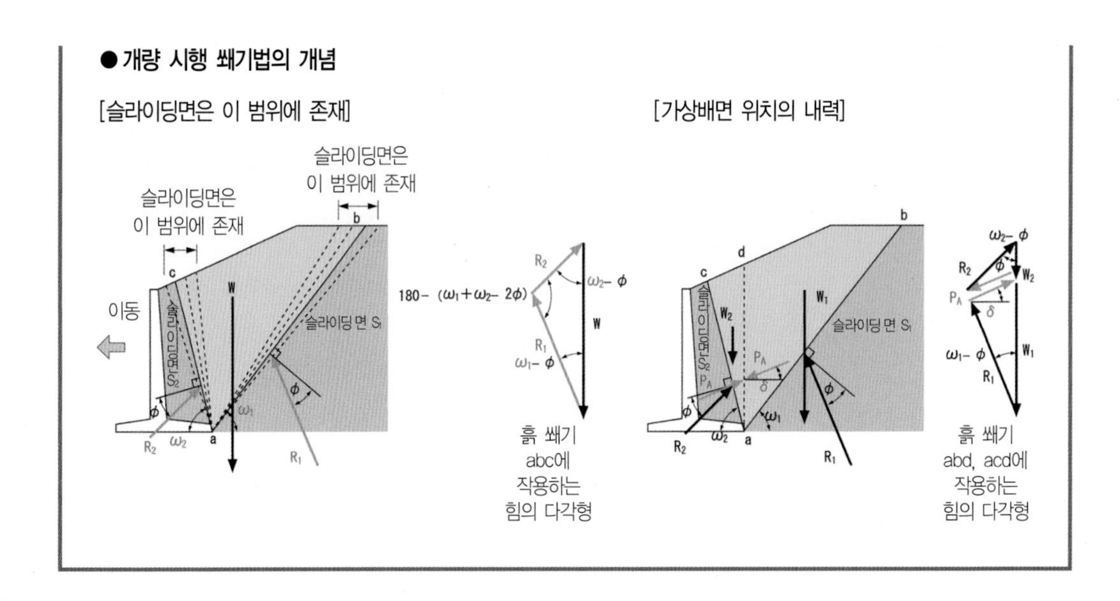
[슬라이딩면은 이 범위에 존재]
[가상배면 위치의 내력]
슬라이딩면은 이 범위에 존재
슬라이딩면은 이 범위에 존재
이동
슬라이딩 면 S₁
슬라이딩면 S₂
180- (ω₁+ω₂- 2φ)
흙 쐐기 abc에 작용하는 힘의 다각형
슬라이딩 면 S₁
슬라이딩면 S₂
흙 쐐기 abd, acd에 작용하는 힘의 다각형

도로 및 택지 L형 옹벽

니가타현 나가코시 지진으로 전도된 것은 왜?

小川谷 시내 간에쯔 자동차도로의 법면 옹벽

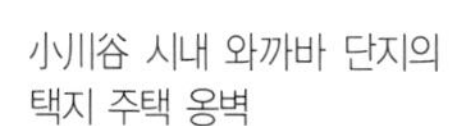

小川谷 시내 와까바 단지의 택지 주택 옹벽

Q

2004년 10월 23일에 발생한 니카타현 나가코시 지진에 의해 도로 및 주책의 법면에 시공한 L형 옹벽이 각지에서 전도되었다. 전도된 L형 옹벽은 높이 1~1.5m의 프리캐스트 제품이다. 위 2장의 사진에 나타낸 것처럼 종벽의 끝이 휘어져 잇다. "크론 식으로 구해진 상시토압은 지진 시 토압의 증가분을 포함하고 있다. 때문에 상시토압에 의해 설계된 옹벽은 강한 지진에도 견딜 수 있다"라는 지금까지의 관례가 무너지게 되었다. 프리캐스트 제품의 L형 옹벽이 지진 시 전도한 것은 왜일까?

A

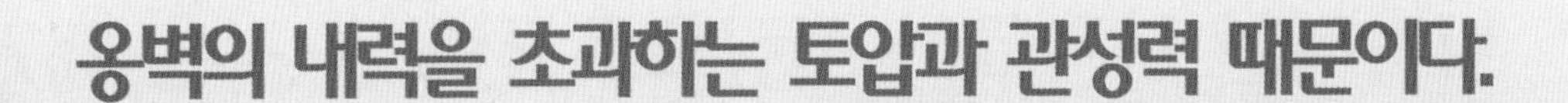

옹벽의 내력을 초과하는 토압과 관성력 때문이다.

니가타현 나카코시 지진에서 지금까지 경험하지 못할 정도로 강한 요동이 있었다. 같은 현의 소천곡 시내의 지진계는 동서방향으로 1308gal의 가속도를 기록했다. 1995년 한신대지진에서 관측된 818gal의 1.6배가 된다. 전도된 옹벽은 벽면이 동향 또는 서향으로 지진의 요동을 심하게 받아 상정했던 것을 초월한 토압과 관성력이 작용했다. 이로 인해 휨내력을 상회하는 휨 모멘트가 종벽 끝에 발생하여 옹벽이 휨파괴를 일으켰다고 생각된다.

전도된 옹벽은 니가타현 내에 있는 콘크리트 2차 제품으로 여러 회사에서 제작되었다. 그 가운데 1개 회사의 제조도면을 아래에 나타내었다. 옹벽의 안정성과 종벽의 응력도를 (사)일본도로협회가 발행한 『도로토공—옹벽공지침』에 근거하여 조사한 결과를 다음 페이지의 표에 나타내었다.

●L형 옹벽의 배근도

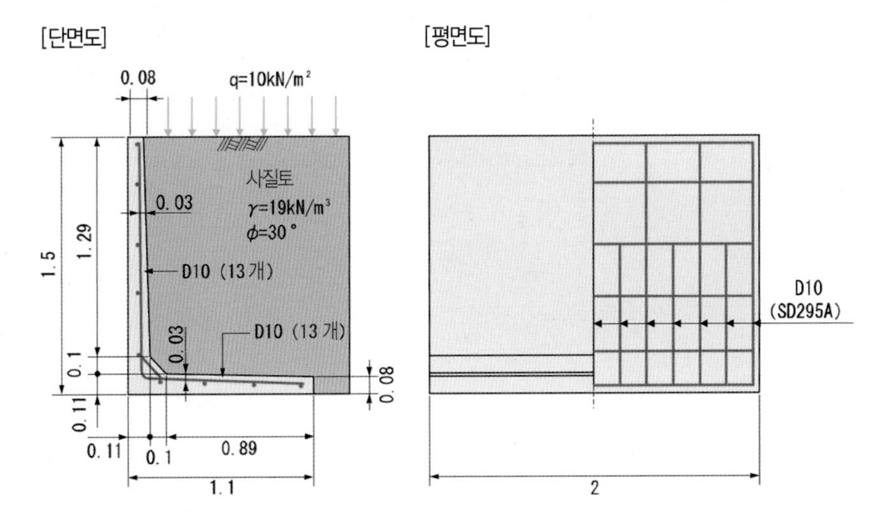

● 종벽 기부에 작용하는 휨 모멘트

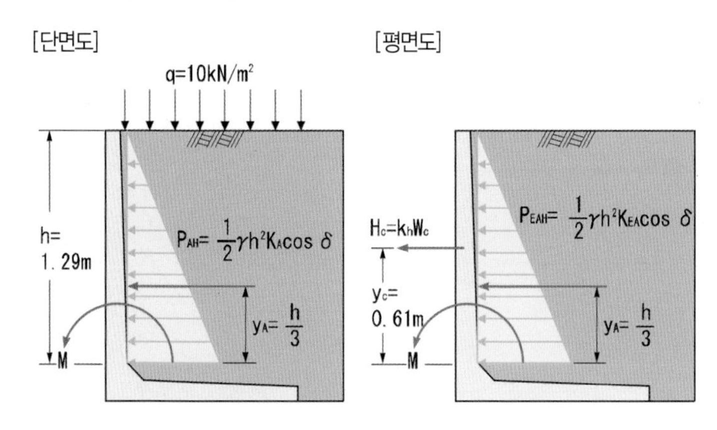

● L형 옹벽의 구조안전성 조사결과(부등기호의 우측은 허용치)

		상시	지진시($k_h=0.14$)
안정검토	합력 편심량	$e-0.10<ea=0.37$	$e=0.17<ea=0.37$
	활동 안전율	$F_s=2.1>1.5$	$F_s=1.7>1.2$
	최대 지반반력	$q_1=60<q_a=100$	$q_1=63<q_a=150$
종벽 응력도	콘크리트 휨 압축응력도	$\sigma_c=5<\sigma_{ca}=8$	$\sigma_c=3<\sigma_{ca}=12$
	철근 인장 응력도	$\sigma_s=130<\sigma_{sa}=160$	$\sigma_{sa}=90<\sigma_{sa}=270$

뒷 메우기 흙은 사질토라고 생각되므로 단위체적중량(γ)을 19kN/m^3, 전단저항각(ϕ)을 30도로 하여 시행 쐐기법으로 토압을 구하였다. 설계수평진도(k_h)는 지반종별을 I종, 지역구분을 B로 하여 대규모 지진에 대응한 0.14를 채택하였다.

위의 그림에 나타낸 바와 같이 토압과 관성력이 종벽의 기부에 작용한다고 전제해서 휨모멘트를 구하였다. 상시는 토압의 수평성분(P_{AH})이, 지진시에는 토압의 수평성분(P_{EAH})과 종벽의 관성력(H_c)이 각각 작용한다.

지진시 종벽의 응력도는 콘크리트의 휨압축응력도가 3N/mm^2, 철근 인장응력도가 90N/mm^{2}이 된다. 모든 허용응력도에 대해 충분한 여유가 있다. 종벽은 지진 시 파괴됨에도 불구하고 지진 시 응력도가 상시보다 작아지게 된다. 진도법에 근거하여 종래의 지진설계법에서 적절히 평가할 수 없다고 알려져 있다.

● K-NET 소천곡에서 관측된 가속도 기록

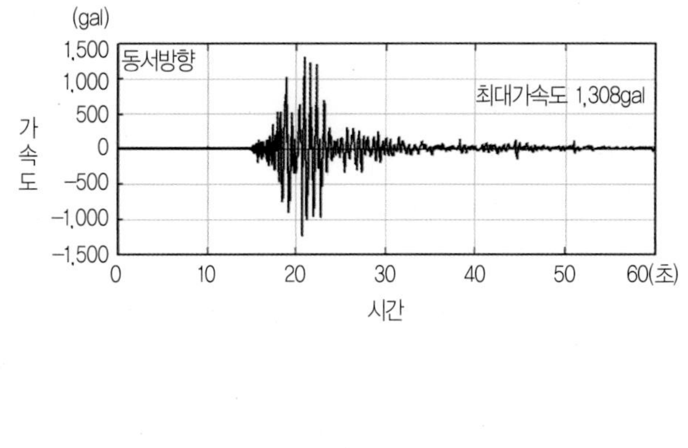

● 수평 진도와 종벽 기부에 작용하는 휨모멘트의 관계

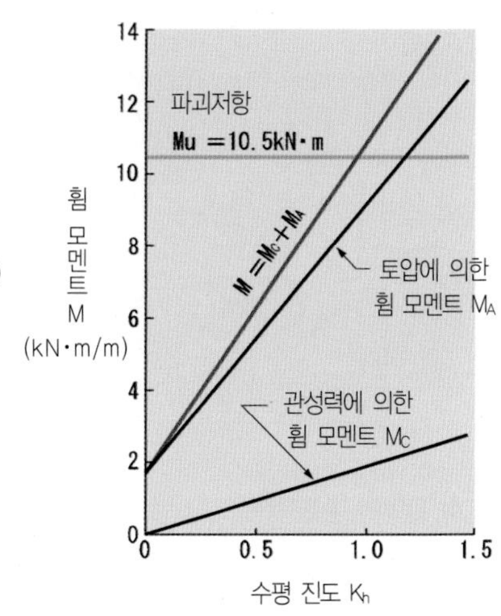

설계에서 약 10배의 지진동을 설정하였다

위 그림은 독립행정법인 방재과학기술연구소의 소천곡 시내의 지진동 관측점에서 'K-NET 소천곡'으로 기록한 동서방향의 가속도 파형이었다. 최대가속도는 1308gal, 수평진도는 1308÷980=1.33이 된다. 옹벽공지침에서 구한 설계수평진도보다 9.5배나 큰 수치이다.

전도된 L형 옹벽에 대해 수평진도와 종벽의 기부에 발생하는 휨 모멘트와의 관계를 계산해 보면, 위의 오른쪽 그림과 같다. 수평진도가 1.0(=980gal)이 되면, 종벽 기부에 발생하는 휨 모멘트(M)는 종벽의 파괴 저항 휨 모멘트(M_u)인 10.5kNm/m를 초과한다(계산식은 다음 페이지의 상자 참조). 또한 종벽에 작용하는 지진 시 토압은 뒷 채움 흙을 사질토라고 생각하여 도로교 시방식으로 구하였다.

옹벽공지침에서 시행 쐐기법이나 物部·岡部식을 사용하여 지진 시 토압을 계산하였다. 다만, 이런 식이 사용할 수 있는 것은 $K_h < \tan\phi$일 때 한정된다. 전단저항각(ϕ)이 30도이면 수평진도(K_h)가 0.57보다 크다고 계산할 수 없다.

도로교 시방서에서 레벨 1 지진동에 대한 物部·岡部식을 사용하였다. 요동이 강한 레벨 2 지진동에 대해서 수정 物部·岡部법으로 구한 토압계수을 이용하여 지진 시 토압을 계산하였다.

K-NET 소천곡에서 가속도 파형은 가속도가 980gal를 초과하는 파가 6개가 나타났다. 이로부터 종벽의 파괴 저항 모멘트를 초과하는 휨 모멘트가 반복하여 발생하여, 종벽을 파괴하였다고 생각한다.

파괴 저항 휨 모멘트란

철근 콘크리트의 파괴 저항 휨 모멘트는 압축 연 콘크리트의 변형률이 종국 변형률에 도달했을 때의 휨 모멘트이다. 예를 들어 콘크리트의 설계기준강도 σ_{ck}가 50N/mm^2 이하일 때는 0.0035이다.

철근이 인장의 측에 들어가지 않은 단철근 콘크리트 구조에서 축방향력이 작아 무시할 수 있을 때는 다음과 식으로 파괴 휨 모멘트를 구할 수 있다.

$$M_u = A_s\sigma_{sy}\left[d - \frac{A_s\sigma_{sy}}{1.7\sigma_{sy}b}\right]$$

A_s : 철근량, σ_{sy} : 철근의 항복강도

d : 부재의 유효높이 b : 부재의 유효 폭

135페이지 그림에 나타낸 옹벽의 종벽 기부는 A_s=927mm^2, σ_{sy}=295N/mm^2, d=80mm, σ_{ck}=24N/mm^{2}이므로

$$M_u = 927 \times 295 \times \left[80 - \frac{927 \times 295}{1.7 \times 24 \times 2000}\right]$$
$$= 20960000\text{N} \cdot \text{mm} \fallingdotseq 21.0\text{kN} \cdot \text{m}$$

가 된다. 이것은 제품 1개당(2m당)의 값이므로 1m당 파괴 저항 모멘트는 10.5kN · m가 된다.

레벨 2 지진동에 대한 토압계수

「도로토공-옹벽공 지침」에서 지진 시 토압은 시행 쐐기법 또는 物部·岡部식을 이용하여 계산하는 것으로 한다. 수치계산에서 시행착오하여 해를 구하는 방법과 미분법으로 구하는 수식 해의 차이가 있고 기본적으로 양쪽이 동일하다.

지진 시 토압 계수를 흙의 전단저항각(ϕ)이 30도의 경우와 45도의 경우에 대해 物部·岡部식으로 계산하면 다음 페이지의 그래프의 곡선이 된다. 다만 벽면은 수직으로 벽면 마찰각(δ)을 0으로 한다. 이 식에서 계산할 수 있는 것은 수평지진 $K_h < \tan\phi$의 범위에 한정된다.

동경대학 高間潤一 교수는 수정 物部·岡部법이라고 불리는 계산법을 제안하였다. 흙의 전단강도는 슬라이딩면이 발생할 때까지는 피크강도(ϕ_P)를 발휘하지만, 슬라이딩면이 발생하면 잔류강도(ϕ_r)까지 저하된다는 생각에 근거를 둔다.

오른쪽 그림의 파선인 휘어진 선이 수정 物部·岡部법으로 계산한 토압계수이다. 다만 ϕ_P =45도, ϕ_r =30도, 일차주동 파괴면은 k=0의 단계에서 발생한다는 조건으로 계산되었다. 수정 物部·岡部법에 의한 토압계수는 새롭게 주동 슬라이딩면이 발생할 때까지는 수평 진도의 증가에 따라 직선으로 변하게 된다.

도로교시방서에서 레벨 2 지진동에 대한 주동 토압계수는 수정 物部·岡部법에 의한 2차 주동파괴와 3차 주동파괴 사이의 직선 구간을 전후로 연결한 선으로 표시된 것으로서 토질이 사질토이며, 압작용면이 콘크리트의 경우는 다음으로 구해도 좋다.

● 지진 시 주동 토압계수

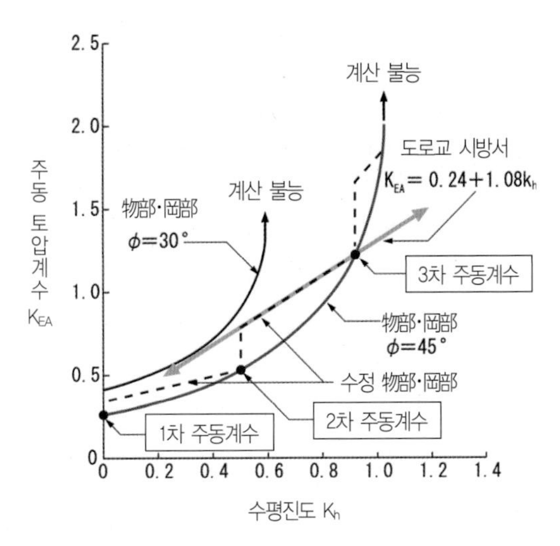

$$K_{EA} = 0.24 + 1.08k_h$$

근입 저항이 작아지면 전도하지 않는다

한편 동일한 사양으로 제조된 그것도 벽면을 동향 또는 서향에 설치됨에도 불구하고 파괴가 되지 않은 L형 옹벽이 있다(다음 페이지 사진 참조). 옹벽은 전도되지 않았으나 근입부의 수로가 파괴되었다. L형 옹벽에 있어서 근입부의 수동 저항의 크고 작음에 따라 달라졌다고 생각된다.

옹벽의 파괴 모멘트에는 전도, 활동, 종벽 휨 파괴의 3종류가 있다. 다음 페이지의 그림에 나타낸 바와 같이 종벽을 배면으로부터 전방으로 밀렸을 때 최초의 파괴 모드가 어떻게 나타날까 생각해 보자. 근입 저항이 없으면 19.6kN/m의 토압(P)을 작용한 시점에서 활동한다. 근입 저항(P_P)이 3.2kn/m보다 크면 22.8kN/m의 토압으로 종벽이 휨 파괴된다.

옹벽이 활동하면 활동저항력 이상의 힘은 옹벽에 전달되지 않는다. 즉 마찰 저항력 이상의 관성력은 작아지게 되고 활동한 옹벽은 파괴가 되지 않지만, 근입 저항력을 충분히 발휘한 옹벽은 종벽이 파괴된다고 생각할 수 있다.

지진에 대해 옹벽으로서의 기능을 유지하는 데에는 전도와 활동보다도 먼저 단면이 휨파괴를 일으키지 않은 것처럼 철근에 SD345 등 항복강도가 큰 재질을 사용하며, 철근 직경을 크게 하고 배근을 복철근으로 하는 등으로 휨 내력을 높일 필요가 있다.

● 옹벽 파괴모드

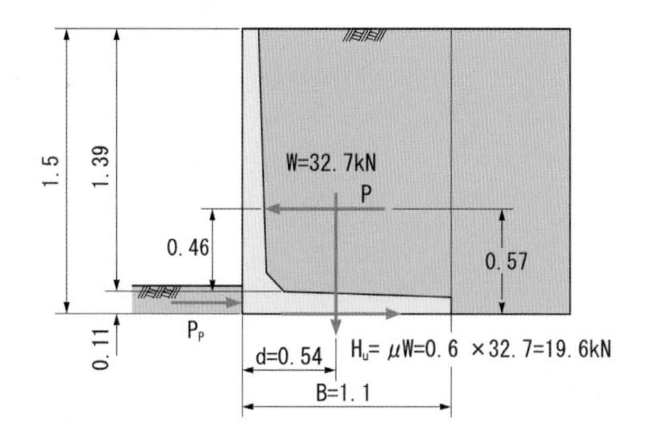

힘 파괴 시키는 데에는

$$P=\frac{10.5}{0.46}=22.8\text{kN/m}$$

전도시키는 데에는

$$P=\frac{0.54\times 32.7}{0.57}=31.0\text{kN/m}$$

활동시키는 데에는

$P=Hu+P_P=19.6+P_P$ (kN/m)

↑ 근입 저항

파괴가 되지 않은 L형 옹벽. 옹벽 본체는 무사했지만, 근입부의 수로가 파괴되었다.

배면에 굴착토를 임시로 한 중력식 옹벽

균열 발생의 메커니즘은?

● 건설 중 바이패스 도로의 단면도

[종단면도]

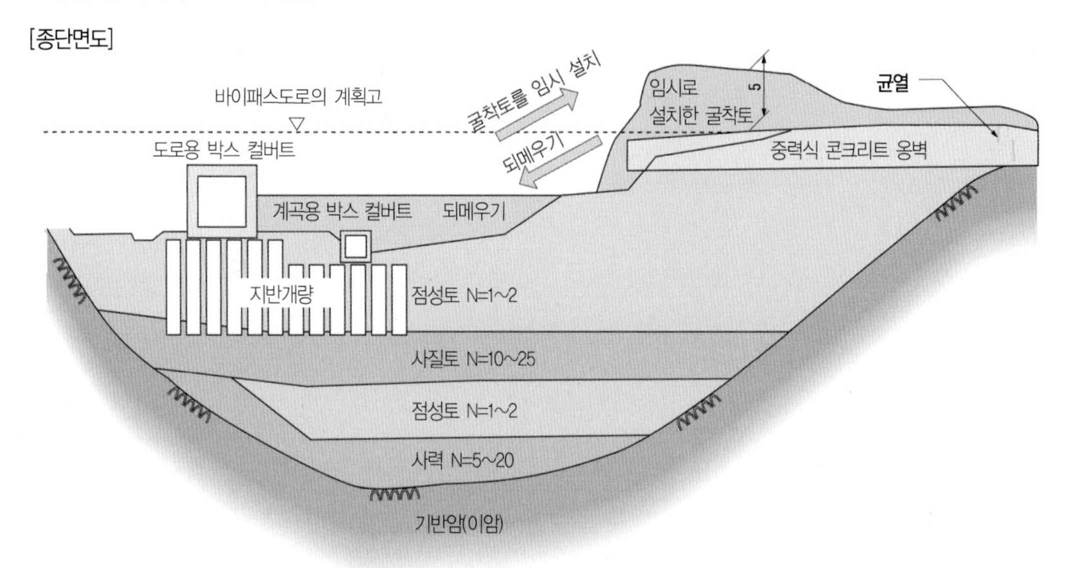

[횡단면도]

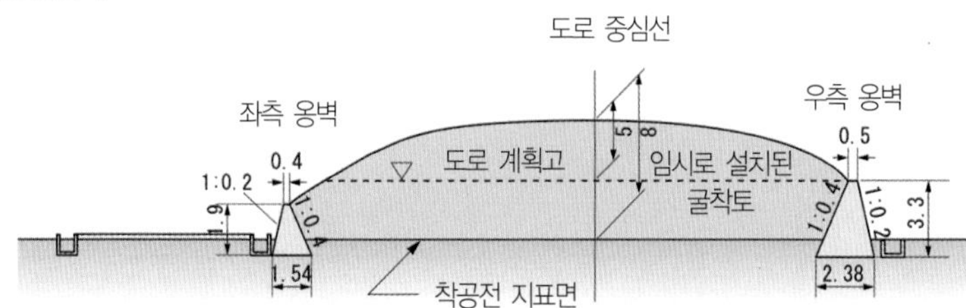

연약한 흙이 퇴적되는 협곡을 횡으로 자르는 형태로 바이패스가 건설되었다. 협곡 상부에 걸쳐 바이패스의 기점측에는 중력식 콘크리트 옹벽을 설치하였다. 협곡에는 2개의 박스 컬버트를 설치하기 위해 지반을 굴착하였다. 되메우기 위해 굴착토를 옹벽 배면에 임시로 설치한 옹벽의 이음이 열렸고 옹벽 본체에 수직방향으로 균열이 생겼다. 굴착토를 임시로 설치함으로써 토압이 증가하지만 않으면 옹벽은 도로의 횡단방향의 외측으로 향하여 경사져야 한다. 그런데 옹벽은 종단방향의 협곡으로 이동하여 이음이 열렸다. 왜 옹벽은 이와 같은 거동을 나타내면서 균열을 발생시킨 것일까?

지반 변형에 옹벽이 저항하였다.

굴착토를 높이 5m 정도로 쌓아 올리기 위해 그 아래의 연약한 층은 계곡 측을 향해 전단변형이 일어났다. 연약한 층의 변형에 따라 옹벽도 침하되면서 협곡 측으로 이동했다. 그러나 단부에 설치한 1span 분의 옹벽만은 기반암에 접하고 있었기 때문에 변위가 구속되었다. 그 span만으로 큰 휨 모멘트가 작용하여 수직방향의 균열이 발생했다고 생각된다.

옹벽의 콘크리트를 타설한 1개월 후 완성상태를 확인하기 위해 측량을 하고 있을 때 옹벽의 타설 이음이 열려져 있는 것을 확인하였다. 그후 6개월 후 옹벽 본체에 천정부터 아래쪽 방향으로 연결된 수직방향의 균열이 발견되었다.

시공이력을 조사해 보면 박스 컬버트를 설치하기 위해 굴착한 흙을 옹벽이 완성된 1주일 후에 옹벽의 배면에 임시로 설치한 것으로 판명되었다. 임시로 설치한 굴착토의 높이는 5m나 된다.

지반의 상황을 조사해보면 현장은 습지로 Ncl 1~2의 연약한 점성토와 부식토가 두껍게 퇴적되어 있다. 깊이 20m에 기반암이 되는 장소가 있었다. 앞 페이지의 그림처럼 성토로 인해 침하를 방지하기 위하여 지반개량을 실시하면서 협곡천의 물이 흐르는 박스 컬버트와 바이패스를 횡단하는 도로용 박스 컬버트를 설치할 계획이었다.

한편, 현장은 장소에 따라 연약한 층의 깊이가 크게 다르다. 옹벽에 균열이 발생한 장소에서 기반암이 지표면에 노출되고 있다. 연약한 층은 협곡 중심부로부터 균열이 발생한 옹벽이 있는 측을 향해 급격히 얇아지고 있었다.

옹벽 사이의 상대변위 계산방법

옹벽 배면에 대량의 굴착토를 임시로 설치함으로써 연약한 측의 지표면은 다음 페이지의 그림과 같이 속도 벡터를 가지고 변형된다고 생각된다. 연약한 층의 변형속도는 장소에 따라 다르다. 연약한 층이 두꺼운 협곡일수록 크고, 연약한 층이 얇을수록 작아지게 되는 것이다.

한편 옹벽은 강체이기 때문에 그 변형속도는 지반과 다르고 연속적으로는 변하지 않는다. 이음이 좁은 스팬마다 일정한 속도가 된다. 그림에 나타난 스팬 A의 평균속도를 V_A, 스팬 V_B의 평균속도를 V_B로 놓으면 옹벽 A와 옹벽 B의 상대변위는

$$\delta = \int V_A dt - \int V_B dt \quad \cdots\cdots\cdots (1)$$

가 된다.

여기서 상대변위의 크기는 문제가 되지 않기 때문에 계산을 하지 않는다. 대소는 별도로 하고 옹벽의 상대변위에 의해 타설 이음의 열림이 발생한다고 해석할 수 있다. 경사진 연약층 위에 성토하는 경우에는 주의가 필요하다.

● 옹벽 사이의 상대변위

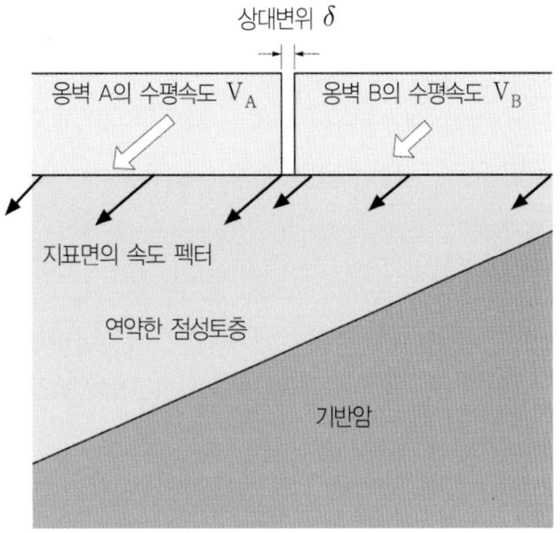

경사진 연약한 층이 전단변형을 일으킨다

임시로 설치된 굴착토의 높이는 도로의 계획면으로부터는 약 5m였지만, 착공 전의 지표면으로부터는 약 8m가 된다. 굴착토의 단위체적중량은 $18kN/m^3$로부터 착공 전 지표면에 걸리는 하중은 $144kN/m^2 (= 18kN/m^3 \times 8m)$인 것으로 추정할 수 있다.

그 때문에 굴착토를 임시로 설치한 지반은 지지력이 $144kN/m^2$ 이상이 되지 않으면 전단파괴를 일으키게 된다. 지반의 지지력은 지반면이 수평이라고 가정하면 점착력에 지지력계수 5.14를 곱하여 계산할 수 있다. 즉 점착력이 $28kN/m^2 (144kN/m^2 \div 5.14)$ 이상이 되지 않으면 안 된다. 실제에는 지반면은 수평이 아니고 25도 정도 경사져 있으므로 더욱 큰 점착력이 없으면 안정되지 않는다.

그런데 굴착토 아래의 지반은 연약층이므로 접착력은 $10 \sim 20kN/m^2$밖에 없는 것으로 추정할 수 있다. 임시로 설치된 굴착토의 하중에 견딜 수 없고 상자 속에 나타낸 바와 같이 전단변형이 발생한 것이라고 생각된다.

일반적으로 수평 지반 위에 성토하는 경우 지반은 침하되지만, 사면 위에 성토하는 경우 지반은 전단파괴되어 높은 쪽에서 낮은 쪽으로 이동한다. 특히 경사진 연약한 지반 위 성토는 주의해야 한다.

휨 모멘트의 계산방법

균열이 발생한 부분에 작용하는 휨 모멘트는 다음과 같은 순서로 계산한다.

이음의 위치로부터 균열이 발생한 위치까지의 구간 옹벽에 작용한 연직력은 횡단도에 나타낸 바와 같다. 옹벽의 자중(W)이 95.90kN/m, 굴착에 의한 주동토압의 연직성분(P_A)이 68.48kN/m이고 전체 연직력(w)은 164.38kN/m이라고 생각된다.

다만, 이 구간에서 성토의 높이는 3m, 성토의 단위체적중량(γ)은 19kN/m, 전단저항각(ϕ)은 30도로 가정한다. 또한 옹벽의 높이는 이 구간의 평균치를 채택하였다.

이음의 위치로부터 균열이 발생한 위치까지의 거리(ℓ)는 4m이므로 전체 연직력에 의해 균열이 발생하고 있는 위치의 휨 모멘트(M)는

$$M = \frac{1}{2}w\ell^2 = \frac{1}{2}\times 164.38 \times 4.0^2$$
$$= 1315\text{kN} \cdot \text{m}$$

가 된다.

●옹벽에 작용하는 응력

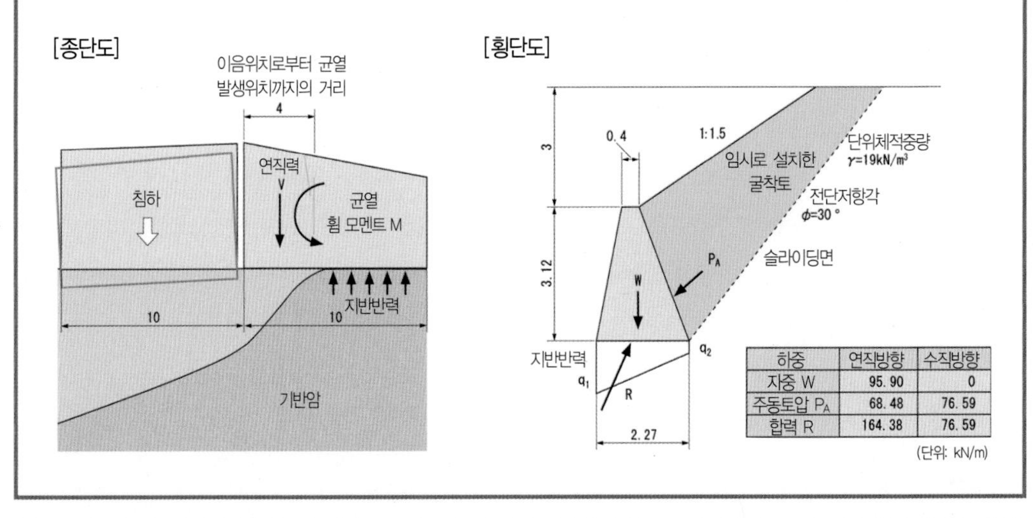

하중	연직방향	수직방향
자중 W	95.90	0
주동토압 P_A	68.48	76.59
합력 R	164.38	76.59

(단위: kN/m)

* 지지계수는 지반의 전단저항각에 의해 정해지는 계수로 다양한 수치와 계산식이 제안되고 있다. 여기서 그란톨의 지직력 공식을 채택하였다. 지지지반은 점성토이기 때문에 ϕ=0으로 가정하면 그란톨의 지지력 계수는 5.14($\fallingdotseq 2+\pi$)가 된다.

휨 인장응력도의 계산방법

균열이 발생한 위치에서 옹벽의 단면성능은 아래 그림과 같이 된다. 이러한 수치는 그림 아래의 계산식으로 구해진다.

이러한 수치를 근거로 하여 휨 인장응력도(σ_t)와 허용 휨 인장응력도(σ_{ta})를 구한다. 또한 옹벽에 사용된 콘크리트의 설계기준강도(σ_{ck})는 18N/mm^{2}이다.

$$\sigma_t = \frac{M}{I_x}(H - y_G) = \frac{1315}{7.276} \times (2.94 = 1.129)$$
$$= 327\text{kN/m}^2 = 0.33\text{N/mm}^2$$
$$\sigma_{ta} = \frac{\sigma_{ck}}{80} = \frac{18}{80} = 0.23\text{N/mm}^2$$

계산결과는 휨 인장응력도가 허용치를 초과하는 것으로 나타나고 있다.

● 옹벽의 단면성능

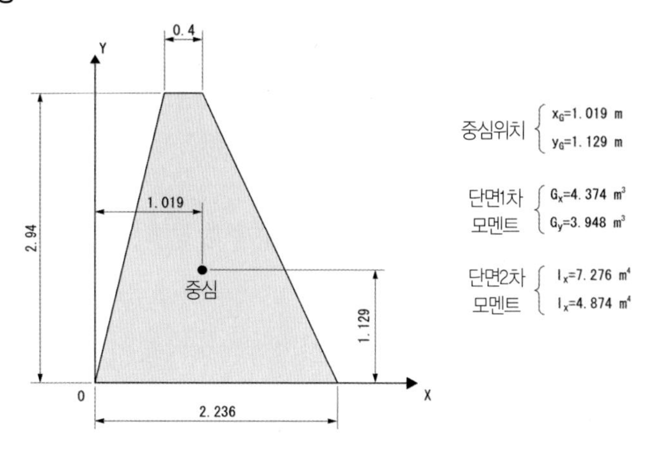

$$\text{단면적} \quad A = \frac{1}{2}\Sigma(x_{i+\ell} \cdot y_i - x_i \cdot y_{i+\ell})$$
$$G_y = -\frac{1}{2}\Sigma(y_{i+\ell} - y_i)\left\{x_i^2 + \frac{1}{3}(x_{i+\ell} - x_i)(x_{i+\ell} + 2x_i)\right\}$$
$$G_x = -\frac{1}{2}\Sigma(x_{i+\ell} - x_i)\left\{y_i^2 + \frac{1}{3}(y_{i+\ell} - y_i)(y_{i+\ell} + 2y_i)\right\} \quad \cdots\cdots (2)$$
$$x_G = \frac{G_y}{A}, \quad y_G = \frac{G_x}{A}$$

$$I_x = \frac{1}{3}\Sigma(x_{i+\ell} - x_i)\left\{y_i^3 + \frac{3}{2}y_i^2(y_{i+\ell} - y_i) + y_i(y_{i+\ell} - y_i)^2 + \frac{1}{4}(y_{i+\ell} - y_i)^3\right\}$$
$$I_y = \frac{1}{3}\Sigma(y_{i+\ell} - y_i)\left\{x_i^3 + \frac{1}{6}(x_{i+\ell} - x_i)(x_{i+\ell} + 2x_i)^2 + \frac{1}{12}(x_{i+\ell} - x_i)^3\right\} \quad \cdots (3)$$

단부의 옹벽에 캔틸레버 보와 같은 거동이 나타났다

옹벽의 타설 이음 열림은 지반의 변형으로 설명할 수 있지만, 옹벽 본체에 발생한 균열은 각각으로만 설명할 수 없다. 옹벽을 지지하는 지반이 변형되더라도 옹벽은 추종하여 침하만 일어나고 균열이 발생하려는 힘은 작용되지 않기 때문이다.

바꾸어 말하면, 옹벽 단부의 스팬에는 균열이 발생하는 힘만 작용하게 된다. 이 부분의 옹벽을 통해서 기반암에 접하고 있음을 시공이력으로부터 알았다. 변위가 구속되어 도로의 종단방향으로 캔틸레버 보와 같은 거동이 나타나고 변형된 연약한 층과 기반암과의 경계부근에서 큰 휨 모멘트가 작용된다고 생각한다(140페이지의 상자 참조).

실제 균열이 발생한 부분에는 어떤 응력이 작용하고 있을까? 설계결과는 작용하는 휨 인장응력도 0.33N/mm^{2}에 대해 허용 휨 인장응력도는 0.23N/mm^{2}였다는 것을 나타내고 있다(141페이지 상자 참조). 즉 허용응력도를 초과하는 응력이 작용하게 된다.

또한 허용응력도에는 안전율이 가미되어 있으므로 그 값을 초과하더라도 반드시 균열이 발생하는 것은 아니다. 그러나 옹벽에는 토압 이외에 지반의 변형에 의한 연직하중도 걸리고 있기 때문에 기반암에 의한 구속이 균열의 원인이 되었다고 판단된다.

굴착토를 제거하면서부터 옹벽을 보강해야 한다

옹벽의 배면에 임시로 설치하고 있던 굴착토를 제거한 후 옹벽의 침하와 이음의 열림, 균열 진행 모두는 정지되고 있다. 향후 피해는 확대되지 않을 것으로 판단된다. 그렇지만 현상 그대로 방치해 두면 다음과 같은 문제가 발생할 우려가 있다. ① 강우 시 옹벽 배후의 성토가 이음의 열림으로부터 유출될 수 있다. ② 균열로부터 물이 스며들어 콘크리트의 열화가 촉진된다. ③ 옹벽의 침하에 의해 도로가 계획고에 부족하게 된다.

그래서 다음과 같은 처리를 하였다. 이음의 열림으로부터 성토를 유출하는 것을 방지하기 위해 옹벽의 배면에 흡수하여 나오는 방지재(필터)를 설치하여 이음의 열림부에 콘크리트를 충전시킨다. 균열의 보수에는 일반적으로 주입공법을 채택한다. 표면을 피복과 점착 테이프 등으로 실링하여 저점성 에폭시 수지 및 폴리에스테르, 폴리머 시멘트로 된 재료를 펌프 등으로 압력을 주어 주입하였다. 균열폭이 0.2mm보다 작은 개소에서 주입이 곤란하므로 저점성 에폭시 수지 등을 함유한 것으로 표면을 덮었다. 계획고가 부족한 개소는 옹벽의 천정 단부를 치핑하여 콘크리트로 덮어 메웠다. 덮어 메우는 양이 50mm 미만인 개소는 치핑하여 50mm 이상을 확보하도록 하였다.

블록쌓기 옹벽

기준에 맞추어 만들었는데 전도된 이유는?

● 전도된 블록쌓기 옹벽의 단면도

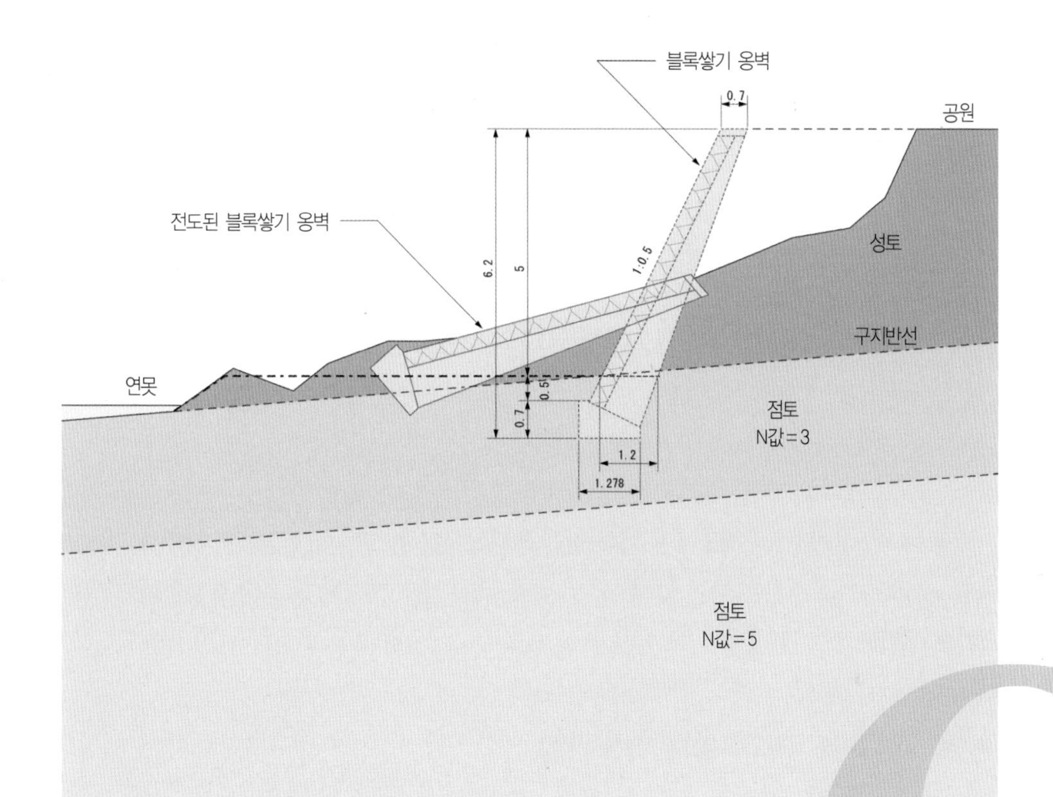

Q

어느 지방도시의 교외에서 주택지에 인접한 저지대를 성토하여 조성하였다. 성토를 지지하는 블록 담식 옹벽을 점토지반 위에 5m의 높이로 건설하였다. 옹벽이 완성된 후 수 개월 동안은 아무런 이상이 없었지만, 비가 내린 후 갑자기 전도되었다. 소규모의 조성공사였기 때문에 시공 전에 지반조사는 실시하지 않았다. 설계에서 '주택조성 등 규제법'의 토질구분에 따라 옹벽의 표준단면을 채택하였다. 전도 후에 표준단면의 안정계산을 실시한 결과, 옹벽의 안전성에는 문제가 없었다. 그럼에도 불구하고 옹벽은 왜 전도되었을까?

A

실제 지반은 연약 점토였다.

주택 조성 등 규제법은 지반조건의 설정방법이 분명하지 않다. 점토지반의 경우는 특히 지지력을 판별하기가 어렵다. 성토 후 아직 안정을 유지하고 있지만, 강우에 의한 지하수위의 상승으로 유효응력이 감소하여 원호 슬라이딩이 발생하였으며, 옹벽도 전도되었다.

주택조성 등 규제법에는 지반의 토질에 따라 옹벽의 경사와 높이, 깊이의 조합을 결정하도록 되어 있다. 그 규정에 따라 실제 설계를 하여 시공하였음에도 불구하고 옹벽은 전도되었다. 채택된 표준단면을 안정계산에 의해 확인해 보니 옹벽의 전도와 지반의 슬라이딩 모두 허용치를 만족하였다.

옹벽이 전도된 원인을 해명하기 위해 지반조사를 실시하였다. 이 현장에서 사전에 지반조사를 실시하지 않고 시공 시에 알게 된 것은 현장부근에서 과거에 실시한 조사결과에 의한 N값뿐이었다.

● 지반조사의 결과를 바탕으로 계산한 지반의 안정성

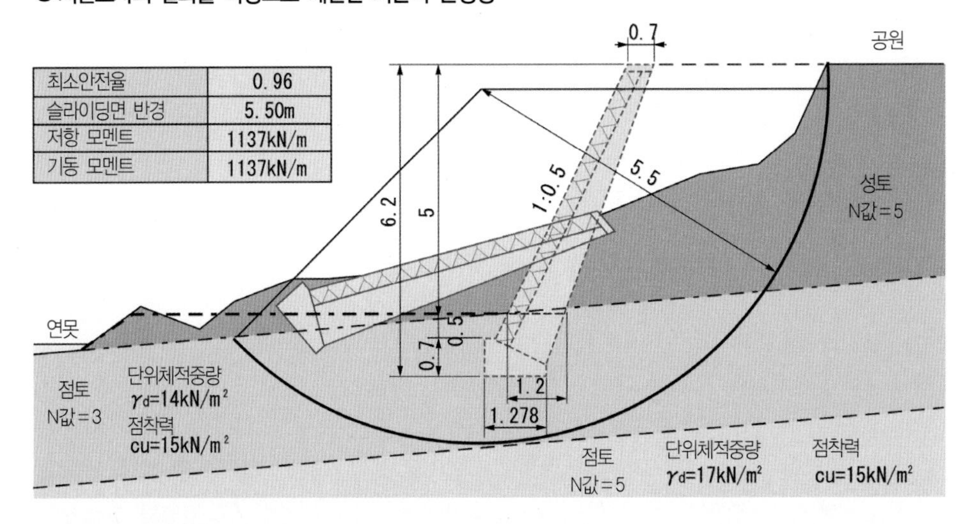

지반조사의 결과, 옹벽의 지지지반은 점착력이 15kN/m^{2}의 연약한 점토임을 알았다. 이 결과를 바탕으로 원호 슬라이딩 계산에 의해 지반의 안정성을 검증하였다. 이때 지하수위는 지표면으로 설정하였다. 계산결과는 앞 페이지 그림이다. 안전율은 0.96밖에 없고, 성토를 포함한 지반 전체가 불안정한 상태였다.

지하수위가 깊으면 지반은 안정이 확보되지만 강우에 의해 지하수가 상승한다. 지반의 유효응력이 작아지기 때문에 원호 슬라이딩이 발생하여 옹벽이 전도되었다고 생각된다.

주택조성 등 규제법의 의한 규정

주택 조성 등 규제법시행령8조는 블록쌓기옹벽 등 담식 옹벽의 구조를 규정하고 있다. 동조1은 '옹벽의 경사, 높이 및 하단부분의 깊이가 이전의 토질에 따라 별표제4에 정하는 기준에 적합하고, 또한 옹벽의 상단 깊이가 옹벽의 설치된 지반의 토질이 동표 상란(주: 아래 표 참고)의 제1종 또는 제2종에 해당될 때는 40cm 이상, 그 외 70cm 이상으로 한다'고 되어 있다.

이 사례의 경우 토질은 점성토 등이므로 '기타 토질'이 된다. 옹벽의 경사를 63.4도(1:0.5), 높이를 5m로 하면, 옹벽의 하단부분의 두께는 120cm로 결정된다. 상당부의 두께는 위 조의 내용으로부터 70cm가 된다.

●주택 조성 등 규제시행령의 별표제4

토질		옹벽		
		경사	높이	하단부의 두께
제1종	암, 바위, 자갈 또는 자갈이 섞인 모래	75도 초과 75도 이하	2m 이하	40cm 이상
			2m 초과 3m 이하	50cm 이상
		65도 초과 70도 이하	2m 이하	40cm 이상
			2m 초과 3m 이하	45cm 이상
			3m 초과 4m 이하	50cm 이상
		65도 이하	3m 이하	40cm 이상
			3m 초과 4m 이하	45cm 이상
			4m 초과 5m 이하	60cm 이상
제2종	규사토, 경질점토, 기타 관련된 것	70도 초과 75도 이하	2m 이하	50cm 이상
			2m 초과 3m 이하	70cm 이상
		65도 초과 70도 이하	2m 이상	45cm 이상
			2m 초과 3m 이하	60cm 이상
			3m 초과 4m 이하	75cm 이상
		65도 이하	2m 이하	40cm 이상
			2m 초과 3m 이하	50cm 이상
			3m 초과 4m 이하	65cm 이상
			4m 초과 5m 이하	80cm 이상

토질		옹벽		
		경사	높이	하단부의 두께
제3종	그외 토질	70도 초과 75도 이하	2m 이하	85cm 이상
			2m 초과 3m 이하	90cm 이상
		65도 초과 70도 이하	2m 이하	75cm 이상
			2m 초과 3m 이하	85cm 이상
			3m 초과 4m 이하	105cm 이상
		65도 이하	2m 이하	70cm 이상
			2m 초과 3m 이하	80cm 이상
			3m 초과 4m 이하	95cm 이상
			4m 초과 5m 이하	120cm 이상

블록쌓기 옹벽의 안정계산

뒤메우기 흙의 조건

단위체적중량(γ)은 18.00kN/m^3, 내부 마찰각(ϕ)은 30도, 점착력(c)은 0.00kN/m^2, 재하중량(q)은 5.00kN/m^{2}이다.

토압의 산출

시행 쐐기법에 의해 이하의 산출식으로 주동토압(P_A)을 산출한다.

$$P_A = \frac{W\sec\theta\sin(\omega-\phi+\theta)-c\ell\cos\phi}{\cos(\omega-\phi-\alpha-\delta)}$$

$$\theta = \tan^{-1}k_H$$

여기서 계산결과만을 표시하였다.

ω(deg)	b(m)	ℓ(m)	W(kN/m)	P_A(kN/m)
42	4.41	9.27	267.87	57.35
43	4.17	9.09	253.46	58.97
44	3.94	8.93	239.57	60.23
45	3.72	8.88	226.18	61.14
46	3.51	8.62	213.24	61.73
47	3.30	8.48	200.74	62.00
48	3.10	8.34	188.63	61.95
49	2.91	8.22	176.90	61.61
50	2.72	8.09	165.42	60.97
51	2.54	7.98	154.47	60.05
52	2.36	7.87	143.73	58.85

주동 슬라이딩각 $\omega_A = 47$도

주동토압합력 $P_A = 62.00\text{kN/m}$

주동토압연직성분

$$P_{AV} = P_A \sin(a+\delta) = -1.949\text{kN/m}$$

주동토압 수평성분

$$P_{AH} = P_A \cos(a+\delta) = 61.967\text{kN/m}$$

토압합력 작용 위치

$$x_A = B + nr \times$$

$$y_A = 2.00\text{m}$$

$$y_A = H \div 3 = 2.07\text{m}$$

하중의 집계

하중	연직력 V(kN/m)	수평력 H(kN/m)	암(m)		모멘트V(kN/m)	
			x	y	V_X	H_Y
옹벽의 자중	143.97	0.00	1.76	2.79	253.87	0.00
토압	−1.95	61.97	1.997	2.07	−3.89	128.07
계	142.02	61.97			249.98	128.07

연직력 $\Sigma V = 142.02\text{kN/m}$

수평력 $\Sigma H = 61.97\text{kN/m}$

모멘트 $\Sigma M = 121.91\text{kNm/m}$

변위법의 계산

옹벽의 안정은 변위법에 의해 계산한다. 계산방법은 『기본으로부터 알게 되는 토질의 트러블 회피술(日経BP社)』에 상세히 기술되어 있으므로 생략한다. 계산 결과, 얻어진 지반내력을 다음과 같이 나타내었다.

옹벽 저면의 암반반력

연직방향 $Q_V = 139.7\text{kN/m}$

수평방향 $Q_H = -67.9\text{kN/m}$

옹벽배면의 지반반력 $Q_t = 6.4\text{kN/m}$

앞굽판으로부터 합력작용 위치까지의 거리

$$d = 0.603\text{m}$$

$$e = B \div 2 - d = -0.018\text{m}$$

안정계산

(1) 전도에 대한 검토

하중의 편심량

$$|e| = 0.017\text{m}$$

허용 편심량

$$ea = B \div 3 = 0.390\text{m} > 0.017\text{m}$$

하중에 의한 저항 모멘트

$$M_r = 243.24\text{kNm/m}$$

하중에 의한 전도 모멘트

$$M_o = 119.32\text{kNm/m}$$

안전율 $$Fs = \frac{M_r}{M_o} = 2.039 > 1.2 \text{ (안정)}$$

(2) 활동에 대한 검토

마찰계수 $\mu = 0.5$

수동토압(P_P)

근입깊이 $D_f = 1.20\text{m}$, 근입지반 단위체적중량 $\gamma_1 = 14.00\text{kN/m}^3$,

내부마찰각 $\phi_1 = 0.00$도, 접착력 $c_1 = 15.00\text{kN/m}^2$.

$$K_P = \tan^2\left(\frac{\pi}{4} + \frac{\phi}{2}\right) = 1.00$$

$$P_P = \frac{1}{2}\gamma_1 D_f^2 K_P + 2_{C1} D_f \sqrt{K_P}$$

$$= 46.080\text{KN/m}$$

안전율 $$Fs = \frac{Qv\mu + 0.5P_P}{-Q_H}$$

$$= 1.37 > 1.20 \text{ (안정)}$$

(3) 지지력에 대한 조사

극한지지력도 $q_d = 300.0\text{kN/m}^2$

최대지반반력도 q_{max} = 옹벽저면의 연직 후단의 지반반력도 q_{v2}

$$= \frac{Q_v}{B}(1 - \frac{6e}{B}) = 130.42kn/m^2$$

안전율 $Fs = \frac{q_d}{q_{max}} = 2.30 > 2.00$ (안정)

● **계산 모델도**

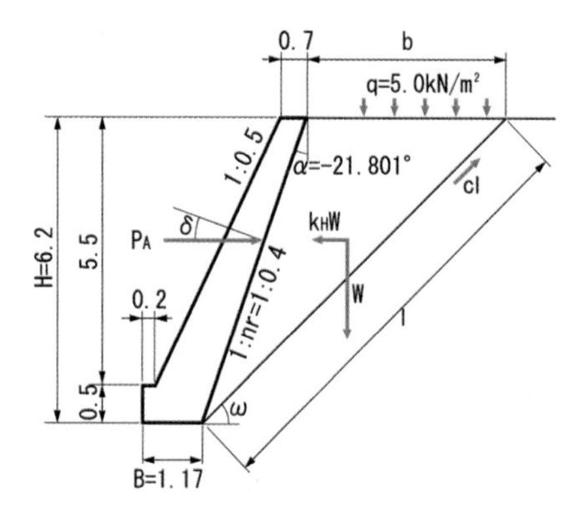

● **해석 모델**

(a) 변위 모드

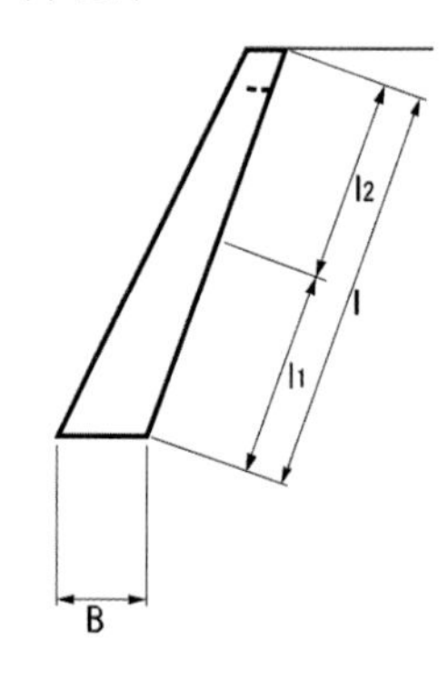

(b) 지반반력

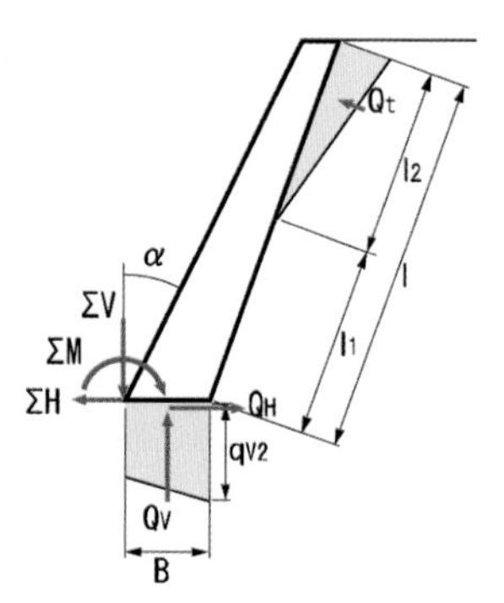

(c) 해석 모델

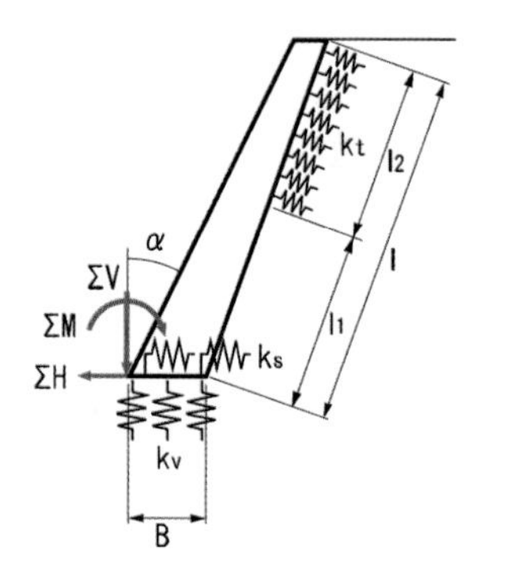

N값을 사용하지 않고 이론식으로 계산한다

일반적으로 소규모인 주택조성 등에 채택하는 옹벽에서는 주택조성등규제법의 규정값을 만족하는가가 설계의 판정기준이 된다. 지반조건에 따라서 옹벽의 사양은 결정되지만, 지반조건을 설정하기 위한 정량적인 판정기준은 나타나 있지 않다.

소규모인 조성공사의 경우, 충분한 지반조사를 실시하지 않은 경우가 많다. 설사 조사를 실시하더라도 N값 정도의 정보밖에 없는 경우가 대부분이다. 점성토의 경우 N값만으로 지반의 지지력을 추정하는 것은 어렵다.

일본건축학회편집 이전의 건축기초구조설계규준은 N값와 장기허용지내력을 대응시킨 장기허용지내력표를 기재했다. 도로교시방서에도 동일한 표를 기재하고 있다. 이 때문에 지반의 지지력은 N값만으로 결정된다고 잘못 생각하는 기술자가 많다.

N값이 커지게 되면 흙의 내부마찰각와 점착력도 커지기 때문에 지반의 지지력도 커지게 된다. 그러나 그것은 '경계조건'이 동일한 경우에 한정된다. 경계조건이란 것은 기초의 치수와 형상, 기초의 근입 깊이, 하중의 크기와 작용하는 각도이다. N값이 동일하더라도 경계조건이 다르면 지지력은 전혀 달라지게 되는 것이다.

2001년 10월에 개정된 『건축기초구조설계지침』과 2003년 3월에 개정된 『도로교시방서·동해설』 등 새로운 기술기준에는 장기허용내력표는 기재되지 않았다. 지반의 지지력을 이론식으로 산출하는 것이다. 흙의 내부마찰각과 접착력, 흙의 단위체적중량, 기초의 근입깊이, 기초의 치수, 기초에 작용하는 가중의 편심량과 경사각 값이 필요하게 된다. N값은 직접적으로 관계되지 않는다.

사질토 지반의 경우는 , N값을 바탕으로 경험식에 의해 내부마찰각을 추정하게 되어 있다. 점성토와 같은 지지력이 부족할 우려가 있는 지반의 경우는 이론적으로 지지력을 구하여 옹벽을 건설하는 것이 이와 같은 트러블을 회피하는 가장 유효한 방법이다.

경량성토로 대책공사를 한다

전도된 옹벽의 복구에 있어서 지반의 지지력이 부족한 경우의 대책은 크게 나누어 2가지의 방법이 있다.

하나는 흙의 저항력을 증대시키는 방법인데, 옹벽의 전면에 누름 성토를 실시하거나 지반개량을 하여 흙의 전단강도를 높이는 것이다. 그러나 이런 현장에서 누름성토를 할 수 있는 여분의 땅이 없을 때는 지반개량을 하려고 해도 규모가 작기 때문에 비경제적이다.

다른 하나는 슬라이딩 하중을 경감시키는 방법으로서 발포 스티로폼(EPS)에 의한 경량성토공법을 채택한다. 사용한 EPS 양은 원호 슬라이딩의 안전율 1.21을 확보할 수 있는 양으로 한다.

● 이전 건축기초구조설계규준에 기재되어 있었던 장기허용지내력표

지반		장기허용지내력 (t/m²)	비고 N값	비고 Nsw값
토난반(土丹盤)		30	30 이상	
역층	밀실	60	50 이상	
	밀실하지 않음	30	30 이상	
사질지반	밀실	30	30~50	400 이상
	중간	20	20~30	250~400
		10	10~20	125~250
	이완	5	5~10	50~125
	매우 이완	3 이하	5 이하	50 이하
점토질지반	매우 단단함	20	15~30	250 이상
	단단함	10	8~15	100~250
	중간	5	4~8	40~100
	연함	3	2~4	0~40
	매우 연함	2 이하	2 이하	Wsw100 이하**
관동 loam	단단함	15	5 이상	50 이상
	약간 단단함	10	3~5	0~50
	연함	5 이하	3 이하	Wsw100 이하**

* 스웨덴식 사운딩 시험의 관입량 1m당 반회전수

** 동 시험에서 100kgf의 하중만으로 관입이 진행되는 경우

● 경량성토공법에 의한 대책공사의 개요도

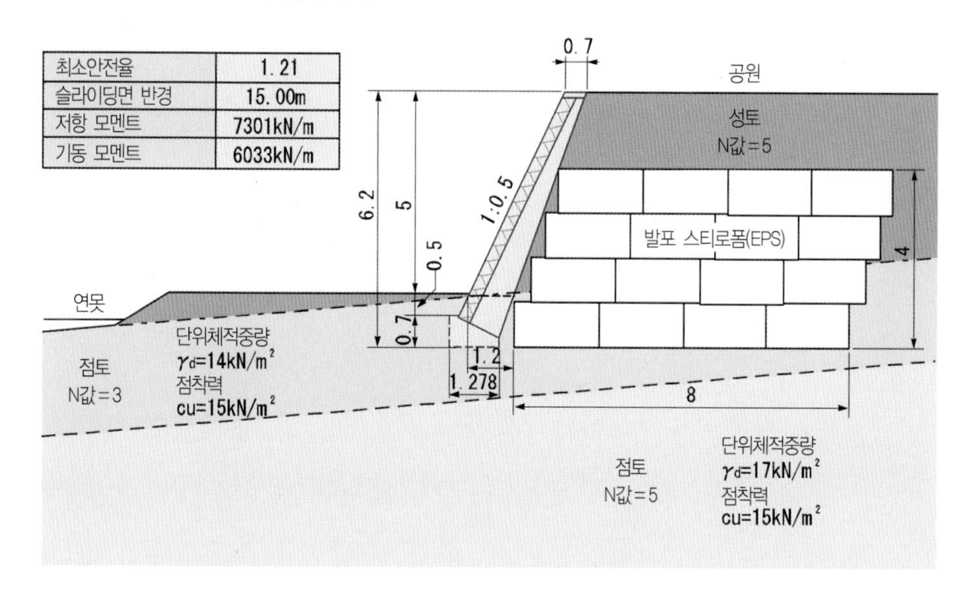

사면상 보강토벽

성토 시공 중에 변상한 이유는?

●균열 등의 변상이 발생한 보강토벽

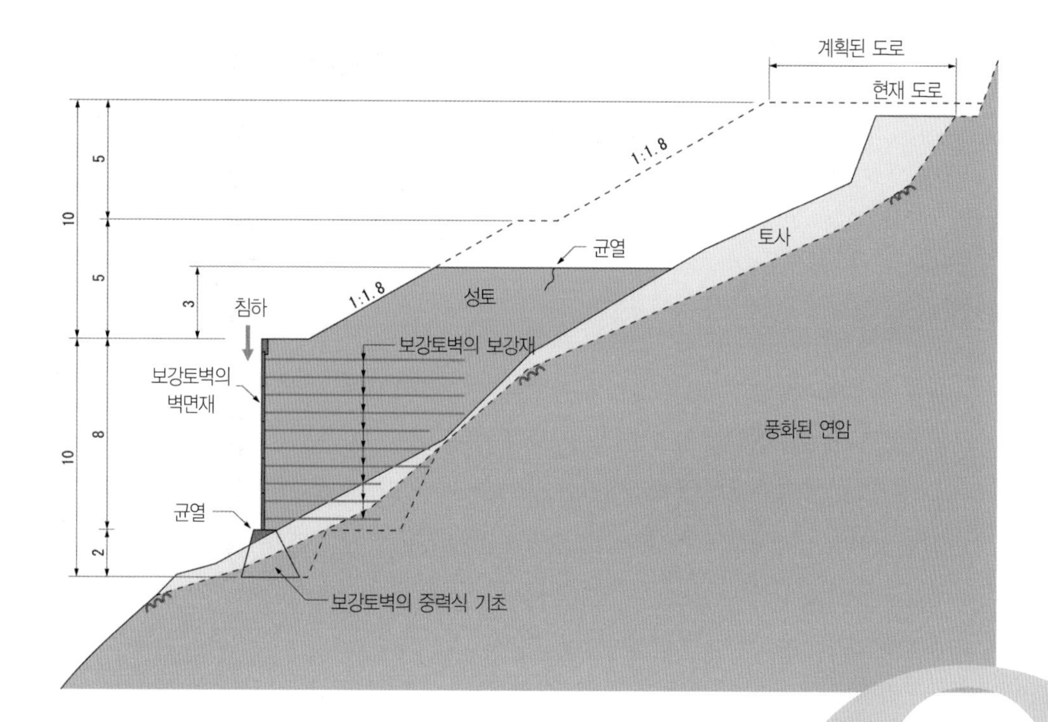

Q

산악도로를 만들기 위해 풍화된 연암의 위에 먼저 높이 10m의 보강토벽을 시공하였다. 보강토벽을 완성한 후 성토하여 법면을 조성하는 공사를 개시하였다. 강우가 연일 계속되던 어느 날, 높이 3m까지 성토된 단계에서 성토의 상면에 균열이 발생하였다. 또한 보강토벽의 벽면재가 침하되고 기초에 균열이 발생하는 등 변상이 발생하였다. 시공자는 지반 굴착 시 설계에 설정된 것보다도 풍화가 진행된 암반이 있음을 확인하였다. 그러나 설계대로 시공하였고, 특별한 배수대책도 하지 않았다. 어떤 메커니즘으로 보강토벽에 변상이 발생할 것일까?

기초부의 암반을 통과하는 슬라이딩이 발생했다.

보강토벽을 지지하고 있는 기초지반에는 설계 시 설정한 것보다도 풍화가 현격히 진행된 암반이 존재하였다. 또한 기초부분의 배수대책이 충분하지 않았다. 강우에 의해 간극수압이 상승하여 지반의 전단강도가 저하되었다. 그 결과, 보강토벽의 기초부분을 통과하는 슬라이딩 파괴가 발생하여 보강토벽에 변상이 발생하였다.

보강토벽에 변상이 발생한 원인을 규명하기 위해 보링조사를 실시하였다. 그 결과, 보강토벽을 지지하고 있는 기초암반에는 설계단계에서 설정한 것보다도 풍화가 진행된 강풍화 연암이 존재하고 있음을 알았다. 또한 보링 구멍을 이용하여 지중변위를 계측해 보니 2개의 원호와 직선이 조합된 복합형상의 슬라이딩면이 있음을 알았다. 슬라이딩면은 아래의 그림과 같이 성토 상면의 균열개소로부터 강풍화 연암과 풍화 연암의 경계를 통과하여 기초의 저부까지 연결되어 있었다. 이런 슬라이딩면에 대해 안정해석을 실시하여 강풍화 연암의 전단강도를 추정하였다.

● 2개의 원호와 직선이 조합된 슬라이딩면의 형상

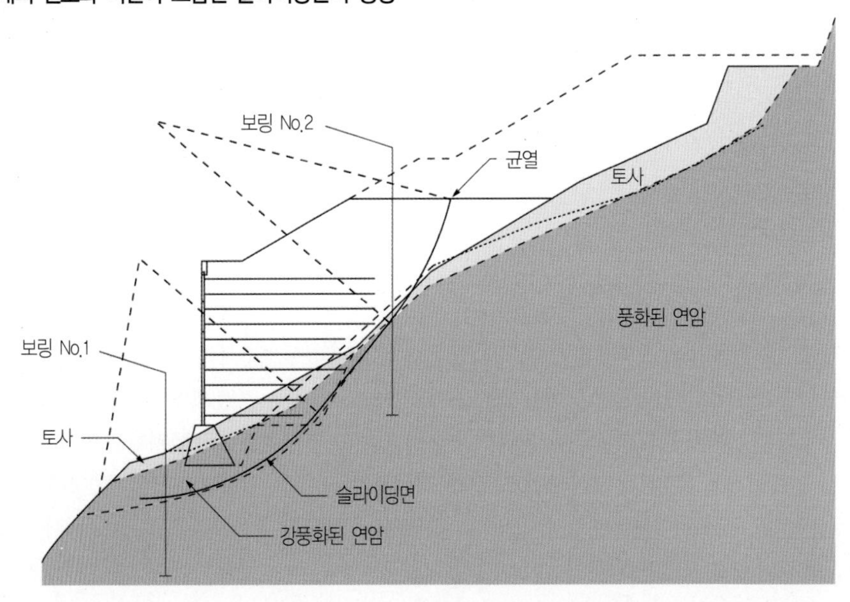

설계 시의 설정과 실제의 슬라이딩면

보강토벽의 설계 매뉴얼에서 보강토벽을 포함한 사면 전체의 안정에 대해 '원호 슬라이딩면 법'이라고 불리는 해석기법에 의해 검토하게 된다. 그러나 실제 지반에서 원호와 직선을 조합시킨 복합 슬라이딩이 발생하는 경우가 많다.

보강토벽에 변상이 발생한 금회의 사례에서는 설계 단계에서 슬라이딩면의 형상을 원호로 가정하였다(왼쪽 아래의 그림 참조). 슬라이딩면의 안전율을 계획안전율 1.2보다도 높은 1.25로 하였다. 그런데 실제의 슬라이딩면은 1개의 원호뿐만 아니라 반경이 다른 2개의 원호와 직선을 조합시킨 형상이었다(오른쪽 아래의 그림 참조). 안전율도 1.0와 계획 안전율 1.2를 밑돌았다.

특히 이번 사례처럼 사면 위 보강토벽을 설치하는 경우, 사전에 지질조사를 충분히 실시하는 동시에 원호 슬라이딩뿐만 아니라 원지반의 약한 층을 통과하는 복합 슬라이딩에 대해서도 폭넓은 검토가 필요하다.

● 설계 시의 설정과 실제의 슬라이딩면과의 차이

[설계 시 설정한 슬라이딩면]

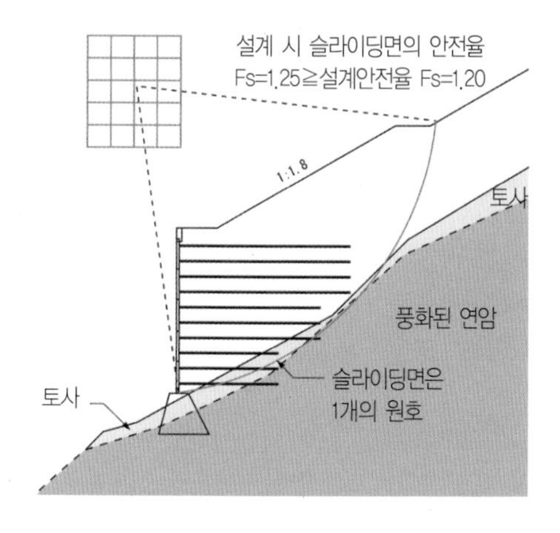

[실제 슬라이딩면]

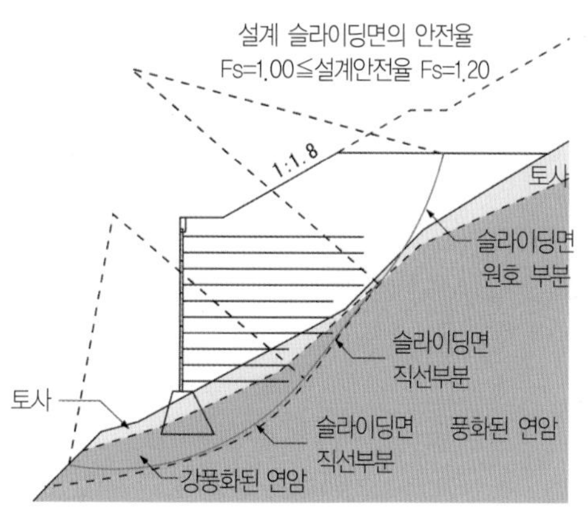

시공 시 대응책 ❶

보강토벽을 지지하는 기초지반의 강도가 낮은 경우, 가장 일반적인 대응책은 보강토벽의 기초를 양호한 암반까지 근입하는 것이다.

강도가 작은 암반층을 콘크리트로 치환하게 됨으로써 기초지반을 통과하는 슬라이딩을 방지할 수 있다. 코스트를 비교적 절약하는 방법이다.

● 기초를 양호한 암반까지 근입한다

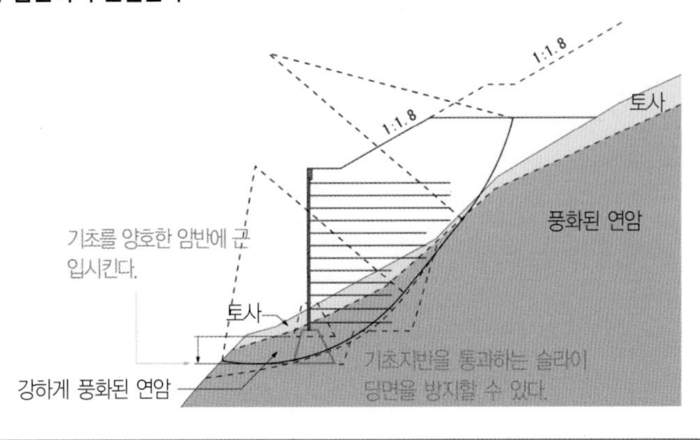

시공 시 대응책 ❷

기초지반의 강도가 낮은 경우의 대응책으로서 풍화 연암을 깊게 절단하여 보강재를 부설하는 방법도 있다.

강도가 큰 풍화 연암에 보강재를 배치하기 때문에 슬라이딩면은 보강재의 겉보기 점착력에 의해 슬라이딩의 안정성이 향상된다. 여기서 겉보기 점착력은 다음 식으로 산출한다.

$$c' = \frac{Rt}{\Delta H \cdot \Delta B} \times \frac{(Kp)^{\frac{1}{2}}}{2}$$

c' : 보강재에 발생하는 겉보기 점착력(kN/m^2)

Rt : 보강재의 인장강도 (SM490재$=32.5 \times 1.8 = 58.5KN$)

ΔH : 보강재의 연직간극 0.75m

ΔB : 수평간극 0.75m

Kp : 수동토압계수 $Kp = \tan^2(\pi/4 + \phi/2) = 3$

금회 보강토벽의 변상에 기인한 슬라이딩에 대해 겉보기 점착력을 고려한 안전율을 산출하고 그 효과를 확인해보자.

겉보기 점착력(c')은 위 식으로부터 $\{58.5 \div (0.75 \times 0.75)\} \times 3^{\frac{1}{2}} \div 2 = 90.1kN/m^2$가 된다. 보강효과가 없는 경우의 안전율은 1.00으로 슬라이딩 힘, 슬라이딩 저항력 모두 1197이다. 이 슬라이딩면에 겉보기 점착력이 작용하는 범위의 5m를 고려하면 안전율(Fs)은 $(1197 + 90.1 \times 5.0) \div 1197 = 1.38$이 된다. 즉 슬라이딩면의 안전율이 크게 향상되고 있음을 알 수 있다.

다만, 2003년에 개정된 보강토(테르아르메)의 설계 매뉴얼에서 겉보기 점착력으로서 고려할 수 있는 영역은 보강재의 단부로부터 0.5~1.0m 정도의 범위를 제외한 영역이 된다는 점에 주의할 필요가 있다.

●풍화된 연암을 깊게 절단하여 보강재를 부설한다

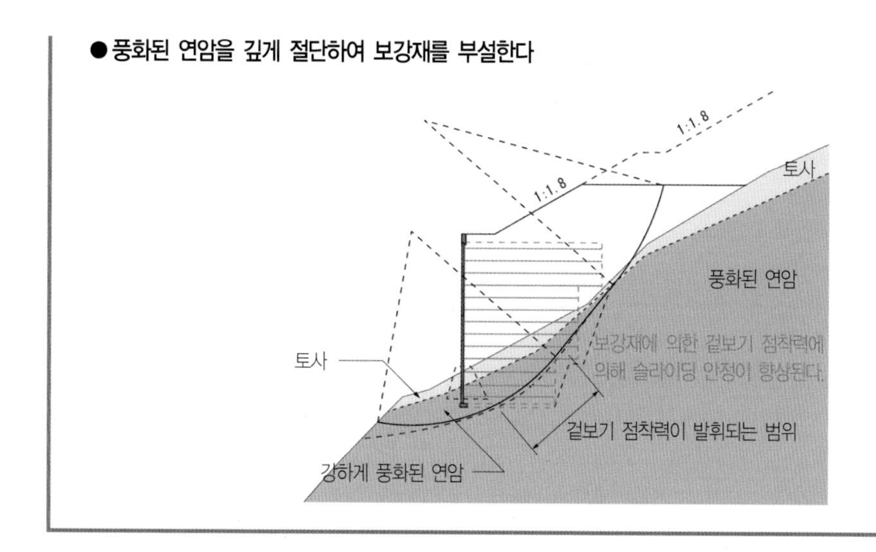

설계 시 설정보다도 점착력이 낮았다

슬라이딩 토괴가 붕괴하는 정도는 아니므로 변상 후의 안정해석에서 슬라이딩면이 극한상태에서 평형하다고 설정한다. 현상의 슬라이딩면의 안전율을 1.0으로 가정하였다. 그래서 슬라이딩면이 통과하는 성토의 강풍화 연암의 평균적인 내부 마찰각을 30도로 하면 슬라이딩 면에 따라 점착력은 13.8로 산출할 수 있다.

한편 설계단계의 안정해석에서 시공개소의 지표에 나타난 암반의 상황으로부터 풍화된 연암의 점착력을 500으로 하였다.

설계에서 설정한 것보다도 점착력이 작고, 즉 전단강도가 낮은 강풍화 연암이 존재한 것이 보강토벽의 기초부분을 통과하는 슬라이딩을 발생시킨 큰 요인이다. 슬라이딩면의 형상이 일반적으로 설계 시에 검토하는 원호 슬라이딩면과는 다르고 복합 슬라이딩면이 있었던 것도 설계단계에서 알지 못했다.

시공자는 감지했지만……

이 보강토벽의 시공자는 기초지반의 굴착 시에 강풍화연암을 확인했지만, 기초의 허용지지력도로서 300kN/m^2을 확보할 수 있으면 안전하다고 판단한 것 같다. 그러나 그것은 지반 전체의 안정성을 확보할 수 있는 경우에 한정된다. 설계값의 점착력을 명확히 예상하지 못할 정도의 강도가 낮은 연암의 경우에는 설계를 수정할 필요가 있다. 예를 들어 '시공 시 대응책 ❶'과 같이 기초를 양호한 암반까지 근입하면 기초지반을 통과하는 슬라이딩을 방지할 수 있다. 또는 풍화연암의 단을 잘라 보강재를 매설함으로써 보강재의 겉보기 점착력에 의해 슬라이딩의 안정성을 향상시키는 것도 가능하다. 시공시 이와 같은 대응을 하게 되면 보강토벽의 변상을 막을 수 있을 것이다.

성토를 제거하는 등의 대책공사를 채택한다

현장에서 다음과 같은 대책공법을 채택하였다. 먼저 보강토벽의 상부 성토를 일단 제거하였다. 다음으로 배수 보링에 의해 지하수위를 내렸다. 동시에 그라우트 앵커를 실시하여 기초를 보강하였다. 계획된 도로의 협곡측에 옹벽을 설치하여 옹벽의 배면에 실시한 성토에는 경량성토공법을 채택하였다. 슬라이딩 힘이 작아지게 되도록 배려하였다. 많은 보강토벽의 변상은 이와 같은 보강토벽을 포함한 지반 전체의 슬라이딩에 의해 발생한 경우가 많다. 슬라이딩이 발생하면 그 하중이 크고, 보강재가 많이 매설되고 있으므로 대책이 용이하지 않고, 많은 공사비가 필요하다.

사전에 지질조사를 실시하여 기초지반을 포함한 성토사면의 안정성을 충분히 검토하는 것이 매우 중요하다. 또한 시공 시 설계단계와 다른 지반상황이 되는 경우에는 추가 지질조사와 현장시험 등을 실시하여 적절한 대응을 세우는 것이 중요하다.

● 이 현장에서 채택한 대책공법의 개요

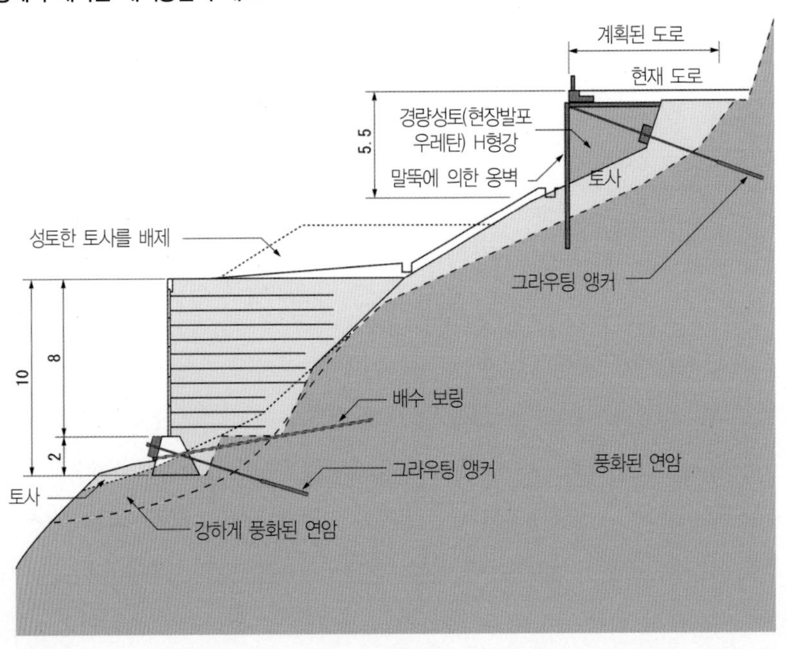

절토 법면의 개비온

시공 후에 붕괴한 것은 왜?

●붕괴된 법면 주변의 평면도

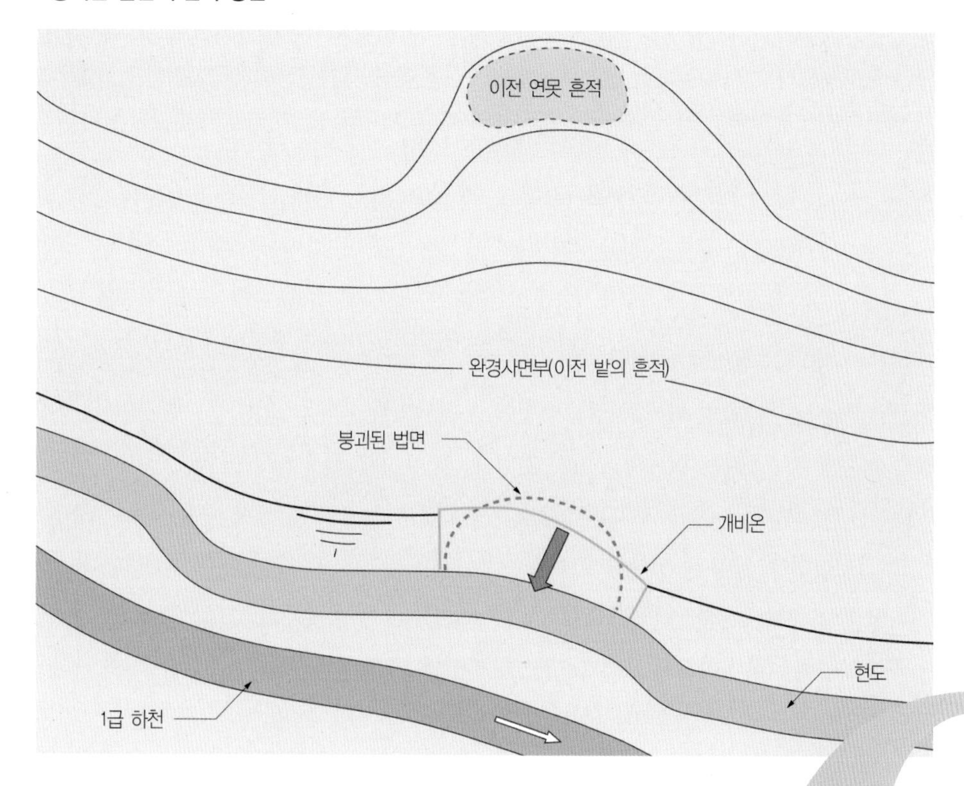

Q

태풍에 따른 호우의 영향에 의해 절토법면의 일부가 파괴되어 법면대책으로 개비온을 시공했다. 완공된 후 얼마 지나 개비온에 변형이 생겼고 일부가 붕괴되었다. 개비온에 변형이 발생한 날 전일 심야까지 2일에 걸쳐 강우가 계속되었지만, AMeDAS 관측값으로서 특히 이상한 강우였던 것은 아니다. 주변의 지형은 1급 하천을 따라 단구면 말단에 있는 급한 사면으로 배후지는 凹지형을 하고 있다. 凹지형으로 된 곳은 인공사면으로 생각되는 완만한 사면이 넓게 펼쳐져 있고 이전에는 연못이 있었다. 이러한 조건에서 개비온에 변형이 발생하여 붕괴한 것은 왜일까?

A 원래의 협곡 지형에 지하수가 집중하였다.

개비온으로 시공한 절토법면은 주변의 지형으로부터 알 수 있는 것처럼 이전에는 협곡 지형이었던 곳을 성토했었다. 원래는 협곡지형이었기 때문에 지하수가 집중되기 쉽다. 또한 태풍의 영향으로 토괴의 강도는 상당히 저하되어 있다. 개비온의 시공 직후는 강우도 용수도 없고 자연의 상태에서 안정된 법면으로 보였다. 그런데 실제는 불안정하게 되기 쉬운 법면이었던 것이다. 국지적인 집중호우에 의해 법면에 지표수와 지하수가 집중된다. 개비온의 배면에서 간극수압이 높아져 변형이 생겨 붕괴되었다고 생각된다.

개비온이 붕괴된 장소에서 개비온을 시공하기 전 2004년 9월, 태풍에 따른 집중호우에 의해 폭 20m, 높이 7m의 규모로 절토법면이 붕괴되었다. 이때 인적, 물적인 피해는 거의 없었기 때문에 복구공사는 뒤로 미루어져 있었다. 그 후 계속해서 태풍에 의해 붕괴가 넓어지고 있는 것을 느끼지 못했다. 2005년 1월에 복구공사를 실시할 때 공사 중에 용수는 보이지 않았고 절토법면은 안정된 상태였다고 판단하여 1:1의 경사로 개비온으로 시공했다.

개비온은 아래의 그림에 나타낸 바와 같이 폭 1.0m, 높이 0.5m, 깊이 0.8m의 형태인 것을 사용하였다. 이 개비온을 전부 14단으로 쌓았다. 5단에 1단의 비율로 지하수의 배제를 목적으로 잔돌을 채워 개비온을 설치하고 그 배면에 쇄석을 매웠다.

● 붕괴된 법면 주변의 단면도

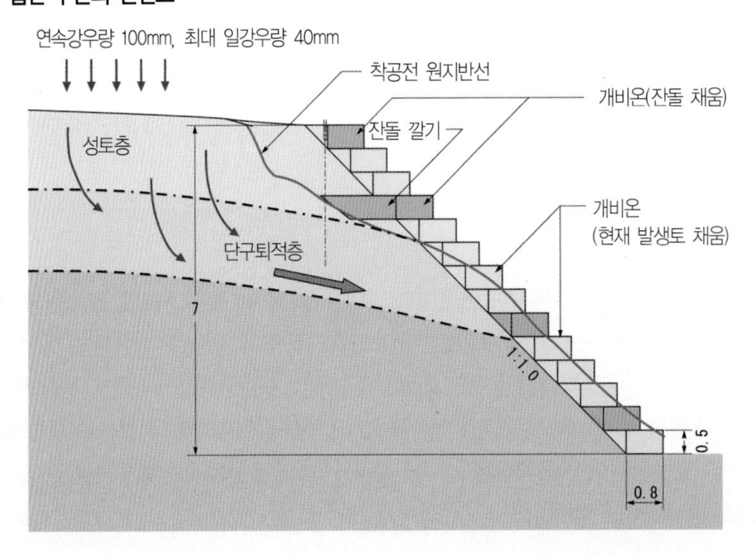

완성 직후, 연속 강우량 100mm, 최대 강우량 40mm의 강우를 기록할 때 개비온이 슬라이딩하여 붕괴되었다. 붕괴 메커니즘을 예상하고 향후 대책공사를 검토할 때 기초자료로 사용하기 위하여 지표조사를 실시했다. 기존에 설치된 대책공사의 타당성을 검증하였다.

지형과 토질의 악조건이 겹쳤다

붕괴된 법면과 그 주변을 조사한 결과, 다음과 같은 것을 알았다.

① 지역주민으로부터 전해들은 바에 의하면 이전에는 협곡 지형이었던 곳에 성토를 한 장소였다.

② 붕괴개소의 측면부에는 성토층, 그 하면에는 투수성이 양호한 단구층이 있다(아래 사진 참조).

③ 상부 완사면의 산비탈은 이전에 연못이었다.

이상으로부터 붕괴의 원인은 다음과 같이 생각된다.

① 협곡 지형으로 지하수가 집중되기 쉽다.

② 상부의 완사면은 밭 등으로 지표수가 침투하기 쉽다.

③ 단구층이 침수층으로 되어 지하수를 공급한다.

④ 개비온과 메움 재료로서 현지발생토를 사용하였으므로 투수성이 저하된다.

⑤ 연속량 100mm, 최대 일강우량 40mm의 비가 내렸다.

이상의 조사결과로부터 붕괴 메커니즘은 다음과 같이 상상할 수 있다. 강우에 의해 지표수와 지하수가 단구층에 전달되어 과하게 유입되었다. 개비온의 배면에 있는 현지에서 발생한 흙에 의해 지수된 상태에서 간극수압이 높아져 개비온이 붕괴되었다.

붕괴된 법면의 측면부. 상부는 성토층, 그 아래는 투수성이 양호한 단구층으로 되어 있다.

● 붕괴 메커니즘

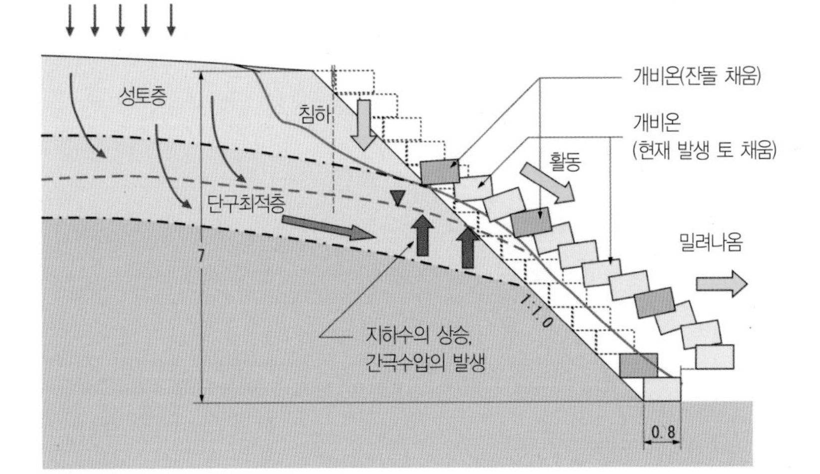

지표조사란

지표조사는 모든 조사의 기초가 되는 매우 중요한 조사다. 기본적인 작업은 햄머와 클리노미터를 가지고 야외에서 암석 및 퇴적물을 조사하여 지형도에 기록해 가는 것이다. 이렇게 하여 작성한 것을 루트 맵이라 부르고, 이것을 기초로 하여 지역의 지질구성 및 구조를 해명하고 지질도를 작성한다. 토목의 일반적인 지질조사에서 기술하는 내용을 아래 표에 나타내었다.

한편 전문 기술자가 단기간에 현지조사를 하는 경우, 사람 손으로 지형 등의 개변상황과 국소적, 경년적인 현상을 파악하는 것은 곤란하다. 본문에서 취급한 붕괴현장에 한정하지 않고 지역주민으로부터 얻는 정보는 매우 중요하다.

● 일반적인 지질조사에서 기록하는 내용

지형	노두 관찰·조사항목
미고결 퇴적물	역질토, 모래, 점토, 쇄설물의 분포상황, 깊이, 단단함 정도. 역질토의 크기와 형상, 매트릭스의 입도, 함수상태, 전석의 안정성
암질	암석의 종류 및 명칭과 단단함과 연함의 정도
지층의 층리	주향, 경사, 퇴적물의 상황(절토면 지층의 주향, 경사와 일치하면 붕괴가 일어나기 쉽다). 습곡구조
암의 벌어진 틈 및 절리	벌어진 틈의 개구정도, 주향, 경사, 간극, 연속성, 밀착성, 점토의 존재 유무, 사면 각도, 물의 스며 나옴, 용수
풍화 및 변질	규모, 분포, 연한 정도, 점토화, 용수상황(특히 제3기층), 마사토, 변후안산암, 사문석, 온천변질, 사면과의 각도
파쇄대 단층	주향, 경사, 범위, 파쇄정도, 폭, 충전물의 상태, 점토 충전 유무, 물의 스며나옴, 용수, 사면과의 각도
용수 및 표면수	용수의 위치, 수온, 양, 압력의 관측, 대수층 단수층, 지하수면, 표면수의 위치 및 분포, 토질의 함수상태 및 계절에 있어서 동결융해의 상황, 관개용수 등의 개황

최근 지형판독법

지형을 판독하는 경우, 기간을 조금 옮겨 촬영한 항공사진을 여러 장 준비하고 그러한 차이에 의해 경년변화를 예상하는 것은 매우 중요한 작업이 된다. 최근 지형을 판독함에 있어서 레이저 프로 파일을 사용한 지형도를 이용하는 경우가 많아졌다. 필자가 관련되어 있는 토사붕괴 등의 조사에서도 이 평면도를 사용하여 미지형에 착목하여 토사붕괴 블록을 수정하는 사례가 많다. 향후 착목할 필요가 있는 수법이다.

개비온의 안정 검토수법

개비온은 녹화가 가능한 용이한 흙막이 구조물이다. 최근 호안 및 협곡 등 넓은 범위의 공사에서 채택되어 실적이 증가하고 있다. 개비온 공법은 개비온 자체가 경량이므로 시공하기 쉽다는 점에서도 채택이 증가하고 있는 요인 중 하나이다. 부재형상은 1매스가 폭 1.0~2.0m, 깊이 0.8 ~1.2m, 높이 0.5m가 일반적이다. 아래 그림을 표준으로 사용하는 경우가 많다.

● 개비온의 일반적인조립 형상

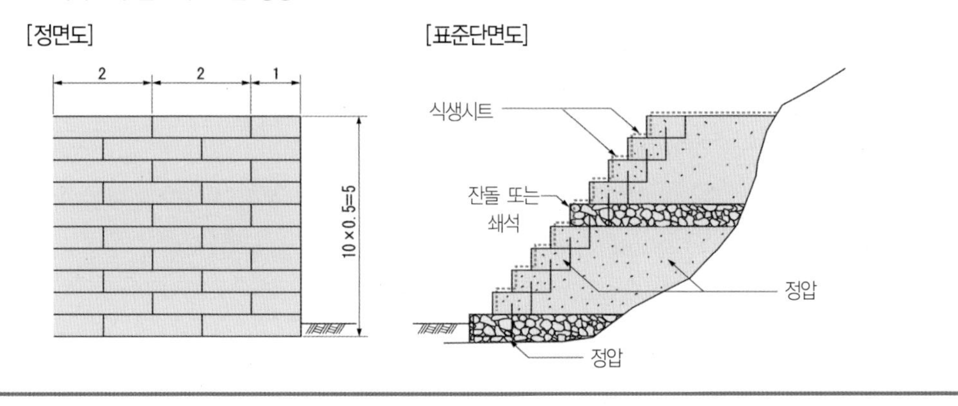

양호한 메움재를 사용하면 방지된다

개비온공법은 개비온끼리 일체로 된 옹벽구조로 보고 설계한다. 시공실적도 많고 신뢰성도 높은 공법이다.

다만, 개비온끼리의 중복부분을 5할 이상 확보할 필요가 있다. 이 현장과 같이 깊이 0.8m의 개비온을 1:1의 경사로 쌓은 경우는 이 조건을 만족하지 못한다. 그러나 개비온의 배면에 매움재로써 투수성이 양호하고 침하가 되지 않은 쇄석을 많이 사용하여 배면의 원지반을 안정상태로 놓으면 채택할 수 있다.

● **대책공사의 개요**

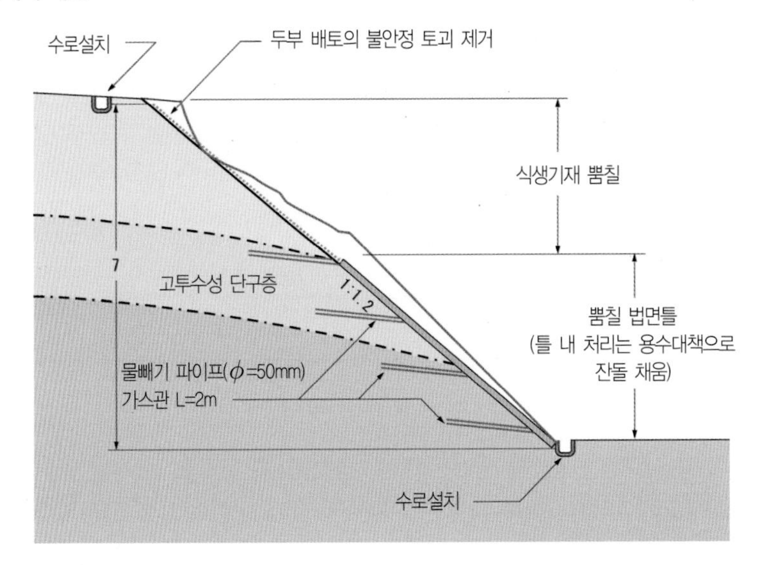

이번의 경우, 위의 그림과 같이 쇄석부분은 별로 없고 거의 다 현지 발생 흙으로 매웠다. 좁은 장소에서 진행한 시공이었기 때문에 충분한 다짐도 곤란한 상황이었다. 개비온 자체의 안정을 충분히 확보할 수 없었던 것도 붕괴의 원인 중 하나라고 생각된다.

이런 붕괴요인을 고려할 경우 향후 대책공사와 유사 붕괴방지 공사를 검토할 때 다음과 같은 점에 주안을 두는 것이 중요하다는 것을 알게 되었다.

① 대책을 실시하는 개소에서 지형의 성립 및 특수한 조건의 유무를 가능한한 파악한다.

② 붕괴요인인 현상(이번은 연속강우)에 대한 적극적인 대책을 검토한다.

③ 시공위치 및 시공조건에 적합한 공법을 선택한다.

특히 이번 사고는 지하수가 집중되는 환경에 있던 법면에 현지 발생 흙을 사용한 개비온을 시공하였기 때문에 간극수압이 상승하였다. 매움 흙의 취약화가 진행되어 안정성이 부족한 것이 원인으로 생각된다.

개비온이 붕괴된 후 계획한 대책공사는 위의 그림에 나타낸 바와 같다. 대책방침은 불안정한 토사를 제거하고 이전의 협곡으로부터 공급되는 지하수를 신속하게 배출하게 하는 것이다.

먼저 법면 상부를 절토하여 불안정한 토사를 배출한다. 다음으로 투수층인 단구층으로부터 배수를 방해하지 않도록 잔돌을 채워 틀 내 처리를 한 법면틀을 설치한다. 천층부를 흐르는 지하수의 적극적인 배제를 목적으로 한 배수시설도 설치한다. 또한 지표수의 유입을 방지하기 위한 법면의 상부와 하부에 수로를 만든다.

사면 위의 복합옹벽

옹벽이 붕괴한 것은 왜?

● 혼합옹벽의 단면도

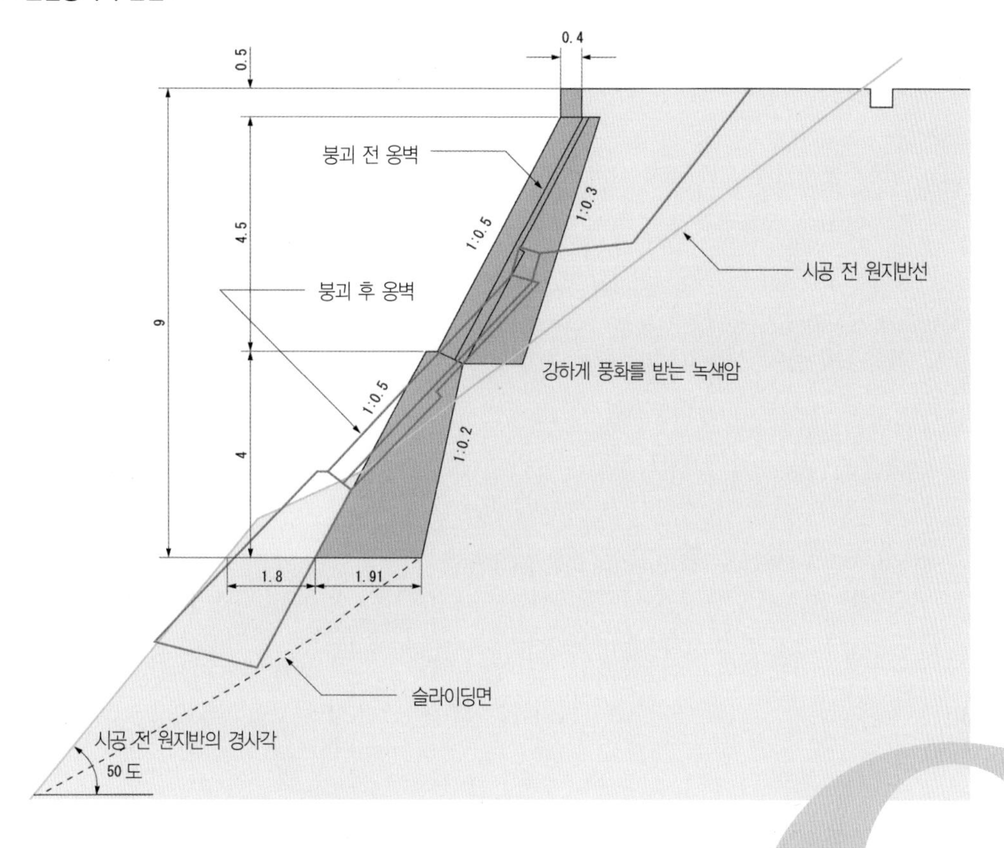

고지(高知)현에 있는 어느 농로공사에 블록쌓기 옹벽과 중력식 옹벽을 상하로 조합시킨 혼합옹벽을 구릉부의 사면 위에 조성하였다. 1985년 당시 고지현 토목부가 작성한 혼합옹벽의 표준설계도에 근거하여 지역의 컨설턴트회사는 설계를 하였다. 그런데 공사완공으로부터 2개월 후 장마전선에 따른 강우에 의해 위의 그림과 같이 붕괴되었다. 이때 1시간당 최대 강우량은 27mm, 합계 213mm의 강우량을 기록했다. 옹벽이 붕괴한 것은 왜일까?

A

전방의 여유 폭이 없고 지지력이 부족했다.

원지반은 암반이었지만, 풍화가 진행되어 전단강도가 매우 저하되어 있다. 또한 옹벽 전방의 여유 폭이 적어 지지력에 여유가 없었다. 그래서 많은 비가 내려 원지반의 강도가 더욱 저하됨으로써 슬라이딩 파괴를 일으킨 것이라고 생각된다.

복합옹벽에는 옹벽의 자중과 함께 옹벽의 배후의 흙에 의한 주동토압이 작용한다. (사)일본도로협의 『도로토공–옹벽공지침』에 근거하여 계산해 보면, 옹벽의 기초저면에 작용하는 하중은 연직력(V), 수평력(H)으로 하중의 편심량(e)은 0.14m이 된다.

● 옹벽 저면에 작용하는 하중과 계산에 의한 슬라이딩면

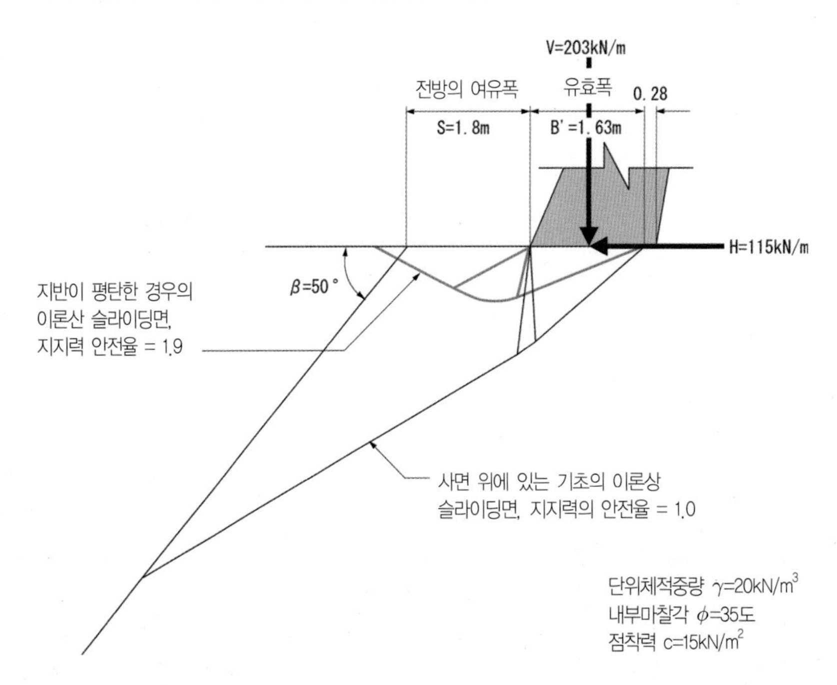

기초저면 폭(B)은 1.91m로 그 유효폭(B′)은 1.63m가 되기 때문에 기초저면으로부터 지반에 작용한 연직방향의 압력은 125kN/m^2(=V ÷ B′)이다. 그 반작용으로 지반으로부터 기초저면에 작용하는 지반반력도도 125가 된다. 지반이 지지하려고 하는 최대 하중인 극한 지지력도를 지반반력도가 상회하면 지반은 파괴된다.

지지력은 N값만으로 결정되지 않는다

옹벽을 만든 지점은 특이한 토질구조를 가진 黑瀨川 구조대에 속한다. 지표에 노출된 암반은 표면으로부터 약 3m 깊이까지 풍화가 진행되고 있다. 표준관입시험에서 구한 N값은 3~10으로 작고, 지지력은 별로 크지 않았다고 추정된다.

지반의 단위체적중량(γ)을 20kN/m^3, 내부마찰각(ϕ)을 35도, 점착력(c)을 15kN/m^{2}로 가정한다. 또한 원지반의 경사각와 옹벽 전방의 여유폭을 고려하여 지지력을 계산하였다. 지지력의 안전율(Fs)은 1.0이 되고, 슬라이딩면의 형상은 166페이지 그림처럼 165페이지에 나타난 현지의 상황과 일치한다.

원지반의 전단강도가 작은 것에 덧붙여 전방의 여유 폭이 작았던 것과 원지반의 경사가 급했던 것으로부터 지지력에 대한 여유가 없었다고 생각된다. 또한 거기에 많은 비가 내려 원지반의 전단강도가 저하되기 때문에 슬라이딩 파괴가 발생하였다고 추정된다.

그런데 지반의 지지력은 표준관입시험의 N값만으로 결정된다고 생각하고 있는 기술자가 많다. 확실히 N값이 커지게 되면 지반의 전단강도는 커지게 되기 때문에 지지력도 커지게 된다. 그러나 지지력은 내부마찰각과 점착력으로 된 전단강도정수 이외에 옹벽의 기초치수와 하중이 걸리는 각도, 원지반의 형상 등에 의해서도 영향을 받는다.

● 극한지지력과 원지반의 경사각, 전방의 여유폭의 관계

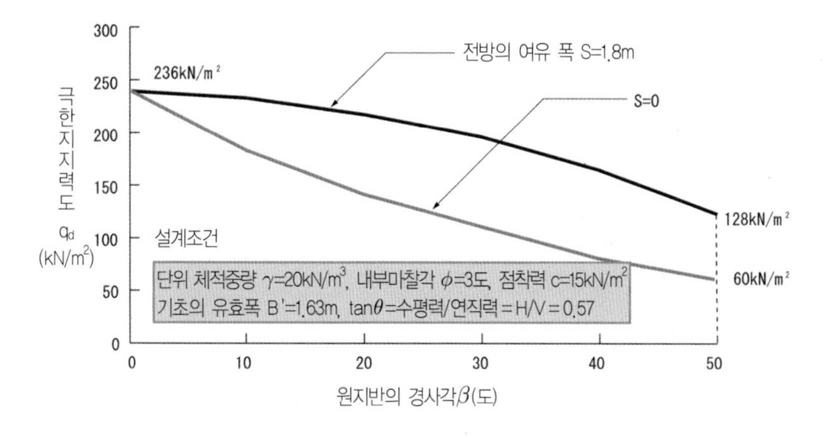

역산식으로 구한 c와 ϕ를 사용하여 원지반의 경사각(β)과 옹벽의 전방 여유 폭(S), 지반의 극한지지력(q_d)과의 관계를 계산해서 구한 것이 167페이지의 그림이다. 동일한 지반이더라도 β가 크고 S가 작으면 지지력은 극단적으로 작아지게 됨을 알 수 있다.

사면 위에 있는 기초의 지지력의 생각법

지반 슬라이딩이 생길 때 기초의 직하에 있는 지반의 내부에는, 그림 abc에 둘러쌓인 삼각형 영역은 아랫방향으로 밀려고 하는 운동을 한다. 즉 토괴 abc에는 주동토압이 걸린다. 토괴 abc에서 다음의 힘들이 평형된 상태에 있다. 옹벽으로부터 연직하중(V), 옹벽으로부터 수평하중(H), 토괴의 자중(W_A), 점착력에 의한 슬라이딩면 bc(C_{bc})의 저항력, 점착력에 의한 슬라이딩면 ac(C_{ac})의 저항력, 점착력에 의한 슬라이딩면 bc의 저항력(P_A), 마찰과 수직 저항력에 의한 ab면의 저항력(R_A).

한편, 기초 저면의 끝으로부터 사면에 향하여 그림의 bcdfge에서 둘러쌓인 영역에는 수동토압이 걸린다. 토괴 bcdfage에서 토괴의 자중, 점착력에 의한 bc면의 저항력, 마찰과 수직항력에 의한 bc면의 저항력, 마찰과 수직항력에 의한 cdg면의 저항력이 평형이 된 상태에 있다.

Bc면에 작용한 P_A는 주동토압, P_P는 수동토압이다. V가 커지게 되면 P_A도 커지게 된다. P_A가 P_P와 동등하게 되었을 때 지반은 파괴된다. 이때의 V가 극한지지력이다. V를 기초 유효폭으로 나눈 값을 극한지지력도라고 부른다. q_d는 다음 식으로 계산할 수 있다. 다만, ω와 α는 미지량이므로 q_d를 최소로 하는 ω와 α의 조합을 찾을 필요가 있다.

$$q_d = cN_c + \frac{1}{2}\gamma B' N_\gamma$$

$$N_c = \frac{\cos\phi}{X}\left\{\frac{\sin\omega}{\cos(\omega-\phi)} + \frac{1}{\sin\phi}(e^{2\alpha\tan\phi}-1) + \frac{\overline{df}+\overline{fg}}{\tau_0}e^{\alpha\tan\phi}\right\}$$

$$N_\gamma = \frac{\cos(\omega-\phi)}{X\cos\phi}\left[\overline{eg}\cdot\overline{fg}\sin\eta - \frac{1}{r_o^2}e^{\alpha\tan\phi}\cos(\omega+\alpha)\{r_1+\overline{ef})S\sin(\omega+\alpha)\} - \frac{\sin\omega\cos\omega\cos\phi}{\cos(\omega-\phi)} + N_G\right]$$

$$X = \frac{\cos\phi}{\cos(\omega-\phi)}(\cos\omega + \tan\theta\sin\omega)$$

$$N_G = \frac{\sin\omega + 3\tan\phi\cos\omega - \{\sin(\alpha+\omega) + 3\tan\phi\cos(\alpha+\omega)\}e^{3\alpha\tan\phi}}{9\tan^2\phi+1}$$

$$\eta = \omega - \phi + \alpha + \beta - \frac{\pi}{2}$$

$$r_o = \overline{bc} = \frac{\cos(\omega-\phi)}{\cos\phi}B \qquad r_1 = \overline{bd} = r_0 e^{\alpha\tan\phi}$$

$$\overline{ac}=\frac{\sin\omega}{\cos(\omega-\phi)}r_0 \qquad \overline{df}=\frac{\sin(\omega+\alpha)}{\cos\phi}S \qquad \overline{ef}=r_1+S\{\sin(\omega+\alpha)\tan\phi+\cos(\omega+\alpha)\}$$

$$\overline{eg}=\frac{\cos\phi}{\sin\eta}\overline{ef} \qquad \overline{fg}=\frac{\sin(\omega+\alpha+\beta)}{\sin\eta}\overline{ef}$$

● 사면상 기초의 지지력을 계산방법

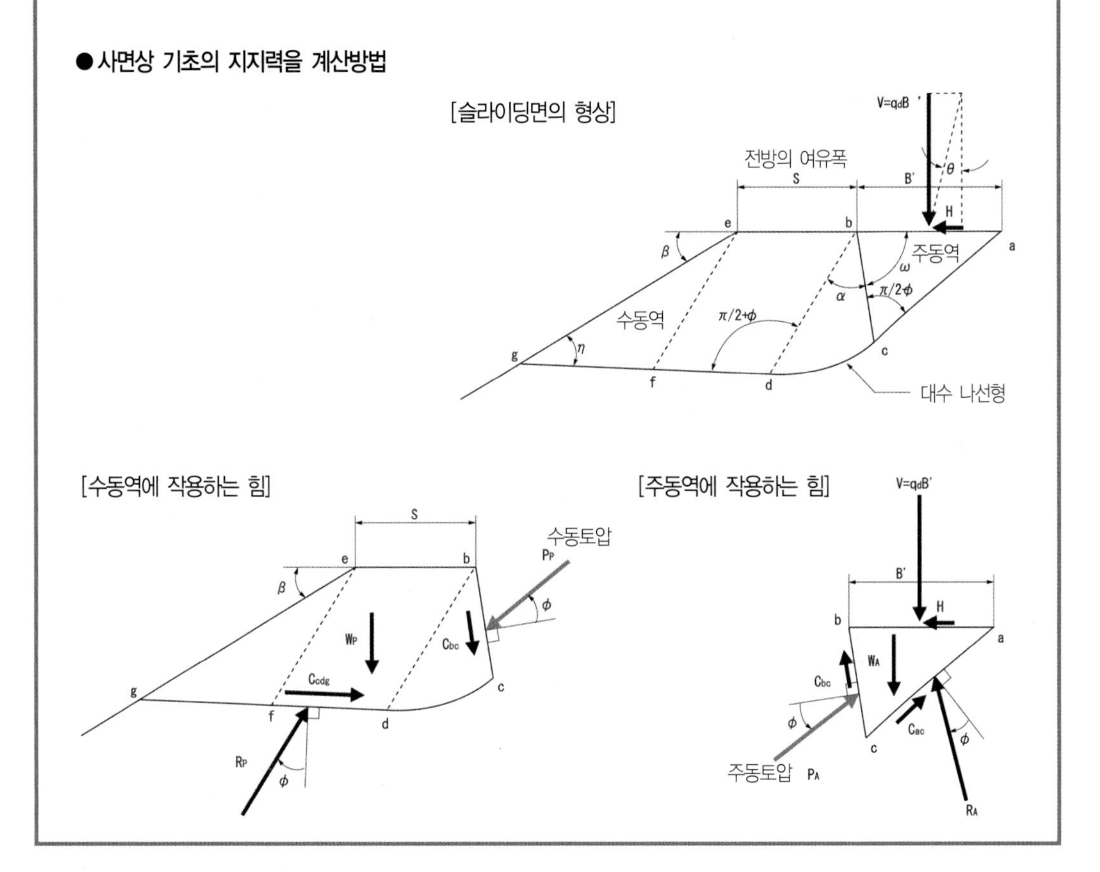

전단강도 정수를 역산으로 구하는 방법

전단강도정수인 내부마찰각(ϕ)과 점착력(c)의 값을 다양하게 변화시켜 슬라이딩면의 형상이 실제의 슬라이딩면과 일치하고 또한 안전율이 1.0이 되는 c와 ϕ의 조합을 구하여 역산으로 구한 값을 전단강도 정수로 본다.

다음 페이지 그림은 지반의 단위체적중량(γ)을 20kN/m^3, ϕ를 35도로 설정하여 c를 15kN/m^3, 25kN/m^3, 50kN/m^{3}로 변화시켜 계산한 결과이다. c를 15kN/m^{2}로 하면 안전율은 1.0이 되어 슬라이딩면의 형상은 실제의 슬라이딩면과 일치한다.

● 점착력이 크기에 의한 슬라이딩면의 형상과 안전율

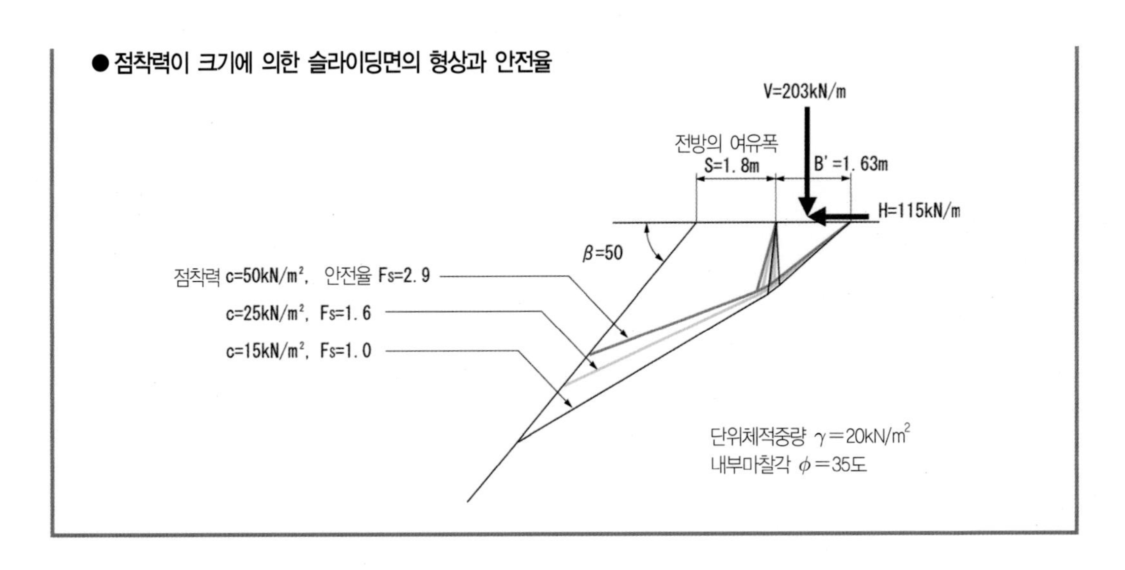

● 복구공법의 개요

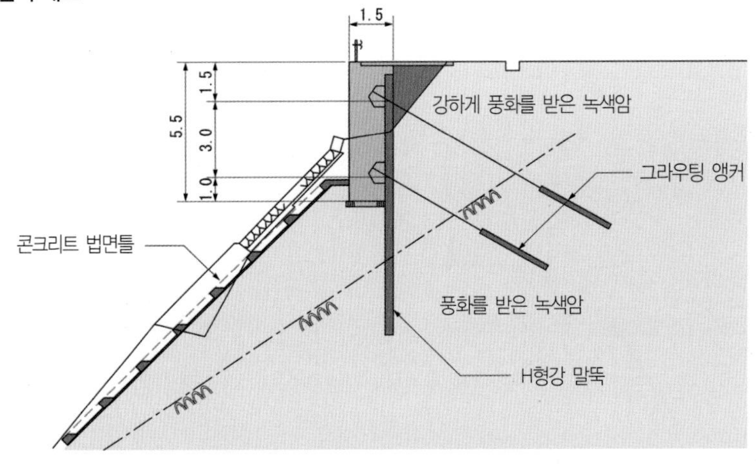

표준설계를 사용할 때도 지지력을 확인한다

고지현 토목부가 작성한 혼합옹벽의 표준설계도는 당시 지반의 허용지지력도가 200kN/m³ 이상인 것이 조건으로 되어 있다. 표준설계를 이용할 때에는 설계단계 또는 시공단계 어디서든 시공지점의 지지력을 확인할 필요가 있다. 그런데 붕괴된 옹벽의 경우에는 지지력을 전혀 확인하지 않았다.

표준설계는 누구라도 이용할 수 있다는 편리한 점이 있다. 그러나 적용 조건을 확인하지 않고 이용하면 이번 사례와 같은 트러블을 초래하게 되므로 주의가 필요하다.

또한 붕괴 후 복구공사는 바로 위의 그림과 같이 그라운딩 앵커를 병용한 흙막이 공법에 의해 실시하였다. 또한 붕괴된 원지반은 콘크리트 법면틀로 보호하였다.

절토공 법면의 복합옹벽

호우 시에 옹벽이 전도한 것은 왜?

●붕괴된 복합옹벽의 단면도

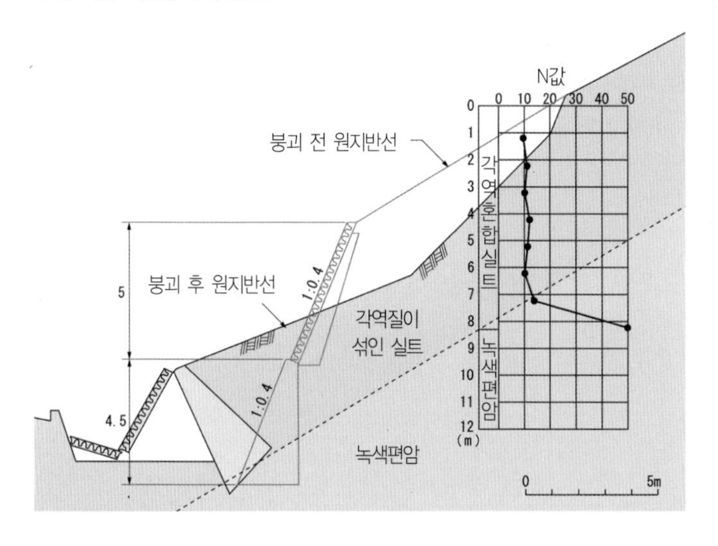

●붕괴된 블록쌓기 옹벽의 단면도

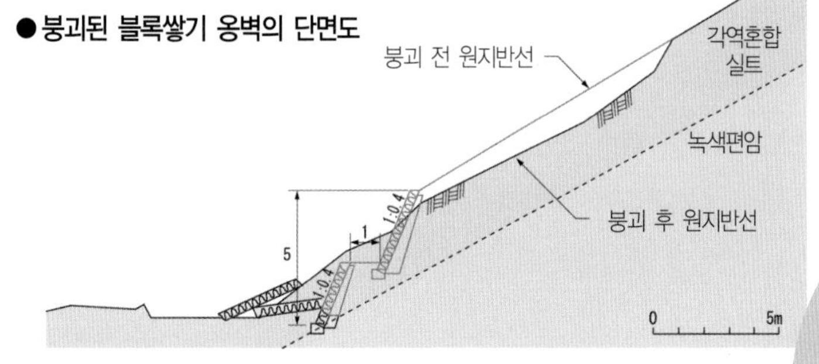

태풍에 따른 연속강우량 407mm의 호우에 의해 산을 통과하는 도로의 절토부분의 옹벽이 길이 42m에 걸쳐서 전도되었다. 옹벽이 완성된 것은 15년 전이다. 피해구간 가운데 22m의 구간은 첫 번째 그림과 같이 높이 52m의 블록쌓기 옹벽과 높이 4.5m의 중력식 옹벽을 상하로 조합시킨 복합옹벽을 채택하였다. 남은 20m의 구간에는 가설 도로를 설치하기 위해 블록쌓기 옹벽을 두 번째 그림과 같이 2단으로 시공하였다. 원지반의 지질은 기반이 녹색편암으로, 그 위에 N값이 10 정도의 각 역질토역이 혼합된 실트가 두께 5~8m로 덮여 있었다. 원지반의 경사는 약 30도였다. 이 옹벽이 전단된 것은 왜일까?

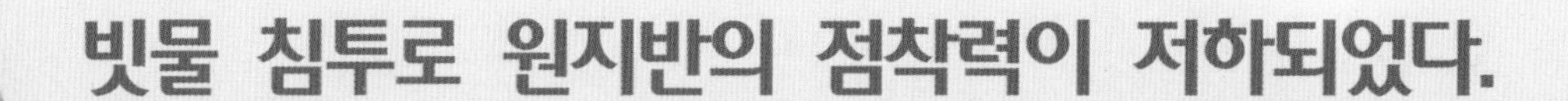

A 빗물 침투로 원지반의 점착력이 저하되었다.

빗물에 의해 옹벽 배후의 지반이 포화되었다고 생각한다. 빗물은 사면의 위쪽 방향의 지표면으로부터 침투하여 지반 내의 물길을 통해 옹벽 배후에 흘러 들어갔다. 또는 빗물이 옹벽의 뒤채움 쇄석의 중간을 통과하여 흘러 들어갔다고 볼 수 있다. 지하수위보다 위의 지반은 석션(suction)의 감소에 의해 겉보기 점착력이 저하되었다. 지하수위보다 아래의 지반은 점착력이 완전히 소실되는 동시에 간극수압이 발생하였다. 그 결과, 옹벽에 작용하는 토압이 증가하여 옹벽이 전도되었다고 생각된다.

2004년은 태풍이 많은 해였다. 시코쿠 지방은 10개의 태풍이 있었다. 각지에 토사재해, 하천범람, 높은 조수 재해 등 막대한 피해를 입었다. 이번 사례는 같은 해 10월 19일로부터 20일에 걸쳐 시코쿠의 양쪽 끝을 통과한 태풍 23호에 의한 피해이다. 피해지역에서 시간 최대 47mm, 연속강우량 407mm의 호우를 기록하였다(아래 그래프 참조). 산을 절토한 개소에 시공한 복합옹벽과 2단의 블록쌓기 옹벽이 각각 전도되었다(다음 페이지 사진 참조). 피해 직후 원지반으로터 용수가 나오는 것을 확인하였다. 붕괴되어 나온 흙은 물을 다량으로 포함하여 발을 밟아 들어가면 빠지기가 곤란한 상태였다. 사면의 위쪽 방향에서 지반 내에 침투한 강우가 지반 내의 물길을 통과하여 옹벽 배후에 흘러 들어갔다. 사면으로부터 침투한 빗물이 옹벽의 뒤채움 쇄석의 중간을 통과하여 흘러 들어간 것도 고려된다. 그 결과, 옹벽에 작용하는 토압이 증가하여 옹벽을 전도시켰다고 관측할 수 있다.

● 태풍 23호에 의한 강우량

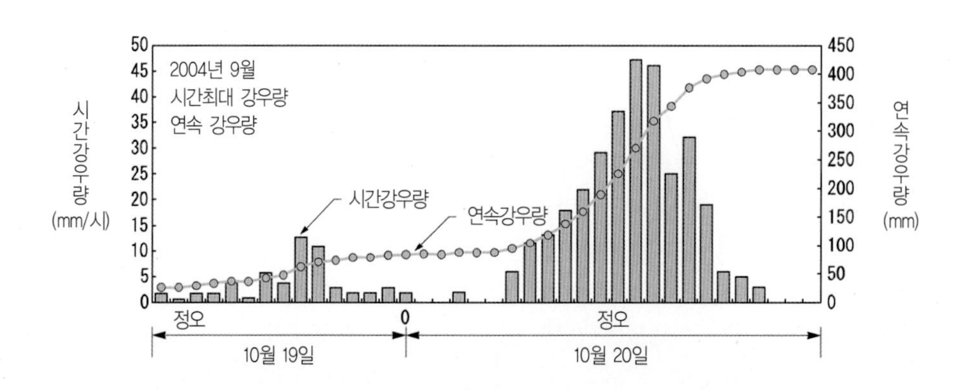

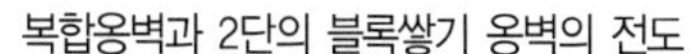

복합옹벽과 2단의 블록쌓기 옹벽의 전도

전도된 옹벽 등을 철거한 후의 법면

주동토압이 1.5~3.2배로 증가하였다

강우 전 옹벽의 주동토압은 아래 오른쪽 그림처럼 추정된다. 안전율 계산 결과, 전도의 안전율은 1.56, 활동의 안전율은 1.55이다. 활동의 안전율 계산에서 저면의 마찰계수를 0.7로 하고, 근입부의 수동토압도 고려하였다. 복합옹벽이 15년에 걸쳐 안정을 확보하고 있는 것으로부터 계산결과는 타당하다고 판단할 수 있다.

● 복합 옹벽에 작용한 하중

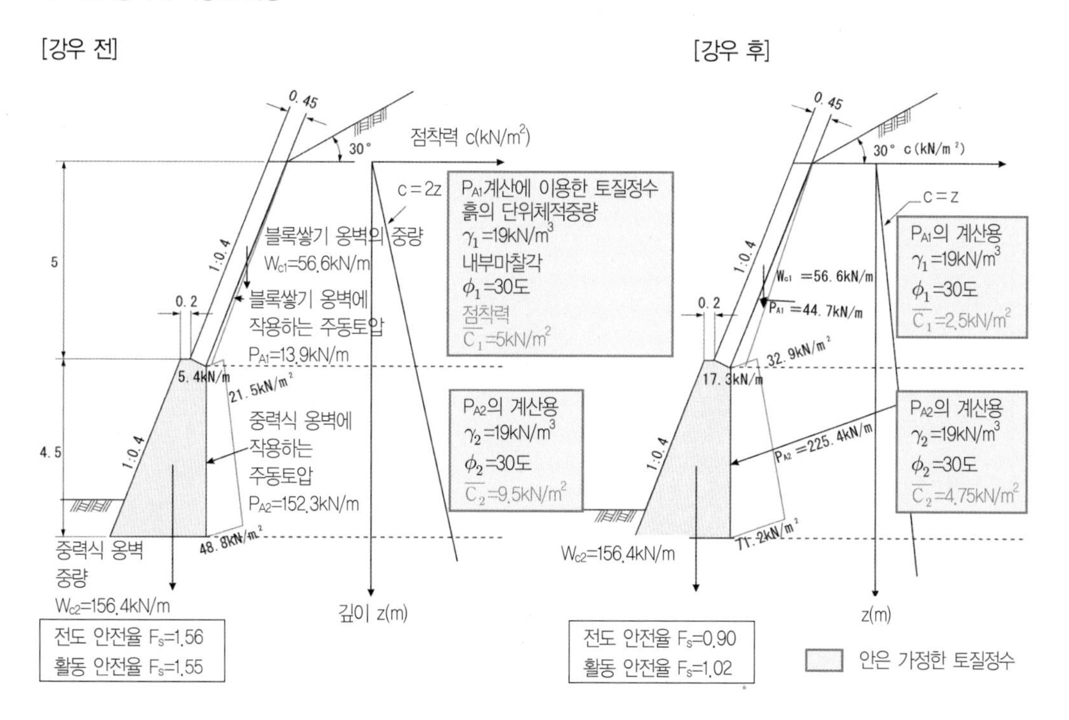

전도 직후에는 호우의 영향으로 흙의 단위체적중량 증가, 전단강도의 저하, 간극수압의 발생이 있었다고 추정된다. 그러나 지반의 포화도가 어느 정도 변화되었는지, 포화된 범위가 어디까지 넓어졌는지 등 불분명한 점이 많다. 그래서 흙의 단위체적중량과 내부마찰각은 변화시키지 않고 점착력만으로 강우 전의 2분의 1로 저하된다고 가정하여 계산하였다. 그림 173페이지 오른쪽 아래 그림에 나타난 바와 같이 블록쌓기 옹벽에 작용하는 주동토압은 3.2배, 중력식 옹벽에 작용하는 주동토압은 1.5배 증가한다. 그 결과, 전도 직후에 전도의 안전율은 0.90, 활동의 안전율은 1.02로 저하하게 된다.

토압이 증가하는 3가지 요인

다음 페이지 그림에 나타난 복합옹벽 가운데 블록쌓기 옹벽에 작용하는 주동토압(P_{A1})은 다음 식으로 구한다.

$$P_{A1} = \frac{W_1 \sin(\omega_1 - \phi) - cL_1 \cos\phi}{\cos(\omega_1 - \phi + \alpha_1 - \delta_1)}$$

ω_1는 슬라이딩면 bd가 수평면으로 되는 각, α_1는 벽면의 경사각, δ_1는 벽면 마찰각, W_1는 토괴 bcd의 중량, L_1은 슬라이딩면 bd의 길이다.

하부의 중력식 옹벽에 작용한 주동토압(P_{A2})은 다음 식으로 구한다.

$$P_{A2} = \frac{W_1 \sin(\omega_1 - \phi) + U\sin\phi - cL_n \cos\phi - P_{A1}\cos(\omega - \phi + \alpha_1 - \delta_1)}{\cos(\omega_1 - \phi - \alpha_2 - \delta_2)}$$

ω는 슬라이딩면 ae가 수평면으로 되는 각, α_2는 중력식 옹벽의 벽면 경사각, δ_2는 중력식 옹벽의 벽면 마찰각, L_n는 슬라이딩면 가운데 지하수위보다 위의 gc 사이의 길이. W는 토괴 abce의 중량으로 다음 식으로 구한다.

$$W = A_n\gamma + A_{sat}\gamma_{sat}$$

A_n는 지하수보다 위의 토괴 fbceg의 면적, A_{sat}는 지하수위보가 아래의 토괴 afg의 면적, γ는 습윤단위체적중량, γ_{sat}는 포화단위체적중량이다.

U는 슬라이딩면 위치 ag에서 간극수압의 합력이다. U를 구하기 위해 침투류 해석을 하거나 유선망을 그려 도해법을 이용할 필요가 있다. 유속이 제로이면 간극수압은 정수압이 되므로 다음 식으로 구해진다.

$$U = \frac{1}{2}\gamma_w \sin\omega L_{sat^2}$$

γ_w는 물의 단위체적중량, L_{sat}는 지하수위보다 아래의 슬라이딩면 ag 사이의 길이다.

이런 식으로부터 명확해진 것처럼 ① 흙의 중량(W) 증가 ② 점착력(c)과 내부마찰각(ϕ)의 저하 ③ 간극수압의 발생(U)에 의해 토압은 증가한다.

● **복합옹벽에 작용한 주동토압**

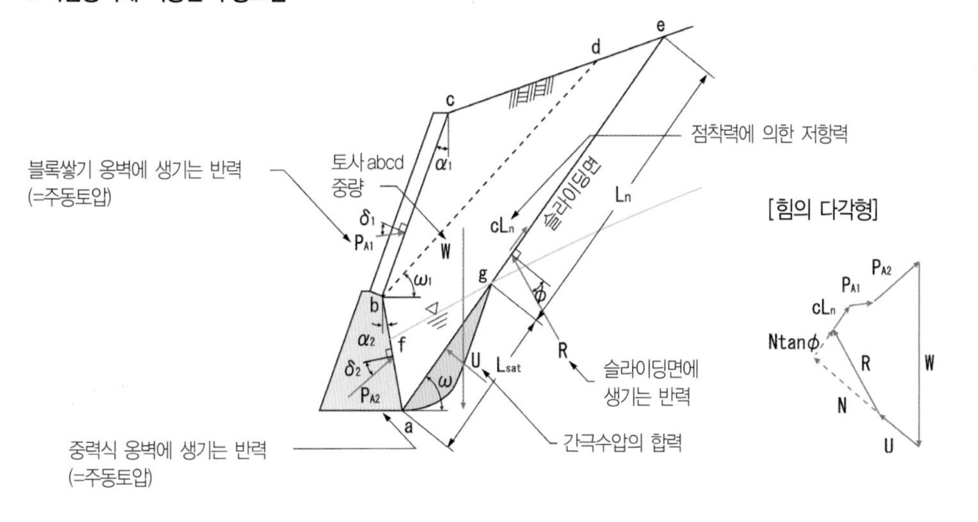

점착력의 저하가 옹벽을 전도시킨 직접적인 원인이 된 것은 틀림없다. 다만, 실제로 흙의 단위체적중량의 증가와 간극수압의 발생이 생각되기 때문에 점착력 저하는 가정한 것보다는 적었다고 생각한다. 과거의 사례에서도 옹벽의 피해개소는 집수 지형으로 되어 있거나 용수가 있는 장소가 많다. 강우 시 피해를 방지하는 데에는 암거 등에 의한 배수대책이 중요하다. 또한 옹벽 배후의 뒤채움 쇄석에 강우가 흘러 들어가지 않도록 상부를 점성토로 덮어 차수가 되도록 하는 대책이 필요하다.

흙 중량이 증가하는 이유

흙은 흙입자와 공기, 물로 구성되어 있다. 흙입자와 흙입자와의 사이(간극)에 공기와 물이 있는 상태를 불포화상태라고 하며, 그 상태의 흙을 불포화토라고 부른다.

간극이 물로 채워진 상태를 포화상태라고 한다. 물의 체적(V_w)과 간극부분의 체적(V_v)과의 비가 포화도($S_r = V_W \div V_v$)이다.

흙의 단위체적중량(γ)은 다음 식으로 표현된다.

$$\gamma = \frac{G_s + e \cdot S_\gamma}{1+e}\gamma_w$$

G_s는 흙입자의 비중이고 통상은 2.65로 한다. e는 간극비(간극부분의 체적÷흙입자의 체적)이다.

포화도와 흙의 단위체적중량과의 관계는 아래의 그림과 같다. 포화도(S_r)가 증가하면 흙의 단위체적중량(γ)도 증가한다.

● 흙의 포화도와 단위체적중량과의 관계

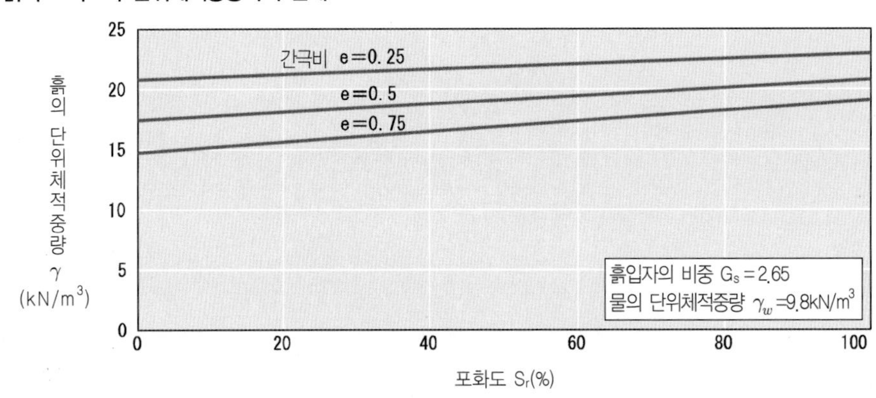

점착력만 저하한 전단강도

사면의 흙은 보통 불포화상태에 있다. 불포화상태에서 흙입자 사이에 존재하는 수분은 다음 페이지의 그림과 같이 '메니스커스'라고 부르는 렌즈와 같은 곡면을 형성한다. 표면장력의 작용에 의해 흙입자를 서로 잡아당기려 한다. 이것은 '석션'에 의한 겉보기 점착력이라 부르는 것이다.

석션이란 공기압으로부터 간극수압을 잡아당기는 압력이다. 흙의 포화도가 작을수록 크고 포화도가 100%가 되면 제로가 된다. 흙이 포화되면 석션이 소실되므로 점착력(c)도 제로가 된다. 한편 흙의 내부마찰각(ϕ)은 포화도가 변해도 거의 변하지 않는다.

아래의 그래프에 나타낸 바와 같이 흙의 파괴기준선은 c와 ϕ를 계수로 한 1차 함수로 나타낼 수 있다. 따라서 흙이 포화되면 파괴기준선는 c값 분만 저하된다. 이것이 흙의 전단강도가 저하되는 이유이다.

● 불포화 흙 내부의 상태 **● 흙의 파괴기준선**

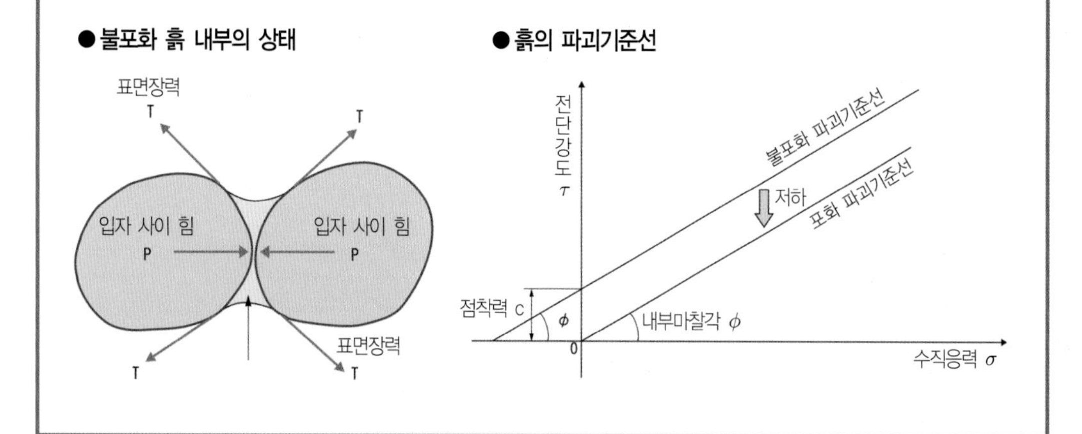

하천 호안

배후에 공극이 생긴 것은 왜?

● 하천의 물이 증가함으로써 피해받은 호안 단면도

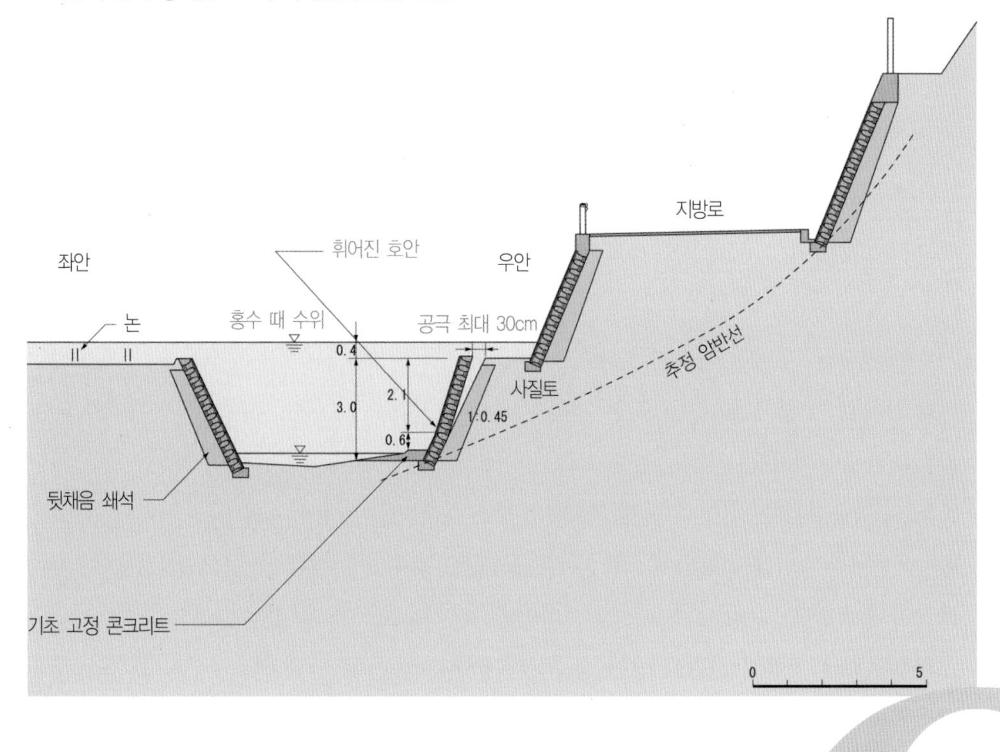

Q

태풍에 의한 많은 비로 하천의 물이 증가하여 수위가 호안의 천단보다 0.4m 상승하였다. 블록쌓기로 조성한 우측의 호안이 위 그림과 같이 하부 고정 콘크리트로부터 약 0.6m 위에서 휘어졌다. 이렇게 휘어진 호안의 블록 배후에는 공극이 발생하였다. 공극 폭은 최대 30cm에 달했다. 호안 블록이 휘어져 그 배후에 큰 공극이 생긴 것은 왜일까?

배후의 정수압으로 휨 파괴가 일어났다.

하천의 물이 증가함으로써 수위가 호안의 천단을 초과하여 상승하였다. 하천의 물은 호안의 천단으로부터 지반 내에 수직으로 침투하여 호안 배후의 뒤채움 쇄석을 포화시켰다. 비가 그쳐 하천의 수압이 급격히 저하되었다. 호안의 전면과 배후에서 수위 차이가 발생함으로써 전면의 수압보다 배후의 수압이 커지게 되었다. 호안은 근원을 콘크리트로 고정하였기 때문에 전도되지 않고 휨 파괴가 되었다고 생각된다.

2005년 9월 4일에 나가사키현 諫早시 부근에 상륙한 태풍 14호는 시코쿠 지방에도 많은 비를 내렸다. 9월 6일에는 고지현 내의 각지에서 1일의 강우량이 800mm를 초과하였다. 고지현의 중부에 있는 어느 마을을 흐르는 하천에서 물이 증가하여 수위가 호안의 천단보다 0.4m나 상승하였다. 하천 수위가 상승하면 호안의 전면에 작용한 수압도 증가한다. 수압은 전방으로부터 호안을 원지반 측으로 내리누르지만, 이 수압에 저항하려는 호안의 배후로부터 토압이 작용한다. 수압이 수동토압 이하이면 호안은 안정을 유지한다.

하천수위가 호안의 천단을 넘어 상승하면 하천의 물은 소단 표면으로부터 호안 배후의 지반 내에 수직으로 침투한다.

물이 침투하는 속도는 동수경사를 1.0으로 보기 때문에 흙의 투수계수와 동등하다고 생각할 수 있다. 호안 배후의 흙은 사질토이므로 투수속도는 시속 1~10cm(2.8×10^{-4}cm/2.8×10^{-3}) 정도이다. 그럼 하천의 수위가 상승하는 사이에 물이 지반 내에 침투하는 깊이는 대략 수십 cm에 지나지 않는다. 이 때문에 하천의 물이 수직으로 침투하여 호안 배후의 지반이 포화하였다고 생각하기 어렵다. 그런데 호안 배후에는 쇄석을 뒤채움재로써 시공하고 있다. 쇄석은 투수계수가 크다. 침투수가 표상을 돌파하여 쇄석까지 도달하면 쇄석은 용이하게 포화된다. 쇄석이 포화되면서 간극수압이 발생하였다.

투수계수란?

물이 흙 내부를 흐르는 속도는 Darcy's 법칙으로부터 다음 식으로 표현된다.

$$v = k \cdot i$$

여기서 k는 지반의 투수계수, i는 동수경사이다.

투수계수는 흙에서 물이 통과하기 쉬운 정도를 표시하는 지표이다. 흙 입자의 입경이 클수록 물을 통과하기 쉽기 때문에 k값은 커지게 된다.

흙의 종류와 투수계수의 관계를 아래의 그림에 나타내었다. 투수계수는 속도와 동일한 단위를 가진다.

● 흙 종류와 투수계수의 관계

자료: 지반공학회의 『토질시험방법과 해설』

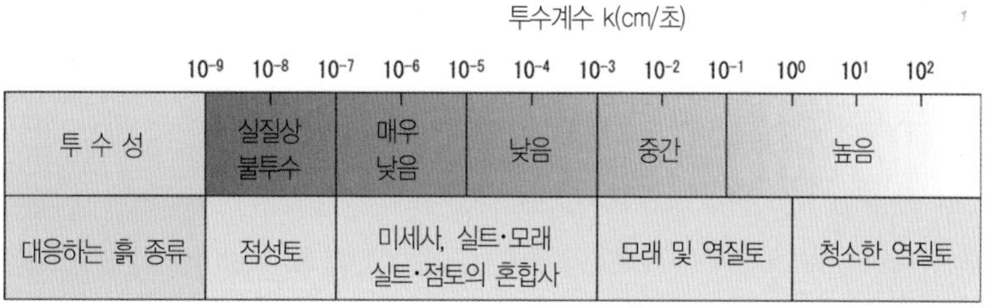

투수계수 k(cm/초)

10^{-9} 10^{-8} 10^{-7} 10^{-6} 10^{-5} 10^{-4} 10^{-3} 10^{-2} 10^{-1} 10^{0} 10^{1} 10^{2}

투 수 성	실질상 불투수	매우 낮음	낮음	중간	높음

대응하는 흙 종류	점성토	미세사, 실트·모래 실트·점토의 혼합사	모래 및 역질토	청소한 역질토

배후 수위가 하부에서도 내려가지 않고 수압이 증대하였다

비가 그치면 하천의 수위는 급속히 내려가기 시작한다. 호안에 설치되고 있는 물 빼기 구멍이 적절하게 기능하게 되면 쇄석 내부의 수위도 하천 수위와 운동하여 저하되기 마련이다. 그러나 물 빼기 구멍이 막히기는 등 기능을 하지 않으면 쇄석 내부의 수위는 저하되지 않는다. 그럼 호안 배후의 수위차가 발생하여 호안의 전방으로부터 올리는 수압보다도 배후로부터 올리는 간극수압이 커지게 된다. 피해된 하천의 호안에서 근원을 콘크리트로 고정하고 있다. 그 때문에 호안은 회전 변위할 수 없고 근 고정 콘크리트 면보다 0.6m 위에서 휨 파괴가 발생하였다. 호안이 휘어진 결과, 배후에는 최대 30cm의 틈이 발생하였다고 생각된다(182페이지 사진 참조).

호안과 원 지반 사이의 틈이 생긴 것은 원지반이 자립하고 있음을 의미한다. 만약 원지반이 침투수로 포화되어 있으면 석션에 의한 겉보기 점착력이 소멸된다. 원지반은 자립할 수 없는 것이 당연하다. 원지반은 포화되지 않고 점착력을 유지하는 그대로의 상태였다고 생각된다.

하천의 호안에 발생한 수평방향의 균열. 바닥 고정이다.
콘크리트로부터 약 0.6m 위의 위치에 호안이 휘어져 있다.

호안과 배후의 원지반과의 사이에 최대 30cm의 틈이 발생하였다.
호안에 전도되었지만, 원지반은 자립하고 있다.

호안의 휨 응력도를 구하는 법

피해를 받은 하천 호안는 35cm 블록을 이용한 반죽 쌓기 구조로 직고 3m, 벽면 경사는 1:0.45였다. 호안이 파괴되었을 때, 파괴면보다 상부의 호안에 작용하고 있던 힘은 호안의 자중(W_1, W_2), 배후로부터 정수압(P_1), 앞면으로부터 정수압(P_2)이다. 토압은 작용하지 않는다. 배후에 틈이 생기고 있다는 것이 명확해졌다.

호안이 파괴될 때의 수위는 불명확하다. 그래서 배후의 수위는 호안의 천단과 일치하고, 배후와 앞면과의 수위 차이는 1.0m였다고 가정하였다. 이하에 호안의 휨 응력도를 계산하였다. (계산식에서 사용하는 기호는 184페이지 위쪽 그림 참조).

[호안의 자중과 중심위치]

$$W_1 = \frac{\gamma_c bh}{\cos\theta} = \frac{23 \times 0.35 \times 2.1}{0.912} = 18.5\text{kN/m}$$

$$y_1 = \frac{h}{2\cos\theta} = \frac{2.1}{2 \times 0.912} = 1.15\text{m}$$

$$W_2 = \frac{1}{2}\gamma_c b^2 \tan\theta = \frac{1}{2} \times 23 \times 0.35^2 \times 0.45 = 0.6\text{kN/m}$$

$$x_2 = \frac{b}{6} = \frac{0.35}{6} = 0.06\text{m}$$

$$y_2 = \frac{h}{\cos\theta} + \frac{b}{3}\tan\theta = \frac{2.1}{0.912} + \frac{0.35}{3} \times 0.45 = 2.36\text{m}$$

[정수압과 작용위치]

$$P_1 = \frac{\gamma_w}{2\cos\theta}(b\sin\theta + h)^2 = \frac{9.8}{2\times 0.912}\times(0.35\times 0.41 + 2.1)^2 = 27.0\text{kN/m}$$

$$y_{p1} = \frac{1}{3}\left[b\tan\theta + \frac{h}{\cos\theta}\right] = \frac{1}{3}\times\left[0.35\times 0.45 + \frac{2.1}{0.912}\right] = 0.82\text{m}$$

$$P_2 = \frac{\gamma_w}{2\cos\theta}(h - \Delta h)^2 = \frac{9.8}{2\times 0.912}\times(2.1 - 1.0)^2 = 6.5\text{kN/m}$$

$$y_{P2} = \frac{1}{3\cos\theta}(h - \Delta h) = \frac{1}{3\times 0.912}\times(2.1 - 1.0) = 0.40\text{m}$$

[자중과 정수압의 단면력]

축력 $N = (W_1 + W_2)\cos\theta = (18.5 + 0.6)\times 0.912 = 17.4\text{kN/m}$

전단력 $S = P_1 - P_2 - (W_1 + W_2)\sin\theta = 27.0 - 6.5 - (18.5 + 0.6)\times 0.41 = 12.7\text{kN/m}$

휨 모멘트 $M = P_1 y_{P1} - P_2 y_{P2} - (W_1 y_1 + W_2 y_2)\sin\theta = 27.0\times 0.82 - 6.5\times 0.4$
$- (18.5\times 1.15 + 0.6\times 2.36)\times 0.41 = 10.2\text{kN/m}$

[호안의 응력도]

휨 응력도

$$\sigma_1 = \frac{N}{bL} + \frac{6M}{b^2L} = \frac{17.4}{0.35\times 1.0} + \frac{6\times 10.2}{0.35^2\times 1.0} = 549\text{kN/m}^2 = 0.55\text{N/mm}^2$$

$$\sigma_2 = \frac{N}{bL} + \frac{6M}{b^2L} = \frac{17.4}{0.35\times 1.0} + \frac{6\times 10.2}{0.35^2\times 1.0} = -450\text{kN/m}^2 = -0.45\text{N/mm}^2$$

전단 응력도

$$\tau_c = \frac{S}{bL} = \frac{12.7}{0.35\times 1.0} = 36\text{kN/m}^2 = 0.04\text{N/mm}^2$$

[허용응력도]

홍수 시 호안의 허용응력도는 (사)일본도로협회가 발행한 『도로토공-옹벽공지침』에 규정되고 있는 지진 시 허용응력도에 따라 산정하면 다음과 같이 된다. 또한 블록쌓기의 콘크리트 압축강도(σ_{ck})는 16N/mm^{2}이다.

허용 휨 압축응력도

$$\sigma_{ca} = \frac{\sigma_{ck}}{4}\times 1.5 = \frac{16}{4}\times 1.5 = 6.0\text{N/mm}^2 > \sigma_1 = 0.55\text{N/mm}^2\ (\text{OK})$$

허용 휨 인장응력도

$$\sigma_{ta} = \frac{\sigma_{ck}}{80} \times 1.5 = \frac{16}{80} \times 1.5 = 0.3\text{N/mm}^2 < |\sigma_2| = 0.45\text{N/mm}^2 \text{ (NG)}$$

허용 전단 응력도

$$\tau_{ca} = \left[\frac{\sigma_{ck}}{100} + 0.15\right] \times 1.5 = \left[\frac{16}{100} + 0.15\right] \times 1.5 = 0.31\text{N/mm}^2 > \tau_c = 0.04\text{N/mm}^2 \text{ (OK)}$$

[수위차와 응력도의 관계]

상기의 응력도는 호안의 전후의 수위차를 1.0m로 가정한 경우이다. 수위차를 여러 가지로 변화시켜 계산하면 다음 페이지의 그림과 같이 된다. 호안의 전후의 수위차가 0.68m 이상이 되면, 호안의 휨 인장응력도가 허용응력도를 초과한다.

● 호안이 파괴면으로부터 상부에 작용하는 힘

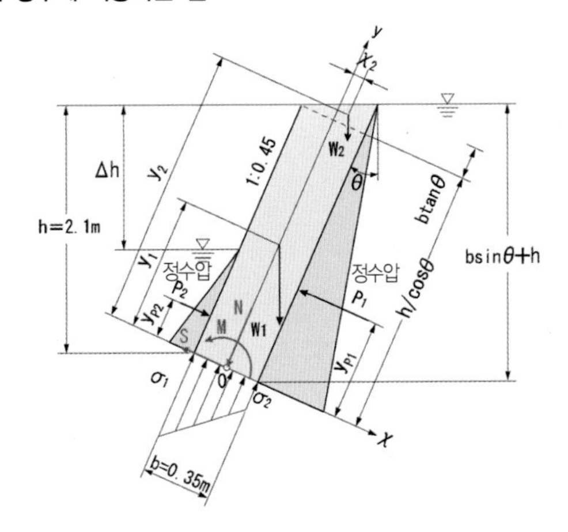

● 호안의 휨 응력도

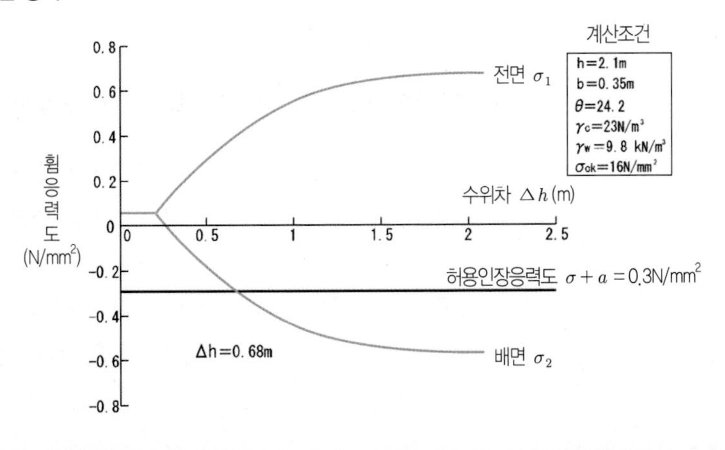

배후의 토질도 피해를 좌우한다

호안의 높이는 양측 모두 동일하지만 좌측의 호안은 피해를 받지 않았다. 상세히 말하면 우측에서도 피해받은 것은 줄눈으로 구분된 1구간뿐이었다. 피해를 받은 개소와 그렇지 않은 개소와의 차이는 호안 배후의 흙의 투수계수였다고 생각된다. 좌측 호안의 배후는 논이기 때문에 지표면은 불투수의 점성토층으로 피복되어 있다. 한편 우측은 사질토이다. 사질토에서도 장소에 따라 실트와 점토 등 미립분의 혼입률이 다르지만, 피해 개소에는 이따금 세립분이 적었다고 계측되었다. 하천의 물이 증대되어 호안이 일어나 올라가는 것을 방지하는 데에는 다음과 같은 대책을 생각할 수 있다.

① 물의 증대가 예상되는 수위의 상승고보다 호안의 천단을 높게 해둔다.

② 호안 천단에 콘크리트를 타설하는 등 하천의 물이 원지반 내에 수직으로 침투하지 않도록 한다.

③ 호안의 뒤채움재의 상부에 차수매트 등을 시공하여 원지반에 침투하여 생긴 물을 뒤채움재에 침투시키지 않도록 한다.

④ 물 빼기 구멍이 막히는 일 없이 적절히 기능하도록 대책을 수립한다.

● 호안파괴 메카니즘

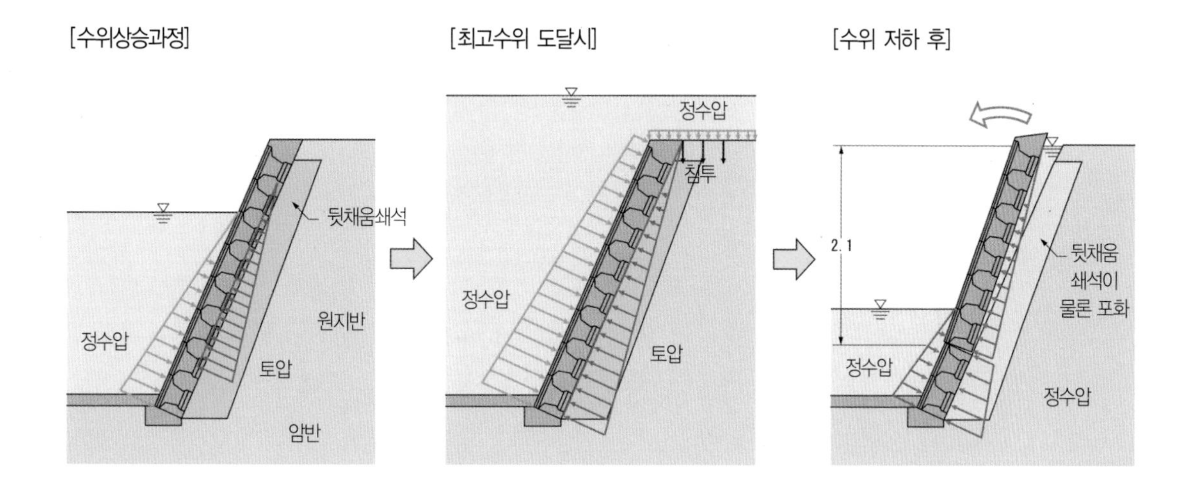

옹벽의 덧쌓음

블록쌓기 옹벽이 기울어진 것은 왜?

● 조성지 단면도

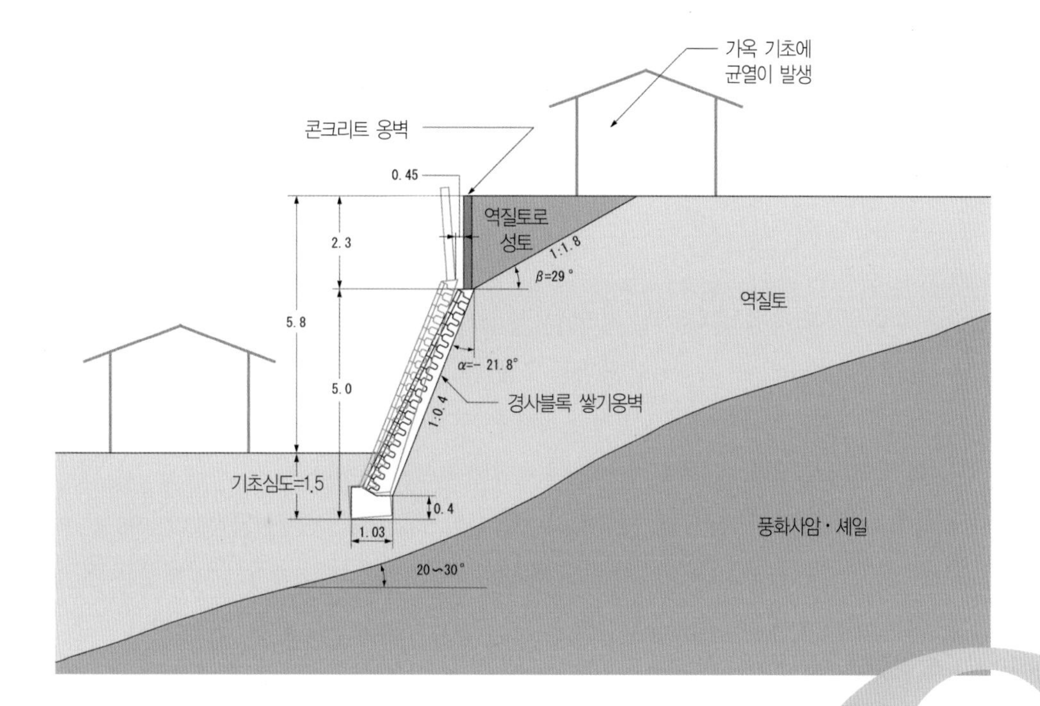

Q

뉴타운이 생긴 지 2년 후에 블록쌓기 옹벽(위 그림 참조)이 경사져 가옥의 기초와 흙 사이 콘크리트에 균열이 생기는 트러블이 발생하였다. 하단의 부지와의 고저차는 5.8m이다. 가옥을 건축할 때 기존에 설치한 블록쌓기 옹벽 상부에 직립한 콘크리트 벽을 덧쌓아 성토하였다. 그리고 그 위에 가옥을 세웠던 것을 알았다. 성토재는 역질토였다. 기초는 풍화가 진행된 사암·혈암층으로 20~30도의 각도로 경사져 있다. 성토 위에 가옥을 건축한 후 얼마 동안 괜찮았는데, 2년 후 블록쌓기 옹벽이 전방으로 기울어진 것은 왜일까?

A

성토와 지하수에 의한 토압이 증대되었다.

콘크리트벽을 조성하여 덧쌓았을 때 배면을 성토했기 때문에 하부에 있는 블록쌓기 옹벽에 걸리는 토압이 증대하였고 전도에 대한 안전율이 저하되었다. 게다가 성토의 배면에 지하수가 유입했다. 간극수압이 높아짐으로써 토압이 증가하여 블록쌓기 옹벽에 경사가 생겼다고 생각한다.

시코쿠지방에 대규모로 조성된 지역에서 발생한 트러블이다. 피해가 있었던 가옥은 성토부에 건축되어 있었다. 이 사례처럼 옹벽을 덧쌓았으면 기존에 설치한 옹벽배면에 걸리는 토압이 증가할 수 있으므로 주의가 필요하다. 덧쌓은 후 블록쌓기 옹벽에 어느 정도 토압이 걸리는지, 안정성이 어떻게 변하는지를 이하에서 검증해보고자 한다.

성토의 토질은 역질토이므로 단위체적중량(γ)이 20kN/m^3, 내부마찰각(ϕ)이 35도, 벽면마찰각(δ)이 23.3도로서 덧쌓은 옹벽에 걸리는 주동토압을 먼저 계산하자. 덧쌓은 후 성토상면이 수평이기 때문에 Coulomb 토압공식을 사용한다(계산 과정은 다음 페이지 상자 참조). 주동토압계수는 0.244가 되므로 덧쌓은 옹벽부분에 걸리는 주동토압은 12.9kN/m가 된다.

다음에 덧쌓기한 옹벽에 작용하는 주동토압의 영향을 고려하여 하부에 있는 블록쌓기 옹벽에 걸리는 토압을 '시행 쐐기법'(193페이지 상자 참조)에 의해 계산하였다. 시행 쐐기법을 사용한 것은 성토의 경사가 도중에 변하기 때문이다. 주동 슬라이딩각(w)을 49~53도의 범위에서 1도씩 계산하면 결과적으로 51도일 때 주동토압은 최대 55.0이 된다.

이상을 바탕으로 블록쌓기 옹벽의 안정성을 검토하면 회전안전율은 0.95가 되고 목표로 하는 안전율 1.5를 만족하지 못한다. 한편 활동 안전율은 1.56이 된다. 즉 2.3m 덧쌓은 다음 토압은 67.9까지 증대되었고, 그 결과 회전 안전율은 0.95, 활동 안전율은 1.56이 된다. 각각 덧쌓기 전에 비해 저하되었다.

덧쌓기 후 토압과 옹벽의 안정성

덧쌓기 한 콘크리트 벽에 걸리는 주동토압계수(K_{A1})는

$$K_{A1} = \frac{\cos^2(\phi - \alpha_1)}{\cos^2\alpha_1 \cos(\alpha_1 + \delta)\left\{1 + \sqrt{\frac{\sin(\phi+\delta)\sin(\phi-\beta)}{\cos(\alpha_1+\delta)\cos(\alpha_1-\beta)}}\right\}^2}$$

$$= \frac{\cos^2(35-0)}{\cos^2 0 \cos(0+23.3)\left\{1 + \sqrt{\frac{\sin(35+23.3)\sin(35-0)}{\cos(0+23.3)\cos(0-0)}}\right\}^2}$$

$$= 0.244$$

따라서 덧쌓기 한 콘크리트벽 부분에 걸리는 주동토압은

$$P_{A1} = \frac{1}{2}\gamma \cdot H_0^2 \cdot K_A = \frac{1}{2} \times 20 \times 2.3^2 \times 0.244 = 12.9\text{kN/m}$$

가 된다.

이때 주동토압의 연직성분은

$$P_{AV1} = P_{A1}\sin(\alpha_1 + \delta) = 12.9 \times \sin(0 + 23.3) = 5.1\text{kN/m}$$

동일하게 수평성분은

$$P_{AH1} = P_{A1}\cos(\alpha_1 + \delta) = 12.9 \times \cos(0 + 23.3) = 11.8\text{kN/m}$$

또한 주동토압의 합력 작용하는 높이는

$$y = H + \frac{H_o}{3} = 5.0 + \frac{2.3}{3} = 5.77\text{m}$$

로 구해진다.

이러한 결과를 바탕으로 하부에 있는 블록쌓기 옹벽에 걸리는 주동토압을 구할 수 있다. 주동 슬라이딩 각(ω)을 49도로부터 53도의 범위로 1도씩 변화시켜 계산하면 표와 같이 된다. 결과적으로 ω가 51도일 때 P_{A2}가 최대로 된다. 관련하여 51도일 때 흙 쐐기 abcd의 중량(W)은

덧쌓기 후 토압과 옹벽의 안정성

$$\mathrm{W} = \frac{\gamma}{2}\left\{(\cot\omega + \tan\alpha_2)\mathrm{H}_t^{\,2} + (\tan\alpha_1 - \tan\alpha_2)\mathrm{H}_0^2\right\}$$

$$= \frac{20}{2}\left\{(\cot 51 + \tan(-21.8)) \times 7.3^2 + (\tan 0 - \tan(-21.8)) \times 2.3^2\right\}$$

$$= 239.5\mathrm{kN/m}$$

가 되기 때문에 주동토압(P_{A2})은

$$\mathrm{P}_{A2} = \frac{\mathrm{W}\sin(\omega-\phi) - \mathrm{P}_{A1}\cos(\omega-\phi-\delta-\alpha_1)}{\cos(\omega-\phi-\alpha_2-\delta)}$$

$$= \frac{239.5 \times \sin(51-35) - 12.9 \times \cos(51-35-23.3-0)}{\cos(51-35+21.8-23.3)} = 55.0\mathrm{kN/m}$$

가 된다.

*토질정수는 (사)일본도로협회의 [도로토공·옹벽공지침] 등에 근거하여

● 토압의 걸리는 형태

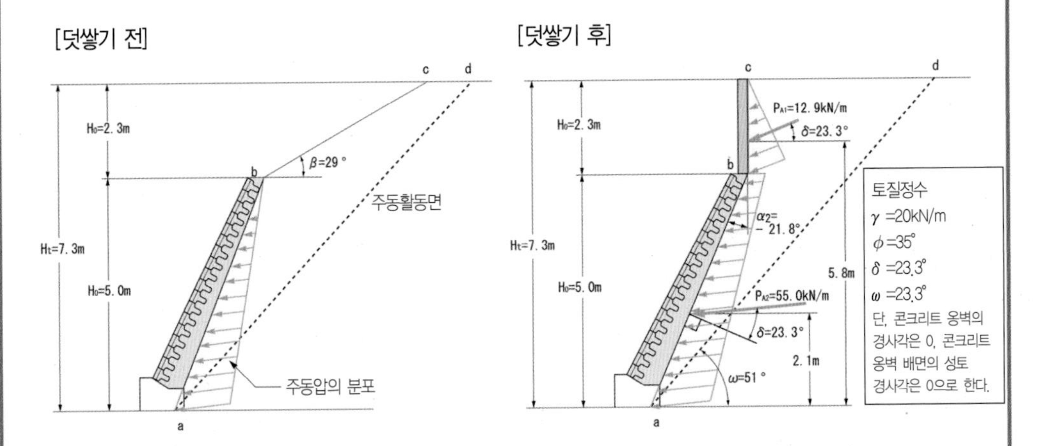

*주동토압: 통상 옹벽이 움직이지 않게 되면 성토에 의해 큰 토압(=정지토압)이 옹벽에 걸린다. 그러나 옹벽이 전방으로 조금 움직이면 성토 내부에 마찰력이 발휘되기 때문에 옹벽에 걸리는 토압은 감소한다. 이 마찰력이 최대한으로 발휘되고 토압이 최소로 되었을 때 주동토압이라고 한다.

다음에 ω가 51도일 때 $P_{A2} = 55.0\text{kN/m}$을 연직성분과 수직성분으로 나누어 보자.

먼저 주동토압의 연직성분은

$$P_{AV2} = P_{A2}\sin(\alpha_2 + \delta) = 55.0 \times \sin(-21.8 + 23.3) = 1.4\text{kN/m}$$

똑같이 주동토압의 수평성분은

$$P_{AH2} = P_{A2}\cos(\alpha_2 + \delta) = 55.0 \times \cos(-21.8 + 23.3) = 55.0\text{kN/m}$$

가 된다. 또한 주동토압의 합력 P_{A2}가 작용하는 높이는

$$y = \frac{H}{3} \cdot \frac{2H_o + H_t}{H_o + H_t} = \frac{5.0}{3} \times \frac{2 \times 2.3 + 7.3}{2.3 + 7.3} = 2.07\text{m}$$

가 된다.

이런 것들을 집계하면 아래의 옹벽에 작용하는 하중의 집계표와 같이 된다.

이런 표를 바탕으로 하여 전도에 대한 안전율을 구하면

$$F_s = \frac{\Sigma(V_X)}{\Sigma(H_y)} = \frac{172.5}{182.0} = 0.95 < 1.5$$

가 되고, 목표로 하는 안전율 1.5를 만족하지 못했다. 다음으로 저면의 마찰계수(μ)를 0.6으로 하여 활동의 안전율을 계산해 보자. 근입깊이(D_f)를 1.5m, 근입 지반의 γ과 ϕ는 성토와 동일한 값이 된다. 이때 수동토압은

$$P_P = \frac{1}{2}\gamma D_f^2 \tan^2(45 + \frac{\phi}{2}) = \frac{1}{2} \times 20 \times 1.5^2 \times \tan^2(45 + \frac{35}{2}) = 83\text{kN/m}$$

가 된다.

따라서 활동의 안전율은

$$F_s = \frac{\mu\Sigma V + 0.5P_P}{\Sigma H} = \frac{0.6 \times 104.4 + 0.5 \times 83}{66.8} = 1.56 > 1.5$$

가 된다. 덧쌓기 후에도 활동에 관해서는 목표로 하는 안전율 1.5를 만족하여 안전하였음을 알 수 있다.

● 1도씩 변화시켰을 때 토압

w(도)	W(kN/m)	P_{A2}(kN/m)	
49	271.3	54.2	
50	255.2	54.8	
51	239.5	55.0	최대
52	224.4	54.8	
53	209.6	54.1	

● 옹벽에 작용하는 하중의 집계

	하중		하중까지 암의 길이(m)		모멘트(km/m)	
	연직방향	수평방향	수평방향	연직방향	수평방향	연직방향
콘크리트 벽 중량	15.9	0	2.72	–	43.2	0
블록쌓기 옹벽 중량	82	0	1.37	–	112.3	0
콘크리트 벽에 걸리는 토압	5.1	11.8	2.87	5.77	14.6	68.1
블록쌓기 옹벽에 걸리는 토압	1.4	55	1.7	2.07	2.4	113.9
합계	104.4	66.8	–	–	172.5	182

강우가 치명적인 타격이 되었다

계산한 대로라면, 덧쌓기 한 직후에 블록쌓기 옹벽은 전도한다. 그런데 실제로는 전도되지 않았고 시공 후 2년 동안 기울어진 것뿐이고 계산결과와 맞지 않는다. 그 원인은 계산에 사용한 성토의 토질정수였다고 생각된다. 옹벽 설계에서 일반적으로 점착력을 가지는 것이 적지 않다. 이 영향으로 토압이 계산값보다 실제는 작았기 때문으로 보여진다. 다만 성토 점착력은 성토가 완전히 물로 채워진 '포화상태'에서 소실된다. 완성하여 2년 후 강우의 영향으로 산측으로부터 지하수가 블록쌓기 옹벽 배후에 흘러 들어간 결과, 성토가 포화상태가 되어 토압이 증대한다. 블록쌓기 옹벽을 회전시키는 힘이 생겨 경사가 발생하였다고 생각된다. 경사에 의해 이음이 열리면 그곳으로부터 간극수가 배출된다. 그럼 토압은 원래의 크기로 돌아가고 옹벽은 다시 안정상태로 돌아간다. 토압은 옹벽 높이의 거의 좌승에 비례한다. 예를 들어 높이를 1.5배이면 토압은 $1.5^2=2.25$배가 된다. 덧쌓기 하는 경우, 토압 증대에 견딜 수 있도록 보강하는 동시에 전도 및 활동 등에 대해서도 조사가 필요하다.

또한 트러블이 발생한 블록쌓기 옹벽은 안전성이 부족해지게 되므로 전면에 단면이 60cm*60cm의 철근콘크리트 법면틀을 시공하고 길이 8~12m의 앵커로 보강한다.

● 대책공사 개요

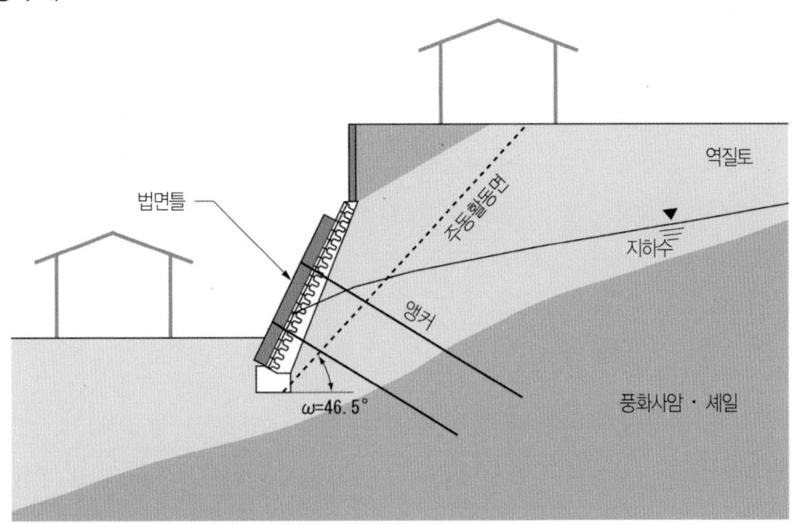

시행 쐐기법이란

시행 쐐기법이란 이하의 식 (1)을 사용하여 시행착오적으로 주동토압(P_A)의 최댓값을 발견하는 방법이다.

$$P_A = \frac{\sin(\omega - \phi)}{\cos(\omega - \phi - \alpha - \delta)} W \quad \cdots\cdots (1)$$

Coulomb은 (1)식으로 구한 P_A가 최대로 될 때 w가 진(참)의 슬라이딩 각(=주동 슬라이딩 각)이고, 그때가 주동토압으로 제안하였다.

시행 쐐기법에서 주동 슬라이딩 각은 다음 식 (2)으로 나타내는 범위에 있다.

$$\phi \leq \omega \leq 45 + \frac{\phi}{2} \quad \cdots\cdots (2)$$

따라서 이 범위 내에서 ω를 1도씩 폭으로 변화시켜 P_A 등을 계산하여 P_A의 최댓값을 알아내면 주동토압을 알 수 있다.

Coulomb의 토압공식이 적용할 수 있는 것은 성토변이 수평 또는 동일한 경사인 경우에 한정된다. 이에 반해 시행 쐐기법은 성토면이 복잡하게 변화되고 있는 경우에도 적용할 수 있다. 범용성이 높기 때문에 옹벽의 토압계산에 사용되는 경우가 많다.

● 시행 쐐기법의 개념

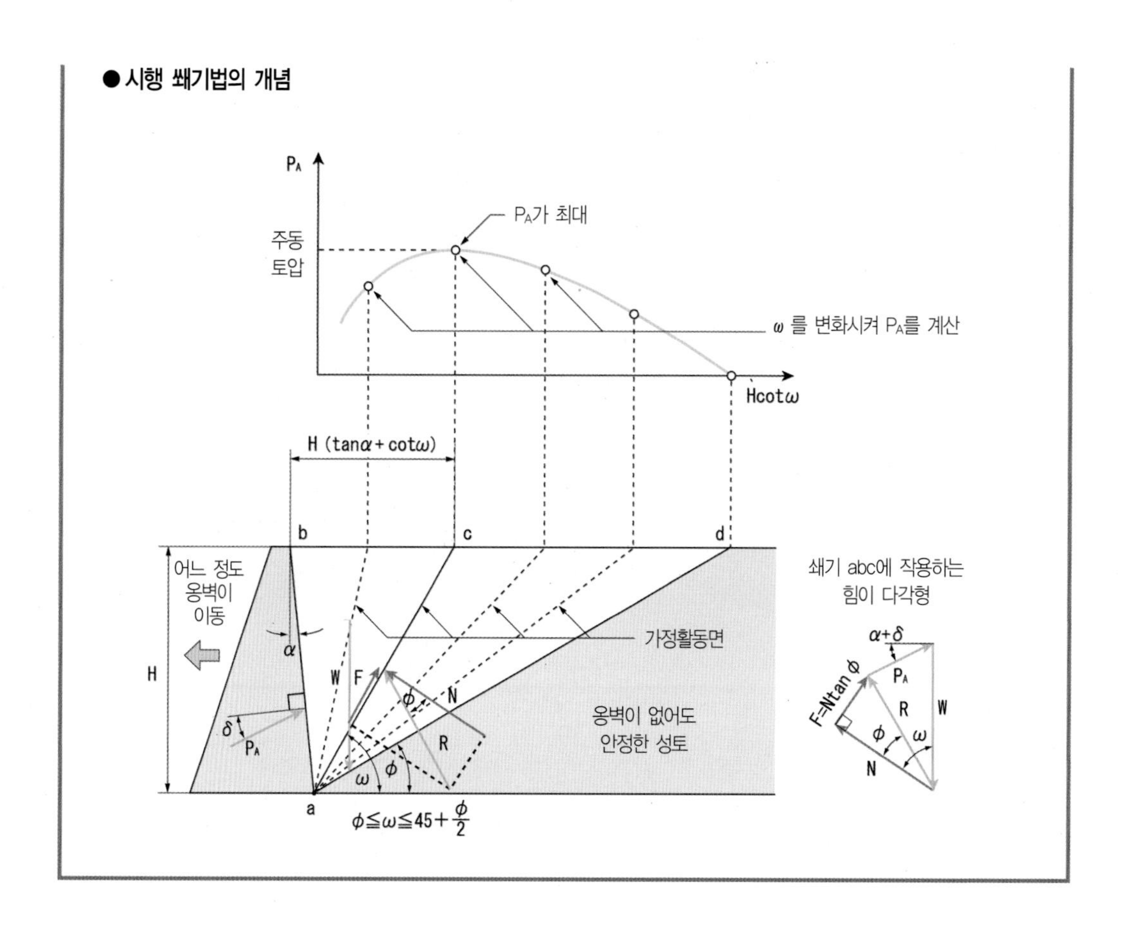

P_A
P_A가 최대
주동
토압
ω 를 변화시켜 P_A를 계산
Hcotω
H (tanα + cotω)
b
c
d
어느 정도
옹벽이
이동
쐐기 abc에 작용하는
힘의 다각형
H
α
가정활동면
W
F
N
φ
δ
P_A
R
옹벽이 없어도
안정한 성토
ω
a
$\phi \leqq \omega \leqq 45+\frac{\phi}{2}$
α+δ
F=Ntan φ
P_A
R
W
φ
ω
N

앵커 부착 콘크리트 법면틀

시공 중에 균열이 발생한 것은 왜?

● 최상단 앵커를 긴장한 후 균열이 생긴 법면틀

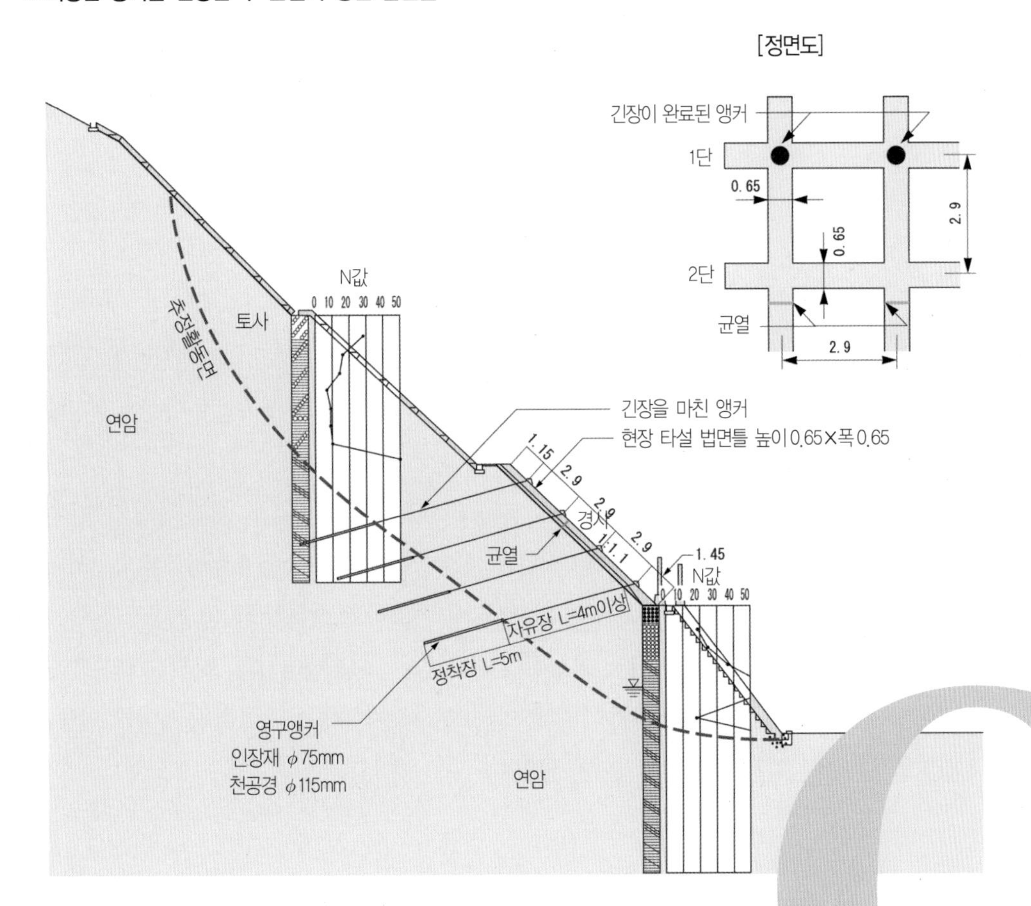

절토 법면을 보강하기 위해 앵커 부착 콘크리트 법면틀을 시공하고 있었다. 법면틀이 완성되고 최상단의 앵커를 긴장하는 작업이 종료되어 2단째 가로 보 바로 아래에 위치하는 세로 보에 균열이 발생하고 있는 것을 발견하였다. 균열은 동일 높이에 연결한 모든 세로 보에 생겼다. 이 법면틀은 철근 콘크리트 구조에서 보의 폭과 높이가 650mm였다. 상면에는 d16mm의 철근을 4개, 하면에는 d25mm의 철근을 4개 배치하고 있다. 전체 4단의 앵커 장력에 지탱할 수 있는 설계였다. 그럼에도 세로 보에 균열이 발생한 것은 왜일까?

A

앵커 전체를 긴장하여 완성된 상태였다면 법면틀의 보 상면에 발생하는 휨인장응력은 작다. 그러나 일부 앵커만을 긴장한 시공 도중에 보의 윗면에 큰 휨인장응력이 작용한다. 그 때문에 응력도가 허용값을 초과하여 균열이 발생하였다고 생각된다.

도로를 따라 절토 법면과 옹벽에 변상이 발견되었기 때문에 대책공사를 실시하였다. 지질조사 결과를 토대로 그라운딩 앵커에 의한 억지공법을 채택하였다. 앵커의 수압체는 현장타설 콘크리트 제품의 법면틀을 사용하는 것으로 했다.

법면틀의 시공을 끝낸 후 그라운딩 앵커 시공을 하였다. 지반 굴착, 앵커 삽입, 그라우팅 주입이 끝나고 다음에 앵커를 긴장하는 작업만 남긴 상태였다. 최상단의 앵커로부터 순서대로 긴장작업을 시작하였다. 최상단의 앵커 긴장작업을 종료하고 2단째 앵커의 긴장작업에 들어가려고 준비를 하고 있는 단계에서 이상이 발견되었다. 다음 페이지의 그림에 나타낸 바와 같이 2단째의 가로 보 바로 아래에 위치하는 모든 세로 틀에서 균열이 발생하고 있었다. 법면틀 완성 시 검사에서는 확인되지 않았다.

시공 시 응력은 완성 시의 2배였다

법면틀에 균열이 발생한 것은 왜일까? 앵커 전체를 긴장한 완성 시 응력상태와 일부의 앵커만을 긴장한 시공 시 응력상태를 비교했다. 계산 결과로부터 아래의 사실을 알았다.

완성되면 각각 앵커의 장력이 균등하게 작용되게 되므로 법면틀에 작용하는 휨 모멘트는 보의 아래 면이 인장 측으로 되는 정 모멘트가 크고 보의 윗면이 인장응력 측이 되는 부 모멘트는 아주 작았다. 그것에 비해 1단째의 앵커만을 긴장한 상태에서는 보 윗면에 작용하는 부 모멘트가 완성 시의 2배 이상이 된다. 이처럼 완성 시와 시공 시에서 보에 작용하는 모멘트가 전혀 다르다. 그러나 보에는 완성 시의 모멘트만을 설정하고 있기 때문에 아랫면의 철근이 D25를 4개, 상면이 D16을 4개로 보 위 측의 철근량을 감소시켰다.

● 최상단 앵커를 긴장한 후에 균열이 발생한 격자틀 상황

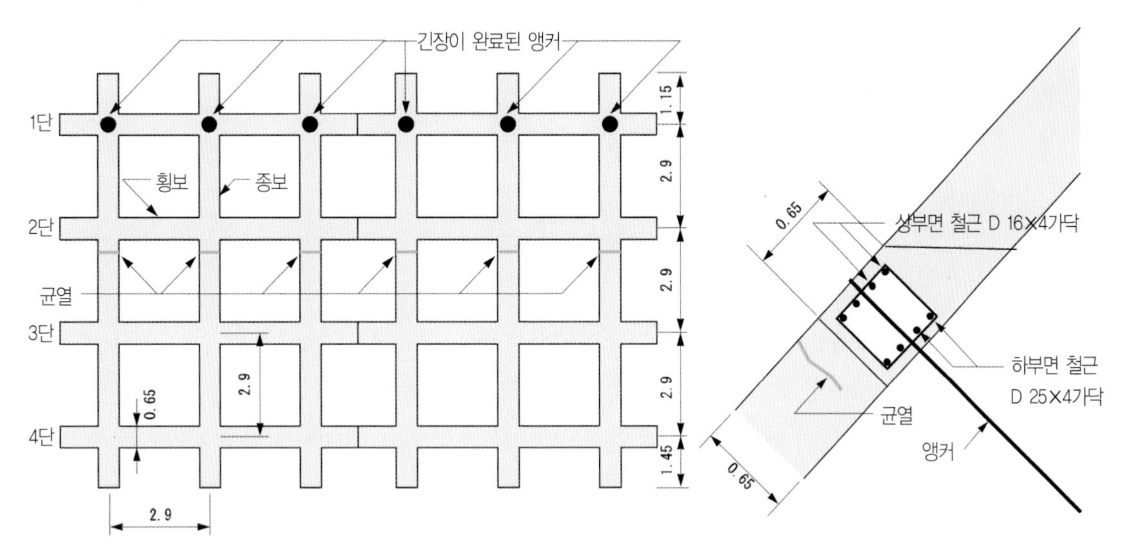

그 결과, 1단째의 앵커만을 긴장한 상태에서 보 위측의 철근에 작용하는 인장응력(σ_s)은 332N/mm²과 거의 철근항복응력에 가까운 응력($\sigma_y = 345\mathrm{N/mm^2}$)이 발생한다. 여기서 최대모멘트가 발생하는 개소는 균열 개소와 일치하고 있다.

이상의 것으로부터 1단째 앵커를 긴장한 단계에서 보의 윗면에는 설계에서 설정하고 있지 않았던 큰 인장응력이 발생한다는 것을 알았다. 그 결과, 균열이 발생하였다고 생각한다.

시공방법을 고려하지 않은 설계법이었다

법면틀의 설계에서 앵커의 체결순서를 고려한 응력 조사는 일반적으로 거의 실시되지 않는다. 체결순서를 고려한 해석은 지반을 탄성체로 설정한 '탄성 상판 위의 보이론'이 아니면 해석할 수 없다.

그런데 시공 도중의 응력상태뿐만 아니라 완성 시 상태에 대해서도 탄성 상판의 보로서 해석이 실시되는 경우는 거의 없다. 일반적으로 연속보 모델에 의해 설계하고 있다. 이 방법은 앵커에 의해 발생하는 지반반력을 등분포하중으로 가정한다. 앵커의 위치를 지점으로 하여 돌출을 가진 연속보로서 단면력을 계산한다. 이 방법에는 시공순서를 고려한 해석을 할 수 없는 이외에도 몇 가지 문제점을 가지고 있다.

먼저 모델화 문제이다. 이 설계법에서 앵커의 장력을 지지반력으로 놓고 있다. 여기서 양측의 돌출 길이가 동일한 연속보의 지점반력(R_A : 양단의 지점반력, R_B : 양단을 제외하고

중간 지점반력)은 다음과 같은 식으로 구해진다.

$$R_A = \frac{w \cdot \ell}{5}\left[2 + \frac{5a}{\ell} + \frac{3a^2}{\ell^2}\right]$$

$$R_B = \frac{w \cdot \ell}{10}\left[11 - \frac{6a^2}{\ell^2}\right]$$

2개의 식에서 a는 돌출 길이, ℓ는 중앙 스팬, w는 등분포하중이다.

이 식으로부터 알 수 있는 것처럼 양단의 지점반력과 중앙의 저점반력은 다른 값이 된다. 즉 실제로 각각의 앵커 장력은 똑같아야만 하는데, 연속보 모델에서는 지점반력인 앵커의 장력이 달라지는 모순이 발생한다. 지점반력을 등분포로 가정하는 것에 문제가 있는 것이다. 또한 연속모델에 의한 방법에서 지반의 영향을 전혀 평가하지 않고 있다. 다음 페이지 상자에 나타낸 바와 같이 보의 단면력은 지반의 용수철과 보의 휨강성의 영향을 받는다. 즉 앵커의 장력과 법면틀의 단면형상이 동일하더라도 지반의 단단함에 의해 단면력이 다르다. 그럼에도 불구하고 연속보 모델에서는 단면력이 전부 동일하다.

다만, 지반의 강성에 비해 보의 강성이 비교적 크므로 보를 강체로 보는 경우는 지반반력을 등분포로 가정해도 문제가 없다. 여기서 보의 강성이 상대적으로 큰지, 안 큰지를 판단하기 위해 다음 페이지의 상자에 나타낸 보의 특성값 β을 사용하는 방법이 있다. β에 보의 최대 스팬(L)을 곱하였을 때 값이 1보다 작으면 강체로 보아도 좋다고 생각된다.

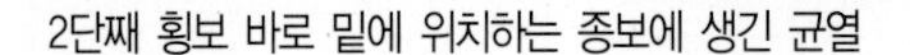

2단째 횡보 바로 밑에 위치하는 종보에 생긴 균열

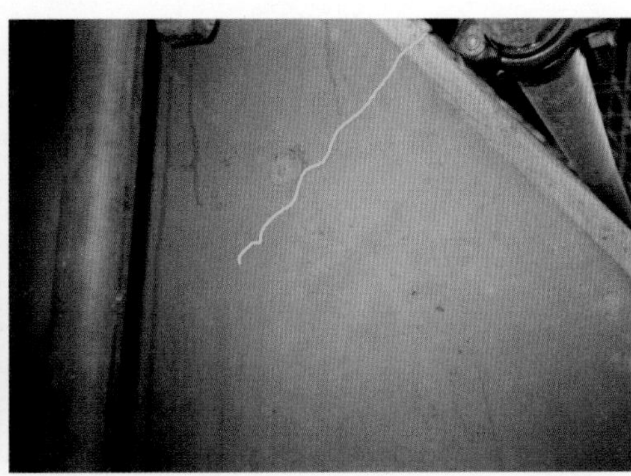

균열 개소를 측면에서 본 것, 균열 심로는 40cm 정도에 달함

법면틀에 작용하는 단면력의 계산방법

법면틀의 설계단면력은 지반을 이산형 용수철, 법면틀을 탄성보로 보고 탄성 상판 위의 보로 산출한다. 지반은 이산형의 등분포 용수철로서 모델화한다. 지반 용수철(k_v: 수직방향의 지반반력계수)는 지반의 변형계수(E_0)로부터 산출한다.

$$kv = k_{vo}\left[\frac{B_v}{0.3}\right]^{-\frac{3}{4}}, \quad k_{vo} = \frac{1}{0.3}\alpha E_o$$

$$B_v = \sqrt{\frac{D}{\beta}}, \quad \beta = \sqrt[4]{\frac{k_v D}{4E \cdot I}}$$

여기서 k_{vo}는 직경 0.3m의 강체 원반에 의한 평판재하시험의 값에 상당하는 연직방향의 지반반력계수, α는 지반의 변형계수 추정에 이용되는 계수, B_v는 기초의 환산재하 폭, β는 보의 특성값, $E \cdot I$는 보의 휨강성으로 E는 탄성계수, I는 단면2차모멘트, D는 보의 폭이다. 또한 k_v와 β의 식을 전개한 아래의 식을 이용한다.

$$k_v = 1.208\sqrt[29]{\frac{(\alpha E_0)^{32}}{(EI)^3 D^9}}$$

이 사례의 절토 법면에서 표준관입시험을 실시하여 N값을 알고 있다. 지표면 부근의 N값으로부터 E_o를 추정한다.

$$N = 10,\ \alpha = 1,\ D = 0.65m$$

$$E = 2.5\times10^4 N/mm^2 = 2.5\times10^7 kN/m^2$$

$$I = \frac{b \cdot h^3}{12} = \frac{0.65\times0.65^3}{12} = 0.01488m^4$$

$$E_0 = 2800 \cdot N = 2800\times10 = 28000kN/m^2$$

따라서 지반 용수철은 다음과 같이 된다.

$$k_v = 1.208\sqrt[29]{\frac{28000^{32}}{(2.5\times10^7\times0.01488)^3\times0.65^9}} = 29577kN/m^3$$

산출한 지반 용수철 값과 앵커의 장력(P = 500kN)을 작용시켜 탄성 상판 위의 보로서 단면력을 산출한다. 탄성 상판 위의 보로서의 해석은 수계산에서 불가능하기 때문에 컴퓨터 등으로 구한다. 상기 해석을 실시하면 법면틀의 세로 보의 단면력은 아래에 나타낸 모멘트 그림과 같다.

● **시공 도중 단계와 완성 후의 힘이 걸리는 법**

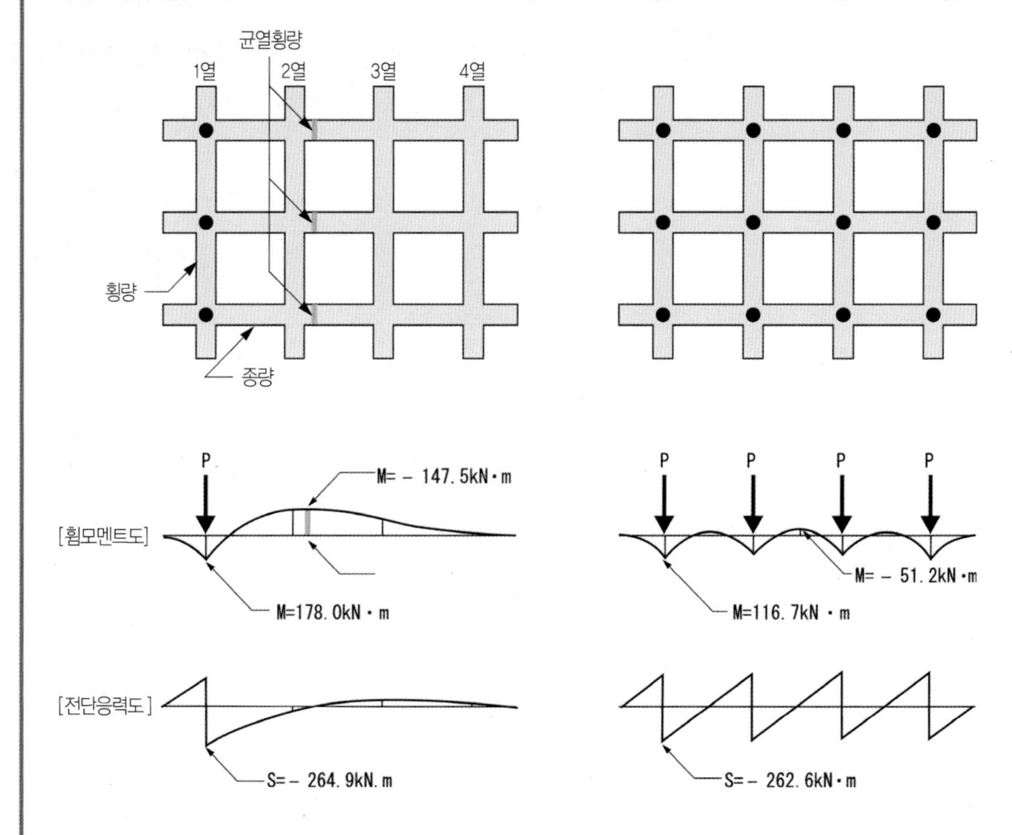

균열 보수만으로 보강은 필요없다

균열이 발생한 법면틀의 대책공사는 균열개소의 보수만 하여 간단히 마무리하였다. 이 사례에서 철근의 인장응력이 항복응력을 초과하지 않았고 보강의 필요성은 없다고 판단했다. 또한 앵커 전체를 긴장한 후에는 균열이 발생한 보의 위면측에는 거의 인장응력이 작용하지 않게 된다. 다만 균열개소는 물의 침입에 의해 철근이 부식될 우려가 있어 보수할 필요가 있었다. 균열보수에는 특수 에폭시수지계의 주입재를 고무 튜브의 압력에 의해 균열 구석 깊이까지 주입하는 방법을 채택하였다.

토사붕괴 방지 앵커

앵커를 박은 법면이 움직이는 것은 왜?

● 최초에 발생한 산사태 현황

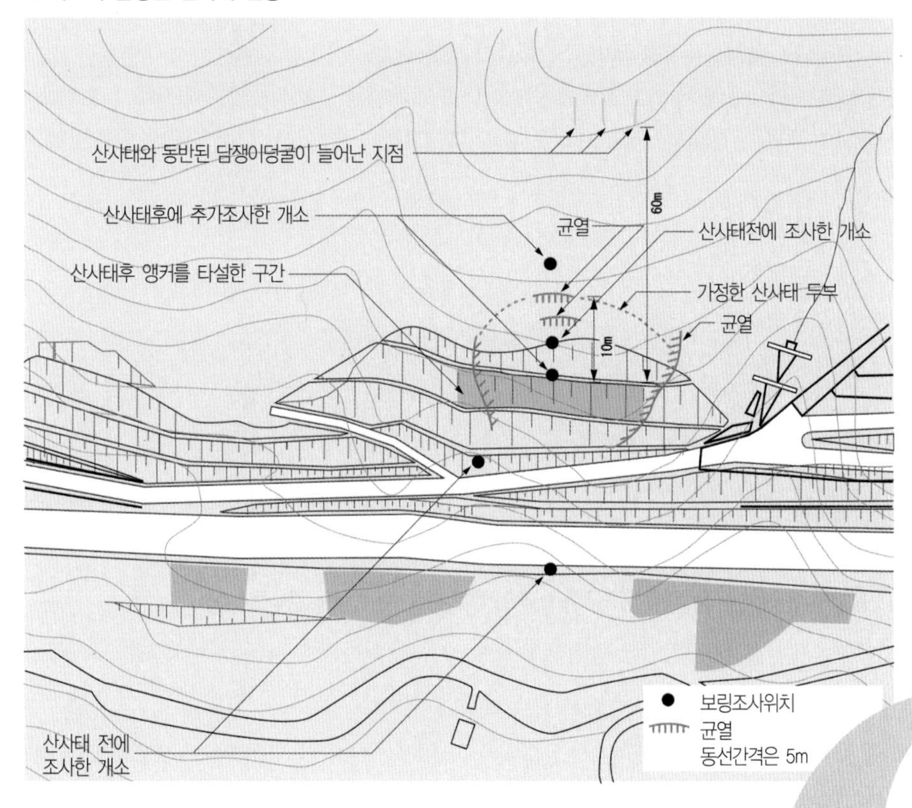

Q

절토법면 시공 중에 토사붕괴가 일어났다. 토사붕괴 개소의 좌우 단부에 연속된 종방향으로 균열이 발생하였고 토사붕괴의 폭은 50m인 것을 알았다. 법면 가장자리로부터 10cm 윗쪽 사면 위에 횡방향으로 균열이 발생하였지만, 토사붕괴의 두부인지 아닌지 관계자들 사이에서 의견을 나누었다. 토론 말미에 그 균열 위치를 토사붕괴의 두부로 가정하고, 법면으로부터 지중에 앵커를 타설하는 토사붕괴 방지공사를 실시하는 것으로 결정하였다. 앵커의 시공을 끝내고 거기에 그 1단 아래의 법면을 절토하여 끝낸 직후, 2일 동안 총 121mm의 비가 내렸다. 앵커를 실시한 법면에 다시 변상이 발생하였다. 앵커는 가정한 토사붕괴에 대해 '계획 안전율' 1.2를 만족하도록 설계하여 시공관리도 잘 진행하였다. 법면에 변상이 발생한 것은 왜일까?

토사붕괴 두부의 설정이 잘못되었다.

토사붕괴 대책은 토사붕괴 크기에 따라서 설계한다. 최초에 토사붕괴가 일어난 후 현지에서 확인한 균열의 발생상황 등으로부터 토사붕괴의 두부 위치를 법견의 100m 위쪽이라고 설정하여 앵커를 타설하였다. 그런데 토사붕괴 두부의 위치는 실제로 더 위쪽에 있었다. 법면에 변상이 다시 발생한 것이 확실해졌지만 '자연의 신축계'라고 불리는 담쟁이덩굴의 퍼지는 상황 등으로도 추정할 수 있었다. 최초의 토사붕괴 후 두부의 설정을 잘못하여 토사붕괴의 크기를 과소평가한 것이 트러블의 원인이었다.

토사붕괴 대책을 끝낸 절토 법면에서 발생한 트러블이었다. 현장은 토사붕괴와 사면의 붕락이 빈발하고 있는 것으로 알려진 시코쿠의 삼파천대에 위치하고 있다. 원지반은 주로 층상에 박리되기 쉬운 결정편암으로 되어 있다. 앵커에 의한 토사붕괴 대책을 계획한 최초의 토사붕괴(이하 A 토사붕괴) 위치는 풍화가 진행한 녹색편암이고, 사면 경사와 지층의 경사가 동일한 '흘러내리는 암'이었다. 어쨌든 슬라이딩되기 쉬운 원지반이다.

절토법면과 그 주면의 자연사면에 발생한 균열 상황과 보링조사 등의 결과로부터 토사붕괴의 크기를 설정했다. 그리고 그것을 토대로 법면에 앵커를 타설하기로 하였다. 토사붕괴의 규모를 설정할 때 발주자와 설계자, 시공자들과 논의하였으며, 사면 어깨부로부터 60m 위쪽을 토사붕괴의 두부로 보는 지적이 다수였다. 그러나 토사붕괴의 두부를 위쪽으로 설정할 정도로 토사붕괴의 규모는 커져서 대책공사비가 불어났다. 결국 사면 어깨부로부터 10m 위쪽 균열이 나타난 개소를 토사붕괴의 두부로 설정하였다(앞 페이지 그림 참조). 앵커의 시공을 끝내고 응급 누름 성토를 철거하였다. 그 후 앵커를 타설한 법면의 1단 아래의 법면 절토공사를 완공하고 난 뒤 2일 동안에 총 121mm의 비가 내려 다시 토사붕괴(이하 B 토사붕괴)가 발생하였다.

두부의 원래 위치는 사면 어깨부의 60m 위였다

A 토사붕괴가 발생한 다음에 법면 위쪽 사면에 보링 구멍을 내어 경사계를 설치하고 있었다. 그 경사계의 깊이 10m 위치에 지중변위가 나타나 사면에 배치한 신축계와 이동말뚝에서

도 변경을 확인하였다. 또한 사면 어깨부로부터 60m 위쪽 사면에 균열이 발생하고 있는 것이 발견되었다. B토사붕괴는 명확히 이 균열을 두부로 하는 토사붕괴였다(205페이지 그림 참조).

B토사붕괴면은 A토사붕괴면을 연장한 형태로 풍화된 녹색편암의 지층 위면을 통과하고 있었다. 지하수위도 강우의 영향으로 2m 올라가 있었다. 토사붕괴 규모는 A토사붕괴의 3배, A토사붕괴 대책으로 시공한 앵커에서 도저히 억지할 수 없는 규모였다. A토사붕괴의 발생 직후 토사붕괴 두부의 위치에 대해서 관계자로부터 다양한 지적이 있었다. 다음은 토사붕괴 두부의 위치가 균열위치보다도 위쪽에 있다고 지적하는 이유를 열거하였다.

사면 어깨부로부터 10m 위쪽에 나타난 균열은 불연속하므로 확실히 두부라고 말할 수 없다. A토사붕괴의 오른쪽 단의 균열은 더욱 위쪽으로 연결하는 것처럼 보인다. 슬라이딩면인 지층면은 사면의 경사로 조화시켜 위쪽으로 계속되고 있었다. 토사붕괴 개소의 단면형상이 슬라이딩 층의 두께로부터 보와 언밸런스하였다. 사면 어깨부로부터 60m 위쪽의 사면에 자연 신축계라고 불리는 담쟁이덩쿨이 퍼져 있는 개소가 있었다. 사면 어깨부의 위쪽은 등고선이 흐트러져 있고 불안정한 사면이었다. B토사붕괴가 발생하고 난 후 상기의 지적이 맞았다는 것이 증명되었다.

● A산사태 지역 단면도

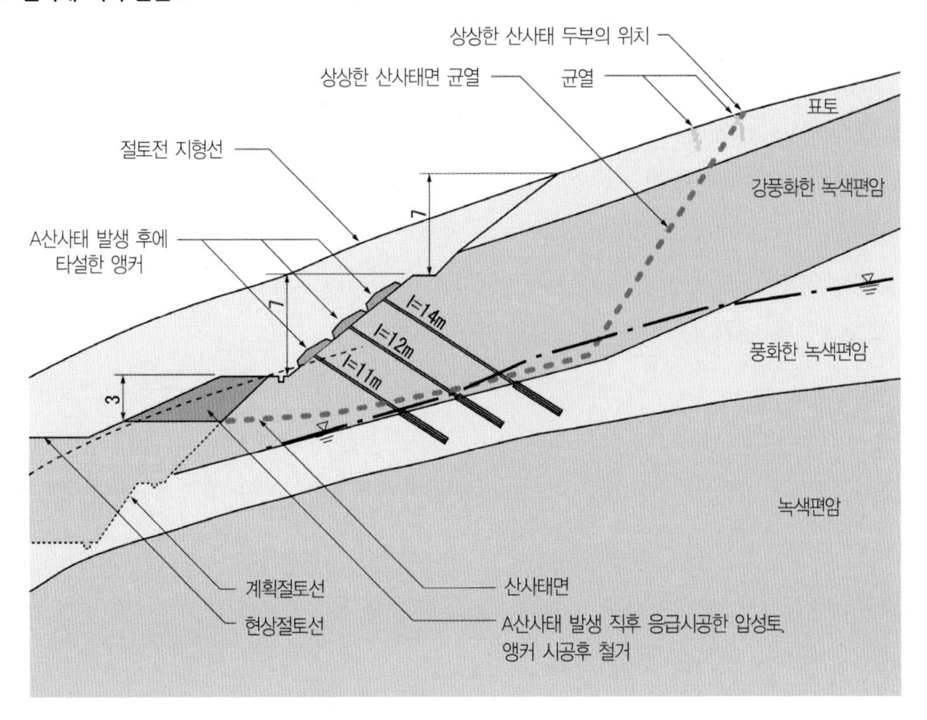

지형과 지질로부터 어느 정도 예측이 가능하다

절토법면에서 토사붕괴와 붕락의 발생은 지형과 지질의 정보로부터 어느 정도 예측할 수 있다. 특히 지형도에는 원지반이 양호한지 아닌지 극단적으로 반영되어 있으므로 상세하게 검토하면 정도가 높은 예측이 가능하다.

이 사례와 동일한 시코쿠의 삼파천대의 녹색편암에서 일어난 트러블 사례를 207페이지의 상자에 나타내었다. 사면어깨로부터 위쪽 사면의 형상에 주목하고, 등고선이 불규칙한 경우와 완사면으로부터 급사면에 잘라 바꾸는 경우 등은 주의가 필요하다. 이런 관점에서 보면 본문에서 취급한 현장을 토사붕괴의 요주의 개소로서 추출할 수 있다.

앵커 증설로 B토사붕괴에 대응한다

B토사붕괴가 발생할 때 사면의 '현상 안전율'은 기존 설치한 앵커에 의한 방지효과를 가미하면 1.05가 된다. 또한 지하수위의 상승이 예상되면 현상 안전율은 거의 1.00까지 저하된다. 이 계산결과로부터도 앵커를 타설했음도 불구하고 B토사붕괴에 의해 법면이 변동된 것을 설명할 수 있다.

대책공사에서 '계획안전율'을 1.20로 하지 않으면 안 되기 때문에 기존에 설치한 앵커만으로는 억지력이 부족하게 된다. 대규모의 배수공사와 억지말뚝 공사 등에서도 생각할 수 있지만, 기존에 설치한 앵커는 파손도 되지 않고 신장량도 허용범위 내에 있었다. 따라서 206페이지 그림에 나타낸 바와 같이 기존 설치한 앵커도 활용하면서 지하수를 배제하는 공사와 앵커를 증설하는 공사로 대응하기로 하였다.

대책공사비를 생각하면 A토사붕괴가 발생한 단계에서 불확정한 B토사붕괴도 시야에 들어온 대책공사를 실시하는 판단을 내리는 것은 어렵다.

이 현장에서 A토사붕괴에 대한 앵커공사를 병용하여 토사붕괴의 감시체제를 정비했다. 이상이 조금이라도 나타나면 B토사붕괴를 '확정 토사붕괴'로 하여 대책에 돌입하려는 방침을 세웠다. 그 결과 B토사붕괴를 빠른 단계에서 취급하여 피해가 확대하기 전에 대책을 강구하였다는 평가를 받았다.

● B산사태 지역 단면도

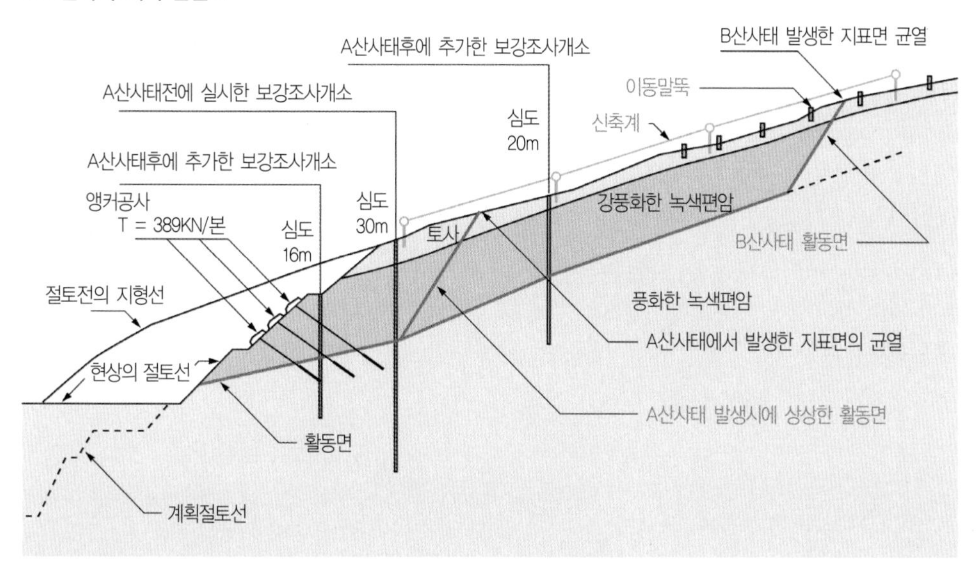

● B산사태 지역 평면도

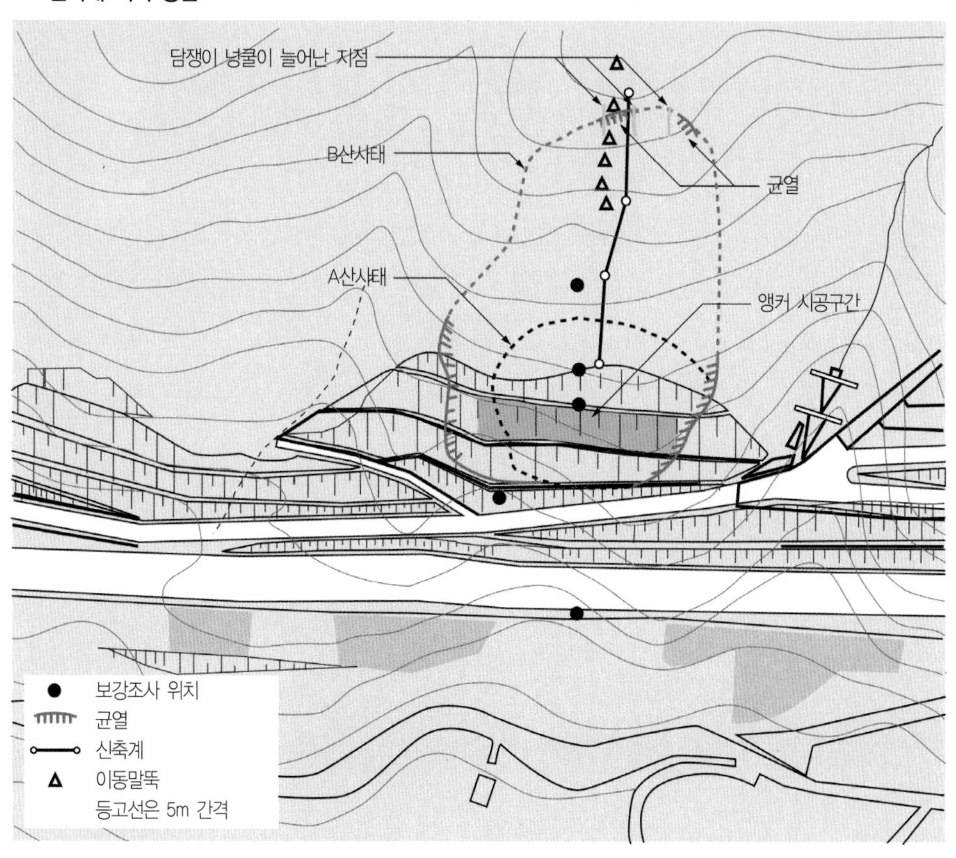

● 앵커증설에 의한 대책공사 개요

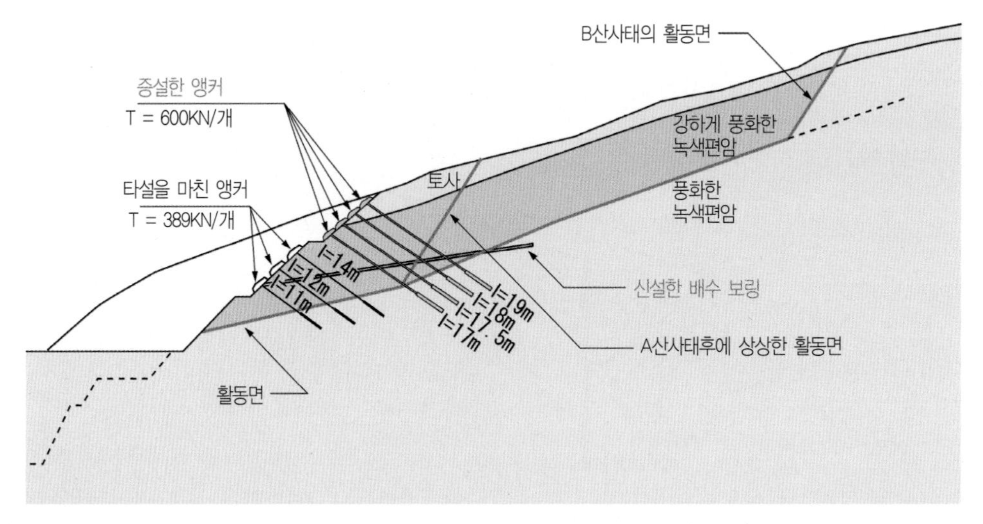

절토법면의 유사한 트러블 사례

아래의 3개 그림은 본문에서 취급한 사례의 현장과 동일한 시코쿠의 삼파천대에서 절토공사 중에 발생한 토사붕괴의 사례를 나타낸다. 모두 흘러내리는 암구조의 지질로, 사면 어깨부 위쪽에 완사면이 분포하고 있다.

먼저 왼쪽 아래의 그림은 사면 어깨부에 따라 토사가 평평한 지반이 넓은 장소이다. 말단부의 절토에 의해 경사가 매우 완만한 토사붕괴가 일어났다. 슬라이딩면은 토사층의 아래에 있는 면이다. 토사붕괴의 두부는 사면의 형상과 경사로 된 지형이 변하는 장소에서 일어났다. 대책공사는 하층의 풍화암과의 경계로부터 대량의 지하수를 배제하고 앵커로 억지하였다.

다음으로 중앙의 그림은 4단으로 된 절토법면의 법견에 凹상의 완사면이 넓은 장소이다. 완사면에는 밭들이 넓게 퍼져 있다. 원지반은 녹색편암 이외에 일부는 흑색편암이 분포하고 주로 파쇄상의 암반으로 되어 있다. 위로부터 2단째까지 절토에서 작은 붕괴가 발생하였고 최하단의 절토에서 도로면까지 미치는 대규모의 토사붕괴가 발생하였다. 토사붕괴 두부는 지형이 변하는 장소보다 조금 더 산측의 급사면에까지 미친다. 지하수 배제공사와 대규모 앵커공사를 실시하였다.

마지막으로 오른쪽 아래의 그림은 능선으로부터 완사면에 걸쳐 있는 장소이다. 완사면의 구간에서 약간의 절토로 인해 녹색편암의 원지반에 대규모 토사붕괴가 발생하였다. 슬라이딩면은 붕적토 아래의 강풍화암을 통과하였다. 토사붕괴의 두부는 위쪽의 지형이 변하는 지점으로 관측 태세를 덮고 있었기 때문에 빠르게 변상을 발견할 수 있었다. 누름 성토로 응급대책을 실시한 후 앵커를 시공하였다. 우측의 능선부 절토에서도 여러 번에 걸쳐 풍화암의 토사붕괴가 발생하였기 때문에 앵커공사와 억지말뚝 공사로 근본적인 대책을 실시하였다.

● 절토 법면과 토사붕괴의 발생 패턴

[사면어깨에 따라 평탄지가 넓은 절토법면] [4단의 절토법면] [능선부터 완사면에 걸친 절토법면]

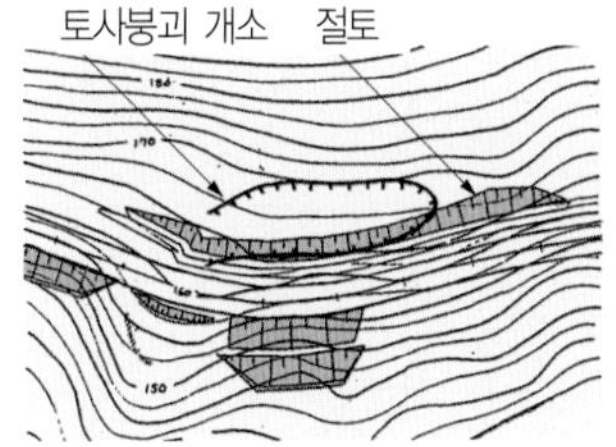

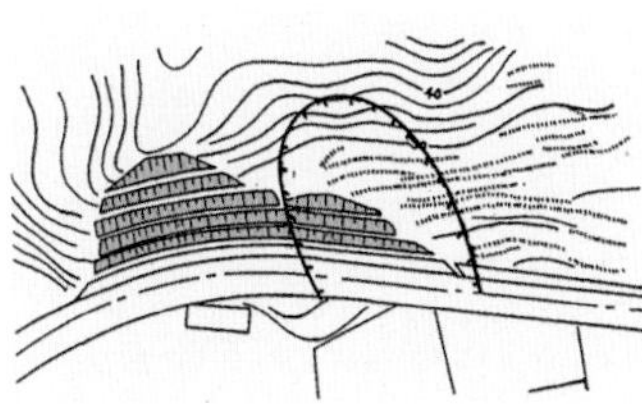

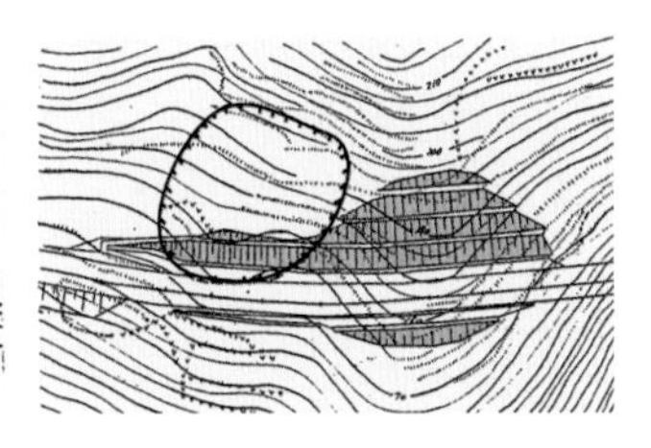

앵커로 보강한 시판

시공 후 10년이 지난 후에 변상이 일어난 것은 왜?

● 변화가 발생한 사면의 단면도

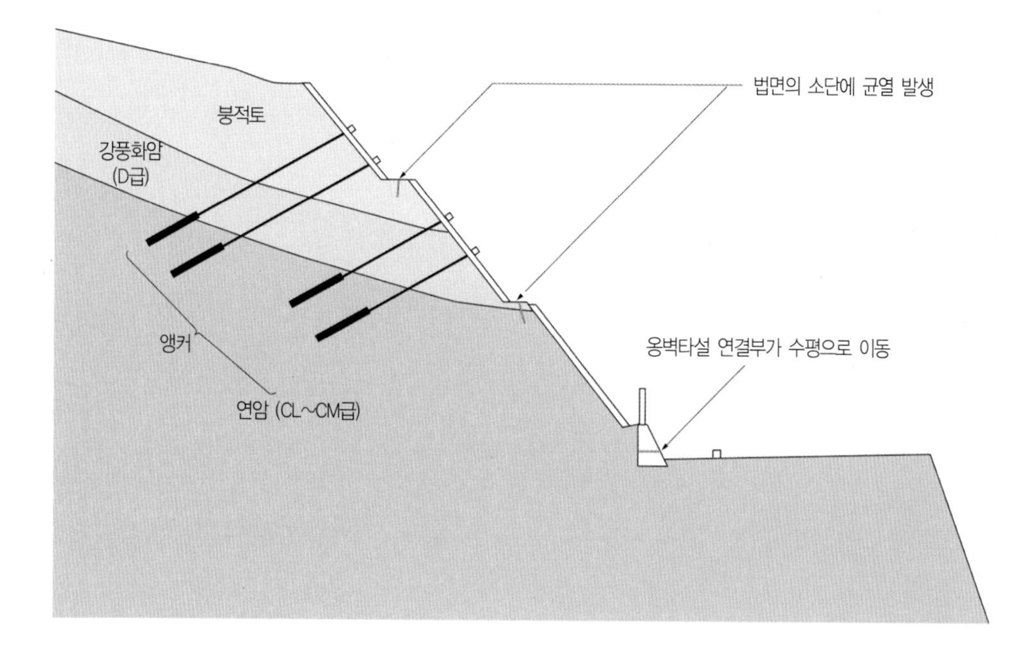

Q

도로 점검 시 절토법면에 변상이 발견되었다. 법면 소단에 균열이 발생한 것 이외에 옹벽의 타설이음 부분이 수평방향으로 이동하고 있었다. 이 법면 상부의 2단분은 이전, 절토공사 중에 토사붕괴가 발생했기 때문에 앵커로 보강하고 있었다. 단 시공 후 10년 정도 지나 점검할 때까지 눈에 띄는 변상은 없었던 것 같았다. 앵커로 보강한 법면이 변상된 것은 왜일까?

A

앵커의 체결이 불충분했다.

절토 시 발생한 슬라이딩에 대해 3단 법면 가운데 2단의 앵커를 설치하였다. 이 앵커는 주로 인발을 방지하는 효과가 기대되며 최초의 긴장력을 작게 해둠으로써 체결 효과가 충분하지 않았다. 그 때문에 강우 등에 의해 지반의 불안정성이 증가하고 앵커 매설 위보다 아래쪽의 암반에 새로운 토사붕괴가 발생하였다고 생각된다.

법면 변상은 시공 후 10년 가까이 지난 후 도로 점검 시 발견되었다. 먼저 낙석방호울타리의 기초로서 설치한 중력식 옹벽의 타설이음이 수평방향으로 5cm 정도 벌어져 있었다. 더욱 상세히 조사해보니 소단에도 변위와 균열 등이 발견되었다.

변상의 원인을 조사하기 위해 보링 조사와 구멍 내 경사계에 의한 관측, 지표면 신축계에 의한 계측 등의 조사를 실시하였다. 그 결과 법면 상부로부터 법면 끝에 통과하는 슬라이딩면을 확인하였다(다음 페이지의 그림 참조) 또한 시공시 기록으로부터 처음에는 법면틀 공사만을 계획했던 법면공사에 앵커공사를 추가하였다는 것을 알았다. 절토 중에 소규모 변상이 발생하였기 때문이다.

절토 시 슬라이딩면을 다음 페이지 그림에 파선으로 나타내었다. 슬라이딩면은 붕적토층 및 풍화가 심한 암반(D급)과 연암과의 경계에서 발생하고 있다. 오래된 토사붕괴의 하부를 절토했기 때문에 슬라이딩을 유발했던 것 같다. 절토 시 토사붕괴에 대해 당시 상부의 2단에 앵커를 설치하였다. 최하단은 풍화의 정도가 작은 연암(CL~CM급)이 분포하고 있기 때문에 앵커를 설치하지 않았다.

새롭게 발견된 슬라이딩면은 오래된 슬라이딩면의 아래쪽의 암반을 통과하고 있다. 이 암반은 녹색편암과 녹색편암을 주체로 하고 있다. 보링 코어의 관측에 의하면 파쇄질인 부분이 많고 습곡을 따라 박리성을 가지고 있다. 암질은 전반적으로 법면의 경사와 지층의 경사가 동일한 '흘러내리는 암' 구조였다.

앵커 시공 후 토사붕괴는 흘러내리는 암 구조를 가진 암반이 절리 등의 약한 부분을 따라 활동한 것으로 추정할 수 있다. 그러나 법면을 앵커로 보강하고 있는데, 토사붕괴가 발생한 것은 다른 원인도 생각할 수 있다.

따라서 앵커효과를 확인하기 위해 '리프트 오프 시험'(다음 페이지 상자 참조)을 실시하였다. 설계 앵커 힘은 1개당 약 300kN이었던 것에 비해 리프트 오프 시험으로 확인한 앵커의 실제 정착력은 150~180kN이었다. 즉 설계 앵커 힘의 50~60%밖에 긴장되지 않았다. 토사붕괴 대책 등에 의해 앵커를 채택한 경우, 앵커에 의한 토사붕괴 토괴 '인발 정지 효과'를 주체로 계획하고 초기의 긴장력을 50% 정도로 억지하여 도입하는 것이다. 절토 시 발생한 토사붕괴는 깊지 않고 슬라이딩면의 경사도 작았기 때문에 이것으로 충분하다고 판단했을 것이다.

앵커에는 다른 하나의 '체결 효과'가 있다(다음 페이지 상자 참조). 앵커에 긴장력을 걸어 슬라이딩면에 작용하는 수직력을 증대시킴으로써 슬라이딩면의 전단저항력을 증대시킨다. 체결 효과를 주체로 하는 경우, 100% 설계 앵커 힘으로 긴장하지 않으면 안 된다.

앵커를 설계 앵커 힘 그대로 긴장하면 오래된 슬라이딩 블록의 안전율은 1.22이다. 그런데 50%의 긴장력이라면 안전율은 1.06으로 수십 퍼센트 저하된다.

● **법면에 발생한 2m의 산사태**

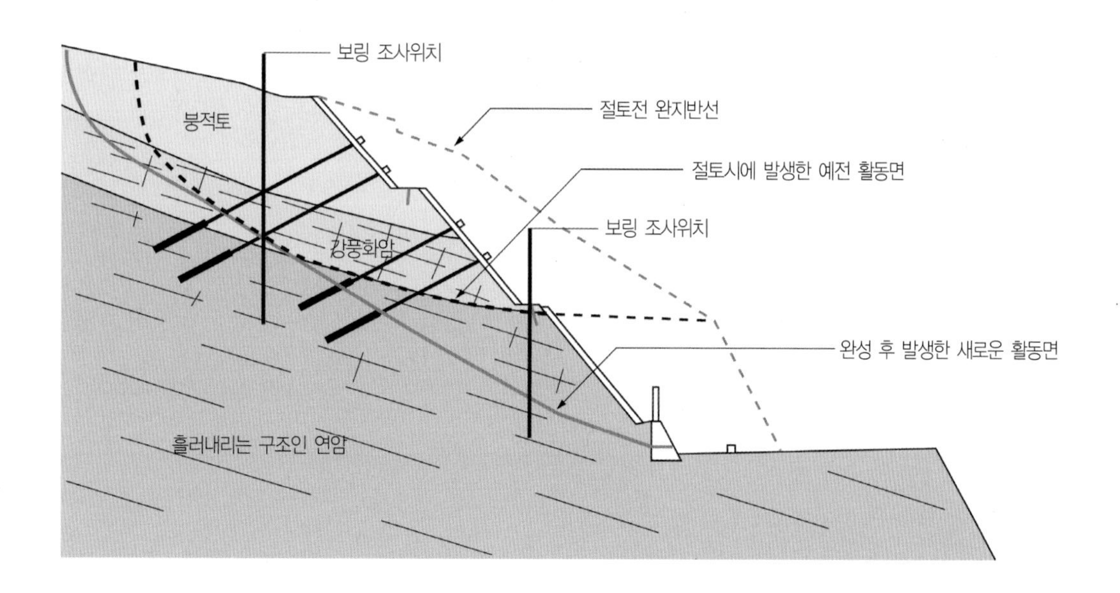

리프트 오프 시험

리프트 오프 시험이란 앵커 정착구와 텐던(인장재)의 여장부분에 가압 잭키를 설치하여 재하하는 시험방법이다. 정착구가 지압판으로부터 0.1~1.0mm 떨어지기 시작할 때의 하중을 측정함으로써 앵커에 작용하고 있는 하중을 구할 수 있다.

리프트 오프 시험 결과는 오른쪽에 나타난 그림과 같이 횡축에 변위 종축에 하중을 Plot한 곡선으로 관리한다. 이 하중-변위곡선의 변곡점을 리프트 오프 하중이라고 부르고 앵커에 작용하고 있는 하중을 표시하고 있다.

본문에서 취급한 법면의 앵커를 시험한 결과, 변곡점으로 되는 리프트 오프 하중은 150kN이었다. 즉 변상이 일어난 이 법면에서 설계 앵커 힘 50%의 하중으로 긴장하였다는 것을 알았다.

리프트 오프 시험 현황

● 리프트 오프 시험결과

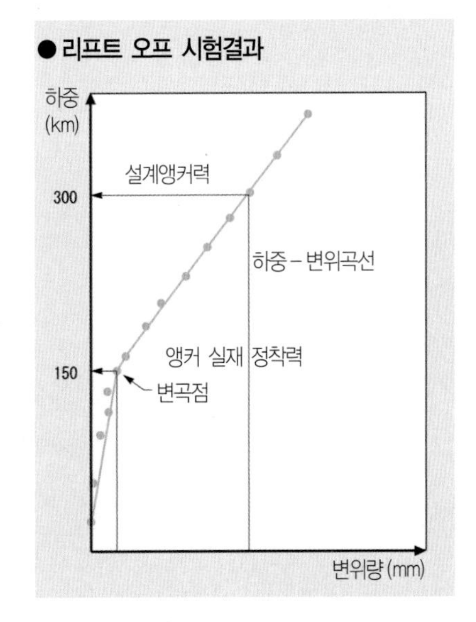

지하수위를 고려하지 않았다

또한 절토 공사 중에 설치하기로 되어 있던 앵커 설계에는 지하수위를 고려한 안정설계를 하지 않았다. 산사태와 사면붕괴가 강우에 따라 발생하는 것은 잘 알려져 있다. 강우가 지반에 침투하는 것으로 인해 겉보기 점착력의 상실과 간극수압의 상승이 일어난다. 그렇게 되면 슬라이딩면에 작용한 전단저항력이 저하하기 때문이다.

문제가 일어난 법면에서 슬라이딩면에 따른 간극수압을 활동면 위 1m의 지하수위와 똑같이 10kN/m^{2}로 가정한다. 그럼 안전율은 0.93이 되고 1이 내려가는 효과가 된다. 변상을 발견한 다음에 확인한 슬라이딩면은 법면의 상부로부터 법면 끝에 통과하는 것이다. 절토 시에 발생한 것보다도 깊지 않고 경사가 커지게 되었다. 이 앵커의 긴장력으로는 불충분하였다.

이상으로부터 변상의 원인은 다음과 같이 추정할 수 있다. 절토 시에 발생한 토사붕괴의 대책으로서 설치한 앵커의 긴장력이 부족하고 또한 강우 등에 의해 지반에 불안정한 작용이 반복되었다. 조금씩 법면이 변위되고 지질적으로 약한 면을 가진 하부의 암반이 활동하였다.

대책공사로서 법 면의 배수처리와 물 빼기 보링을 실시하고 이외에 최하단 법면에 앵커를 설치하는 것 등을 계획하였다(아래 그림 참조).

과거에 실시한 법면의 유지관리가 향후 점점 증가하고 있다. 관리자는 정기적인 점검을 충분히 실시하는 동시에 과거의 설계와 시공의 기록을 남겨 두는 것이 중요하다. 지반 중 약한 면에는 지반의 열화와 지하수위의 상승에 의해 변상이 발생하는 경우가 많다. 설계와 시공의 기록이 있으면 만일 변상이 발생하더라도 신속하고 적절하게 원인 판정과 대책공법을 입안할 수 있을 것이다.

● **대책 공사의 개요**

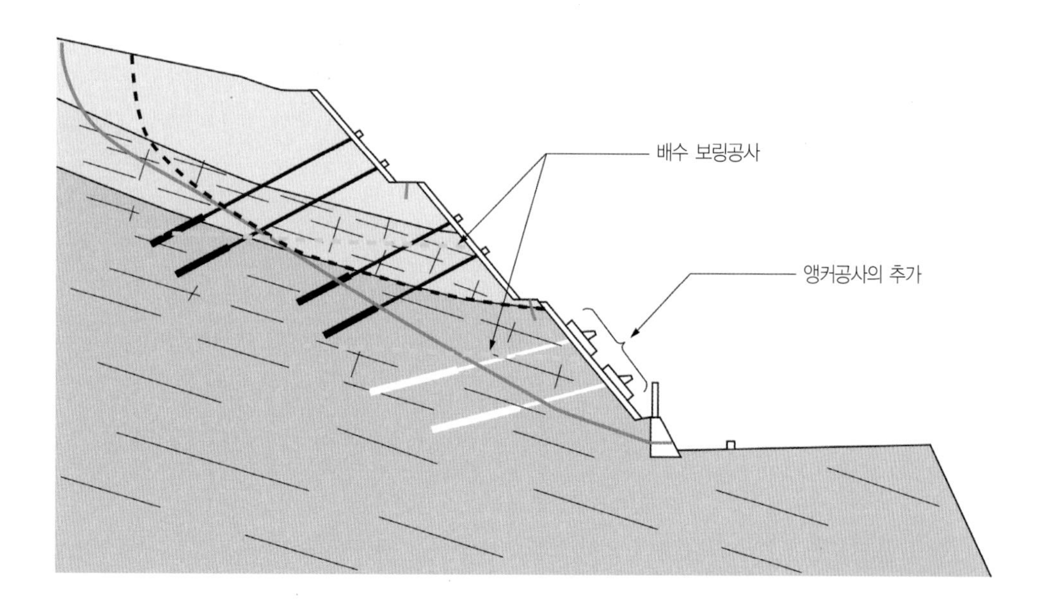

앵커가 가진 2가지의 기능

그라운드 앵커에는 일반적으로 2개의 효과가 있다. 아래 그림에 개념도를 나타내었다.

하나가 인발 정지 효과이다. 슬라이딩면에 대해 수평방향으로 작용하고 슬라이딩 활동력에 저항한다. 앵커 힘(T), 슬라이딩면과 앵커의 사이의 각도를 이용하여 Tcos(α, θ)로 표시한다.

또 다른 하나가 체결효과이다. 슬라이딩면에 대한 수직력을 증대시킴으로써 전단저항력을 증대시킨다. $T\sin(\alpha+\theta)\tan\phi$로 표시한다.

●그라운드 앵커의 2개 효과

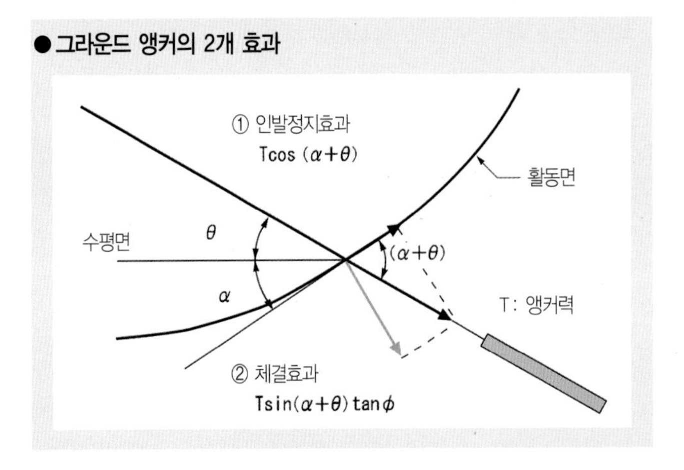

법면에 앵커를 설치한 경우의 안전율은 원호 슬라이딩을 가정할 때 215페이지의 박스 안의 식으로 나타낼 수 있다. 이 식을 사용하여 본분에서 취급한 법면의 안전율(Fs)을 계산하였다.

먼저 앵커를 설치하지 않은 절토 시의 안정해석을 실시한다.

$$\Sigma c \cdot l = 241\text{kN}$$

$$\Sigma(W - u \cdot b)\cos\alpha \cdot \tan\phi = 853\text{kN}$$

$$\Sigma W \cdot \sin\alpha = 1212\text{kN}$$

$$Fs = (241 + 853) \div 1212 = 0.90 < 1.00$$

이것에 대해 앵커를 설치한 경우에서 설계 앵커 힘 그대로 긴장할 때 의 안전율(Fs)은 다음과 같다.

앵커 힘 : 300kN/개*4개÷깊이 피치 2.5m = 480kN/m

$$\Sigma T\{\cos(\alpha+\theta) + \sin(\alpha+\theta) \cdot \tan\phi\}$$

$$= 480 \times (\cos 62^\circ + \sin 62^\circ \times \tan 20^\circ) = 380\text{kN/m}$$

$$Fs = (241 + 853 + 380) \div 1212 = 1.22 > 1.2$$

앵커 힘이 설계 앵커 힘의 50%인 경우의 안전율은 다음과 같다.

$$Fs' = (241 + 853 + 380 \times 0.5) \div 1212 = 1.06$$

또한 지하수위가 슬라이딩면보다도 1m 상승한 경우의 영향을 검토하였다. 여기서 간극수압(u)은 10kN/m^2, 작용 폭(Σb)은 15m로 가정하였다.

감소하는 전단저항력 :

$$-\Sigma(u \cdot b \cdot \cos\alpha \cdot \tan\phi) = -10 \times 15 \times \cos 23^\circ \times \tan 20^\circ = -150\text{kN/m}$$

$$Fs' = (241 + 853 - 150 + 380 \times 0.5) \div 1212 = 0.93 < 1.00$$

● 법면에 앵커를 채택했을 때의 안전율의 계산식

$$Fs = \frac{\Sigma\{c \cdot l + (W - u \cdot b)\cos\alpha \cdot \tan\phi\} + \Sigma T\{\cos(\alpha+\theta) + \sin(\alpha+\theta\} \cdot \tan\phi}{\Sigma W \cdot \sin\alpha}$$

위 식에서, Fs : 안전율
- c : 점착력
- ϕ : 전단저항각(도)
- l : 각분할 편에서 절단된 슬라이딩면의 호 길이
- u : 간극수압
- b : 분할편 폭
- W : 분할편 중량
- α : 분할편으로 절단된 슬라이딩면의 중점과 슬라이딩 원의 중심을 연결하는 직선과 연직선으로 이루어진 각(도)
- T : 앵커의 힘
- θ : 앵커의 텐돈과 수평면으로 이루어진 각

옹벽의 앵커

앵커가 갑자기 돌출되는 것은 왜?

● 앵커와 옹벽의 단면도

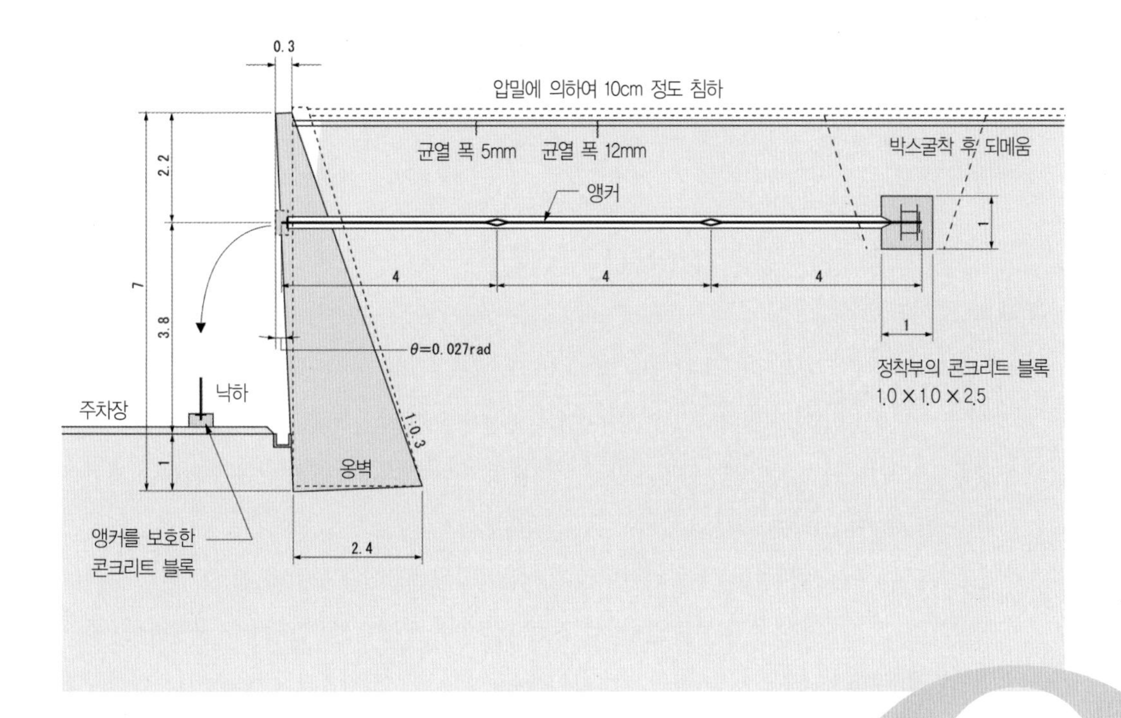

시코쿠에 있는 어느 마을에서 1998년 4월, 주택 옹벽으로부터 앵커가 갑자기 튀어나오는 사건이 있었다. 이 옹벽은 높이 7m의 중력식 옹벽으로 1985년에 완성하였다. 그 후 지지력 부족으로 전방으로 기울어져 있었기 때문에 1987년에 옹벽의 전면으로부터 수평 보링을 하여 앵커를 타설하였다. 앵커의 인장재(텐던)에는 내경 65mm의 염화비닐관으로 보호한 직경 32mm의 PC강봉을 채택하였다. 관내에는 그라우팅을 주입하지 않았다. PC강봉의 선단은 옹벽 배면을 성토하여 설계된 콘크리트 블록으로 정착시켰다. 앵커의 두부는 0.5*0.5*0.3 크기의 콘크리트로 보호하고 있었다. 앵커를 시공하여 11년밖에 지나지 않았는데 앵커가 갑자기 파단되어 돌출된 것은 왜일까?

PC강봉이 부식되었다고 판단된다.

PC강봉을 보호하는 염화비닐 관 내부에 그라우팅을 주입하지 않았던 것 이외에 앵커 두부의 콘크리트와 옹벽이 완전히 밀착되지 않았다. 그 때문에 비가 관내에 침투하여 PC 강봉이 부식되었다. 옹벽은 앵커를 실시한 후에도 전방으로 계속 기울어지고 PC강봉의 인장응력이 증가하였다. PC강봉이 갑자기 취성적으로 판단되었다. 파단면으로부터 앞부분의 앵커가 튀어나왔다고 생각된다.

중력식 옹벽의 경우, 높이가 7m로 전면이 수직이라면 배면의 경사를 통상 1대 0.6 정도로 한다. 그런데 사고가 있었던 옹벽은 1대 0.3의 급경사로 시공했기 때문에 저면의 폭은 표준의 절반 정도밖에 되지 않았다. 옹벽의 앞굽판 부분의 지반에는 지내력을 훨씬 초과하는 지반반력이 발생하여 옹벽이 기울어지고 있다고 생각된다.

실제로 계산한 결과를 다음에 나타내었다(계산방법은 220페이지 상자 참조). 먼저 앵커를 시공하기 전 옹벽의 앞굽판 부분으로부터 지지지반에 작용하는 지반반력도를 구한다. 옹벽의 뒷채움 흙의 토질정수는 통상의 설계에서 이용되는 단위체적중량을 20kN/m^3, 내부마찰각을 35도로 가정하였다. 지반반력도는 1730kN/m^{3}이 된다. 실제로는 뒷채움 흙에 겉보기 점착력이 10kN/m^3 정도 있다고 생각된다. 점착력을 계산하여 수정하면 지반 반력도는 753KN/m^{2}가 된다.

한편 토질과 N값은 불명확하지만, 지반의 허용지지력도는 산 흙이므로 300kN/m^2 정도라고 생각된다. 앞굽판 부분의 지반반력이 지반의 허용지지력을 크게 상회했다고 판단할 수 있다.

그 다음에 앵커를 시공한 후 지반반력도를 구한다. 앵커의 인장력을 15kN/m로 하여 계산하면 지반반력도는 402kN/m^2이 된다. 앵커 시공 후에도 지반반력은 허용지지력보다 작아지지 않고 옹벽의 경사가 진행했다고 판단할 수 있다.

● 앵커를 시공한 택지

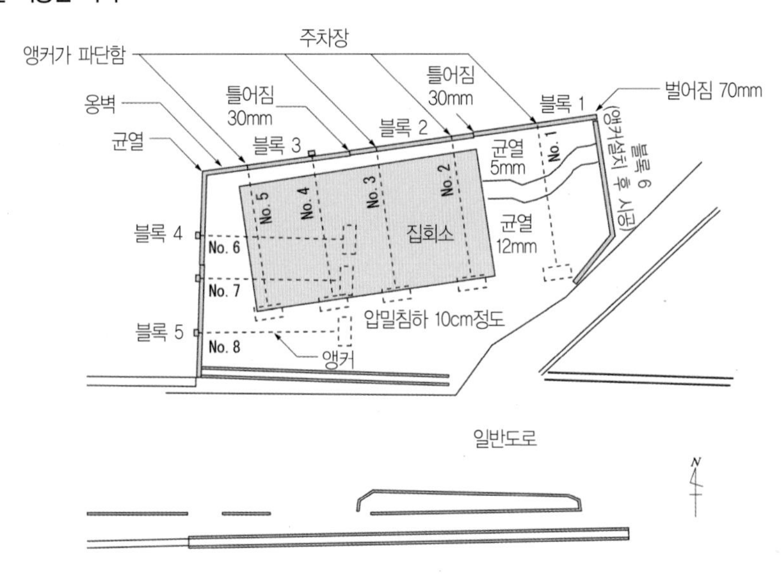

● 옹벽에 작용하는 힘과 단점계산 결과

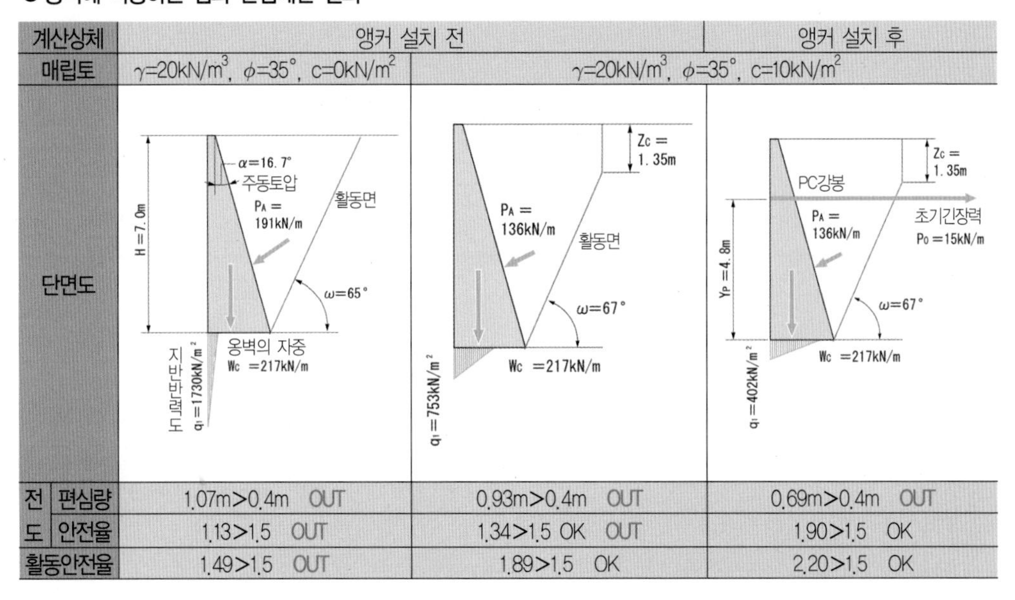

계산상체		앵커 설치 전		앵커 설치 후
매립토		γ=20kN/m³, φ=35°, c=0kN/m²	γ=20kN/m³, φ=35°, c=10kN/m²	
단면도				
전도	편심량	1.07m>0.4m OUT	0.93m>0.4m OUT	0.69m>0.4m OUT
전도	안전율	1.13>1.5 OUT	1.34>1.5 OK OUT	1.90>1.5 OK
활동안전율		1.49>1.5 OUT	1.89>1.5 OK	2.20>1.5 OK

지반반력도의 구하는 방법

옹벽에 작용하는 하중에는 옹벽의 자중(W_c), 토압(P_A), 앵커 힘(P_o)이 있다. 하중의 합력이 작용한 위치가 옹벽 저면의 중앙으로부터 저면 폭의 6분 1의 길이보다 앞에 나오는 경우, 지반반력도의 분포는 삼각형이 된다. 그 경우의 최대지반반력도(q_1)는 다음 식으로 구할 수 있다.

$$q_1 = \frac{2\{W_c + P_A \sin(\alpha+\delta)\}^2}{3\left[W_c x_c + P_A\{\sin(\alpha+\delta)_{x_A} = \cos(\alpha+\delta)_{y_A}\} - P_o y_p\right]}$$

여기서, x_C는 앞굽판으로부터 옹벽중심까지의 수평거리, x_A, y_A는 앞굽판으로부터 토압작용점까지의 수평, 연직거리, y_P는 앞굽판으로부터 앵커의 위치까지 연직거리, α는 옹벽경사각, δ는 벽면 마찰각이다.

토압(P_A)는 다음 식으로 구해진다.

$$P_A = \frac{W\sin(\omega-\phi) - cL\cos\phi}{\cos(\omega-\omega-\alpha-\delta)}$$

따라서,

$$W = \frac{\gamma}{2\sin\omega}\left\{H^2\frac{\cos(\omega-\alpha)}{\cos\alpha} - z_c^2\cos\omega\right\}$$

$$L = \frac{H - z_c}{\sin\omega}$$

$$z_c = \frac{2c}{\gamma}\tan(45 + \frac{\phi}{2})$$

H는 옹벽의 높이, γ은 뒤채움재 흙의 단위체적중량, ϕ는 내부마찰각, c는 점착력, ω는 주동슬라이딩 각이다. P_A가 가장 크게 되도록 ω를 여러 가지로 변화시킨다.

인장응력은 허용범위 내이다

북측 옹벽에 설치한 앵커는 전부 5개이다. 그 가운데에 4개를 설치하여 11년이 지났으며 1998년 3월과 같은 해 4월에 판단되었다(222페이지 그림 참조). 앵커 두부로부터 파단면까지의 길이는 12~64cm이다. 파단면은 옹벽의 콘크리트 내부에 위치하고 있다. 주택은 성토한 당시보다 10cm 정도 압밀 침하되고 있지만, 앵커가 파단한 원인은 아니다.

앵커가 인장 파괴에 도달하는 데는 다음 식으로 구한 신장(△)이 필요하다.

$$\Delta = \frac{\ell}{E}\left[\sigma_t - \frac{P_o}{A}\right]$$

여기서 1ℓ은 PC강봉의 자유도. E는 PC강봉의 영계수, σ_t은 PC강봉의 인장강도, P_0는 초기 긴장력, A는 PC강봉의 단면적이다.

이 사례의 경우, 파단에 도달하는 앵커의 신장은 다음과 같이 된다.

$$\Delta = \frac{11,500}{2\times10^5}\times\left[1,080 - \frac{150,000}{804.2}\right] = 51.4\text{m}$$

앵커가 파단된 다음에 측정한 옹벽의 회전각(θ)은 0.027radian이다. 그런데 지반반력이 허용지지력을 상회하고 있는 것은 아니고, 앵커의 시공 후의 상태에서 설계상, 회전각은 0.01radian이다.

옹벽의 회전각을 0.01radian이라 하면, 앵커의 신장은 48mm이며. PC강봉의 응력은 인장강도에 도달하지 않게 된다. 인장 파단이 아닌 것은 앵커의 파단면이 끝으로 갈수록 가늘어진 상태가 아니고 무를 칼로 싹둑 자르는 것은 상태로도 확인할 수 있다.

파단되지 않은 앵커

앵커가 파단되어 튀어 나온 후 옹벽(앵커가 빠진 흔적)

뛰어 나온 앵커의 두부.
진행방지책 이용하고 있음

뛰어 나온 앵커의
파단면(절단면은 무 절단 PC강봉)

이처럼 강재에 작용하는 응력이 인장강도 이하임에도 불구하고 갑자기 절단되고 만 것이다. 인장응력의 작용에 의해 아주 극소적인 부식이 일어나 금속이 조성변화를 하는 것은 아니고, 취성적으로 파괴되는 것이다. 이런 현상을 '응력 부식균열'이라고 부르고 있다.

● 북측옹벽 정면도

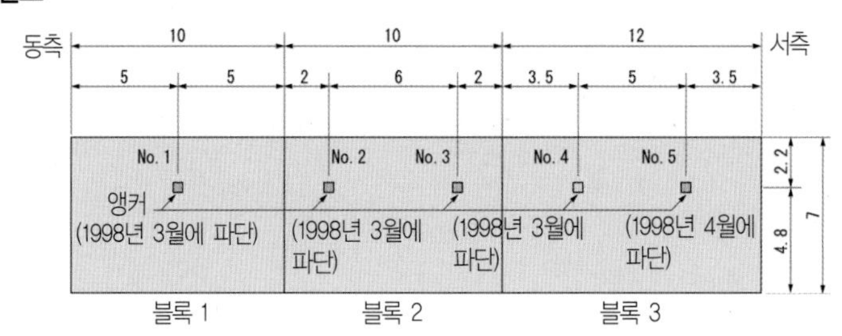

● 앵커 두부상세도

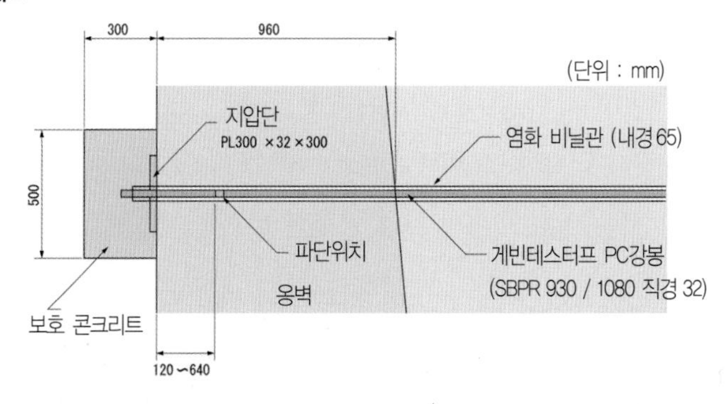

응력부식균열에는 3가지의 조건이 있다

응력부식균열은 재료, 응력, 수질환경의 3가지 조건이 갖추어질 때에 발생한다고 알려져 있다. 문제가 발생한 옹벽에서 앵커의 두부로부터 침투한 물이 염화비닐 관 내부에 모인 PC강봉을 부식시켰다고 생각된다. '인장응력'을 받은 'PC강봉'이 '공기를 포함한 물'에 노출된 결과, 응력부식균열이 발생하였다고 할 수 있다.

응력부식 균열을 방지하는 데에는 이 3가지의 조건 가운데 1가지를 제거해도 좋다. 예를 들어 PC강봉을 물투수성의 재료로 피복하는 것이 일반적이다. 이번에는 표면에 에폭시수지를 분체도장한 PC강봉이 시판되고 있다.

(사)지반공학회가 1988년 11월에 『그라운드 앵커 설계·시공기준』을 제정한 이래 영구앵커의 텐던은 이중방청이 일반화되고 있다. 그러나 그 이전에 시공한 앵커는 이 사례와 똑같은 문제를 내포하고 있다.

강판 말뚝의 자립식 흙막이 벽

굴착에 따라 대변형한 것은 왜?

●강판에 발생한 변위

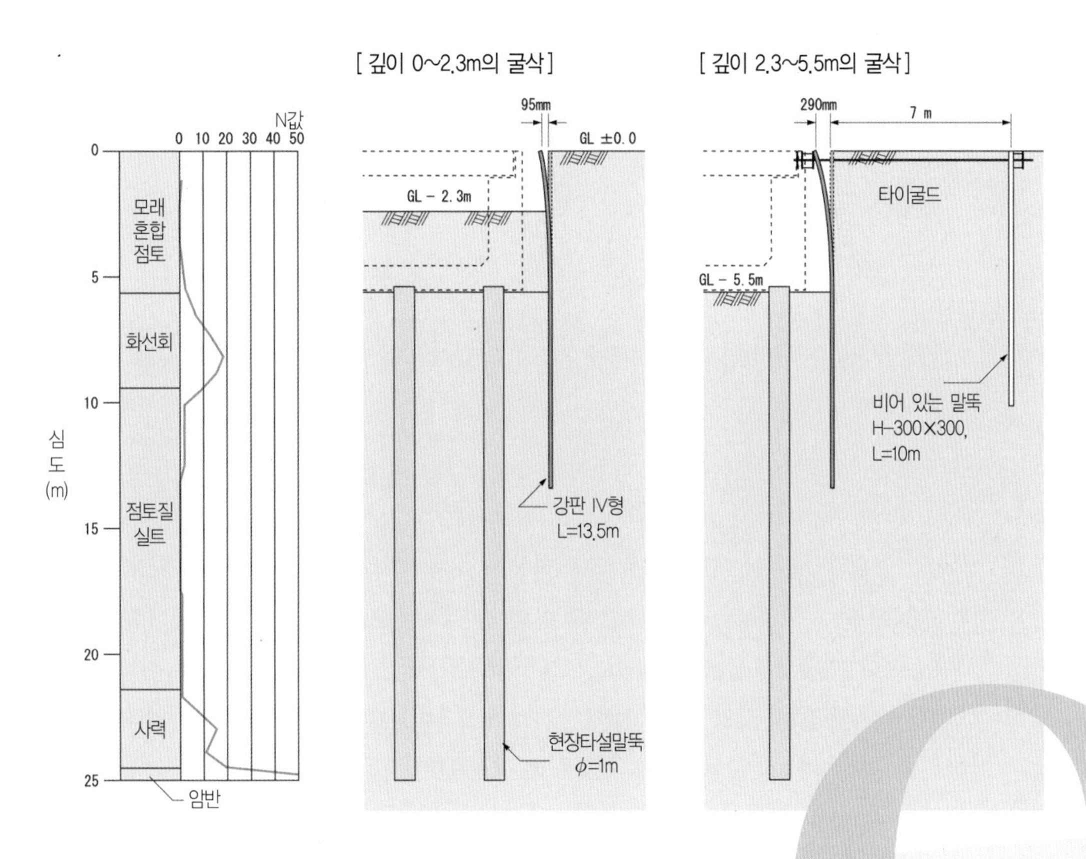

고 지현의 어느 시에서 하천 도로를 교체하는 공사가 있었다. 새로운 하천 도로가 현 도로를 횡으로 절단한 지점에서 지반을 5.5m 굴착하여 교량을 시공하는 것을 계획하였다. 토질시험 결과에 근거하여 구조계산을 실시한 다음 굴착 시 흙막이에는 Ⅳ형 강판 말뚝을 이용한 자립식 흙막이 벽을 채택하였다. 굴착 개시 후 강판 말뚝이 서서히 전방향으로 처짐이 나와 2.3m 파서 내린 지점에서 강판 파일 두부의 변위는 95mm에 도달하였다. 이 때문에 강판 말뚝의 후방 7m 위치에 H형강의 예비 말뚝을 박아 강판 말뚝의 두부와 예비 말뚝을 타이로드로 연결하는 방식으로 변경하여 굴착을 계속하였다. 그러나 강판 말뚝의 처짐은 멈추지 않고 굴착 완료 시에는 강판 말뚝의 두부로부터 전방으로 290mm나 변위되었다. 이 영향으로 주변 지반에는 강판 말뚝으로부터 21m나 떨어진 장소에까지 균열이 발생하였다. 강판 말뚝이 크게 처진 것은 왜일까?

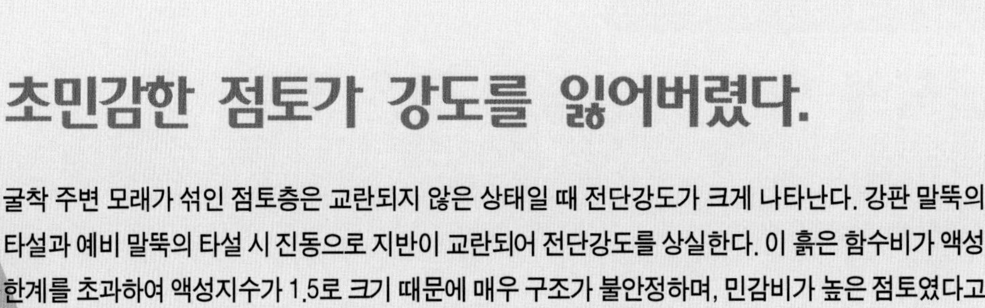

초민감한 점토가 강도를 잃어버렸다.

굴착 주변 모래가 섞인 점토층은 교란되지 않은 상태일 때 전단강도가 크게 나타난다. 강판 말뚝의 타설과 예비 말뚝의 타설 시 진동으로 지반이 교란되어 전단강도를 상실한다. 이 흙은 함수비가 액성한계를 초과하여 액성지수가 1.5로 크기 때문에 매우 구조가 불안정하며, 민감비가 높은 점토였다고 말할 수 있다. 예비 말뚝의 수동저항은 거의 발휘되지 않고 강판 말뚝에는 구조계산에서 설정했던 것보다 매우 큰 측압이 작용하고 강판 말뚝이 크게 변형하였다고 생각된다.

굴착 개소의 지반면으로부터 보링에 의해 2.5~3.3m 깊이에서 채취한 시료의 토질시험결과를 아래에 나타내었다. 굴착한 지반은 모래가 섞인 점토로 일축압축강도(q_u)는 72kN/m^2이다. (사)일본건축학회의 『흙막이 설계시공지침』을 참고로 측압계수(K)를 0.5로 하면, 강판 말뚝에 작용하는 측압(P)은 129kN/m가 된다.

강판 말뚝의 근입부는 반무한길이의 탄성상판 위라고 보고 계산하면 강판 말뚝의 폭 1m당 최대 휨 모멘트는 288kNm, 강판 말뚝의 응력도는 233N/mm^2가 된다. 이 값은 강판 말뚝의 허용응력도 270N/mm을 밑돌고 있다. 강판 말뚝 두부의 수평변위량은 47m로 이것은 굴착 깊이의 0.9%가 된다. 굴착깊이의 3%가 일반적인 표준이므로 안정성에는 충분한 여유가 있다고 할 수 있다. 이 자립식 흙막이를 채택할 때 구조계산의 결과로부터 안전성이 충분히 확보할 수 있다고 판단하였다. 그러나 굴착에 따라 실제 강판 말뚝의 변위량은 예상을 훨씬 상회하였다.

● 깊이 2.5~3.3m 지점의 토질시험결과

① 시료 채취 깊이 2.5~3.3m

② 토질 모래 섞인 점토

③ 일반특성

습윤밀도 $\rho_t = 1.70 g/cm^3$

건조밀도 $\rho_d = 1.13 g/cm^3$

흙입자의 밀도 $\rho_s = 2.71 g/cm^3$

자연함수비 $w_n = 51\%$

간극비 $e = 1.40$

포화도 $S_r = 98\%$

④ 입도
모래분 5%
실트분 52%
점토분 43%

⑤ 콘시스턴시 특성
액성한계 $w_L = 41\%$
소성한계 $w_P = 20\%$
소성지수 $I_P = 21$

⑥ 압밀 항복응력 $p_c = 104kN/m^2$

⑦ 일축압축시험
일축압축강도 $q_u = 72kN/m^2$
파괴 변형률 $\varepsilon_f = 13\%$
변형계수 $E_{50} = 2.0MN/m^2$

⑧ 삼축$\overline{CU}$ 시험
전체 응력 $c = 19kN/m^2,\ \phi = 11°$
유효응력 $c' = 13kN/m^2,\ \phi' = 25°$

● 자립식 흙막이 벽의 구조계산 결과

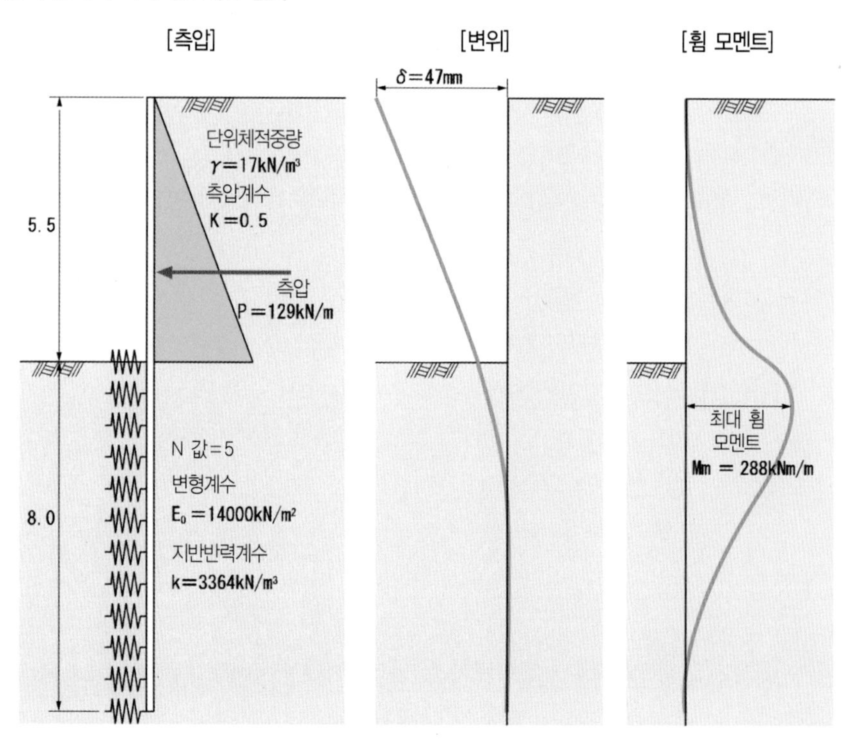

아래 그림에 나타낸 바와 같이 2.3m 굴착한 단계에서 강판 말뚝의 두부가 전방으로 95mm 변위되었다. 수평변위량은 굴착 깊이의 3%를 초과하고 있기 때문에 흙막이 형식을 예비 말뚝에 의한 타이로드식으로 변경하여 굴착을 계속하였다. 그런데 예비 말뚝에 의한 변위구속 효과는 거의 발휘되지 않았다. 지반면으로부터 5.5m의 깊이까지 굴착했을 때에는 강판 말뚝 두부의 수평변위량은 299m에 도달하였다.

● 굴삭심도와 강판 변위와의 관계

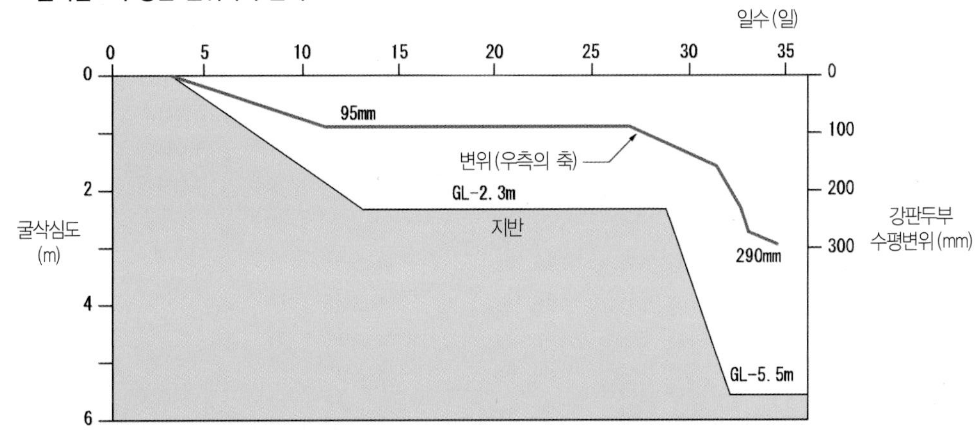

측압계수란

흙막이 벽에는 토압(p_s)과 간극수압(p_w)이 작용한다. 그러나 점토의 경우에는 토압과 간극수압을 분리하는 것이 어렵다. 이 때문에 점토지반에 시공하는 흙막이 벽의 구조계산에서 토압과 간극수압을 일치한 측압(p_a)을 이용한 것이 일반적이다.

왼쪽 그림과 같이 지표면으로부터 h_1의 깊이에 지하수위가 있는 경우, 높이 h의 흙막이 벽에 작용하는 측압은 다음 식으로 표현된다.

$$p_a = p_s + p_w = k\gamma h$$
$$p_s = K_s(\gamma h_1 + \gamma' h_2)$$
$$p_w = K_w \gamma_w h_2$$

여기서 γ는 흙의 습윤단위체적중량 γ'는 수중 흙의 단위체적중량, γ_w는 물의 단위체적중량, K_s는 토압계수, K_w는 간극수압계수, K는 측압계수이다.

점토지반의 측압계수는 (사)일본건축학회가 정리한 다음 페이지의 표로부터 구할 수 있다.

● 토류벽에 적용하는 측압

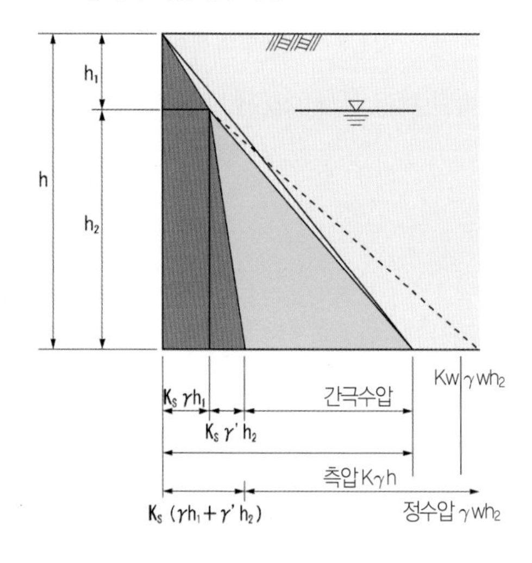

● 점성토 지반의 측압계수

조건		측압계수	qu(kN/m²)
층 깊이가 큰 미압밀 또는 정규압밀이 특히 민감한 점토	매우 연약 점토	0.7~0.8	50 미만
층 깊이가 큰 정규압밀 정도의 민감한 점토	연약점토	0.6~0.7	
정규압밀 정도의 점토	연약 점토	0.5~0.6	
과압밀으로 판단된 점토	중간 점토	0.4~0.6	50~100
안정된 홍적점토	경질 점토	0.3~0.5	100~200
단단한 홍적점토	매우 경질점토	0.2~0.3	200초

자료: 일본건축학회의 『흙막이 설계시공지침』

흙이 교란되어 강도가 64분의 1 이하가 된다

연약한 점토지반의 경우 흙막이 벽이 크게 변위되는 원인에 'heaving'이 있다. heaving이란 흙막이 벽 배후의 흙이 굴착부분에 돌아서 가서 굴착부분의 저면이 부풀어 올라가는 현상이다. 다만 이 현상은 비교적 단단한 화산재층을 관통하여 강판 말뚝을 근입했기 때문에 heaving은 생각할 수 없다. 원인은 모래 섞인 점토층의 강조저하에 의한 것으로 생각된다. 자연상태에 있는 점토는 진동 등에 의해 점토가 가진 구조가 파괴되면 강도가 저하된다. 강도가 저하는 정도는 '민감비'로 표현된다.

민감비(S_t)는 '교란되지 않은 점토시료의 일축압축강도와 교란된 점토시료의 일축압축강도의 비'로 정의되고 있다. 민감비가 큰 점토일수록 교란되었을 때의 강도저하가 심하게 발생한다.

액성지수(I_L)가 작은 점토의 경우, 반죽을 반복한 시료의 일축압축시험을 실시하여 민감비를 구할 수 있다. 액성지수가 1을 초과하는 점토는 공시체가 자립되지 않기 때문에 일축압축시험을 할 수 없다. 이런 경우에는 (사)지반공학회가 정리한 아래 그림으로부터 민감비를 추정할 수 있다.

224~225페이지의 토질시험결과를 바탕으로 구한 비배수전단강도(c_u)는 일축압축강도($qu = 72kN/m^2$) ÷ 2로 $36kN/m^2$가 된다. 또 액성지수(I_L)는 자연함수비와 콘시스턴시 한계로부터 1.5로 구할 수 있기 때문에 민감비(S_t)는 밑의 그림으로부터 64보다 크다고 추정할 수 있다. 즉, 이 현장의 모래가 섞인 점토층은 초민감점토에 분류된 점토로 교란되면 강도는 64분의 1 이하로 저하되는 것을 의미하고 있다.

강판 말뚝이 크게 변형된 원인은 다음과 같이 생각할 수 있다. 강판 말뚝과 예비 말뚝의 타설과 중장기 주행에 의한 진동 등으로 지반이 교란되어 강도를 상실하였다. 동시에 강판 말뚝에는 과대한 측압이 작용했다. 예비 말뚝의 전면의 수동저항이 거의 발휘되지 않았다.

유기물이 혼입된 점토는 일반적으로 민감비가 크기 때문에 주의할 필요가 있다. 굴착 시 과대한 지반변위를 방지하기 위해서는 시멘트계의 고화재를 사용하는 지반개량을 생각할 수 있다. 이 경우는 재료의 배합에 대해 사전에 충분히 검토할 필요가 있다.

● 민감비와 소성지수와의 관계

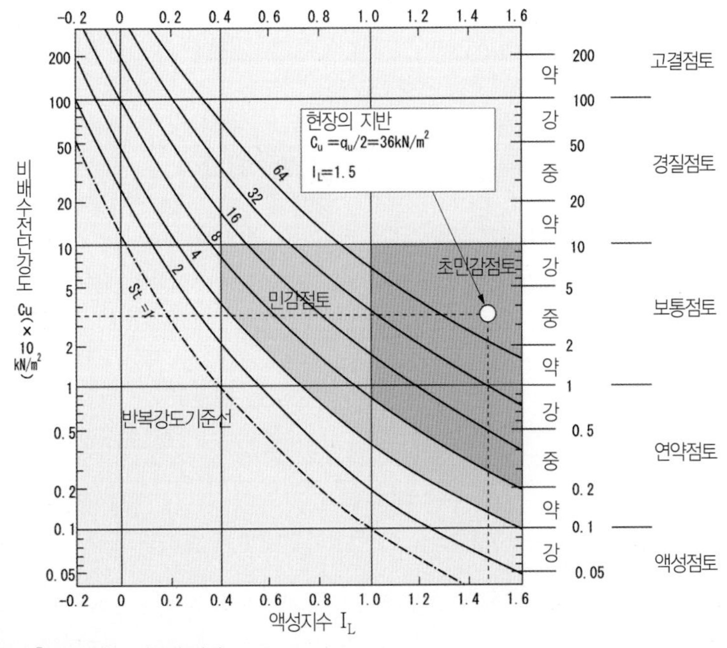

자료: 지반 공학회「토질시립 – 기본과 방법」

흙의 콘시스턴시와 액성지수

점토에 물이 많이 포함되어 반죽하면 액상이 되지만, 그것을 건조시키면 체적이 줄어들어 점점 굳어져 간다. 동일한 흙이라도 함수량 변화에 의해 흙 변형의 정도와 저항력의 차이가 발생하였다. 이와 같은 성질을 '흙의 콘시스턴시'라고 부르고 있다.

점토는 함수비의 차이에 의해 액성체와 소성체, 반고체, 고체의 상태를 나타내었다. 이런 한계의 함수비를 '콘시스턴시 한계'라 한다. 콘시스턴시 한계에는 액성한계, 소성한계, 수축한계가 있다.

소성한계의 함수비(w_L)와 소성한계의 함수비의 차를 소성지수(I_p)라 한다. 자연상태의 함수비(w_n)가 w_L 보다 큰 흙은 교란되면 액상이 되어 강도를 상실한다. w_n 와 w_L 에 가까운지 w_p 에 가까운지를 표시하기 위해 무차원화한 파라메타로서 액성지수가 있으며, 다음 식으로 나타낼 수 있다.

$$I_L = \frac{w_n - w_p}{I_p} = \frac{w_n - w_p}{w_L - w_p}$$

w_n 가 w_L 에 동일하면 I_L 의 값은 1, w_p 에 동일하면 0이 된다. I_L 이 0에 가까울수록 흙은 단단하고 강도가 크기 때문에 안정되어 있다. I_L 이 1을 초과하는 점성토는 약간의 교란을 주더라도 불안정하게 된다.

본문에서 취급한 굴착개소의 흙은 w_n 가 51%, w_L 이 41% w_p 이 20%가 되므로 I_L 은 다음과 같이 된다.

$$I_L = \frac{w_n - w_p}{w_L - w_p} = \frac{51 - 20}{41 - 20} = 1.5$$

● 콘시스턴시 한계

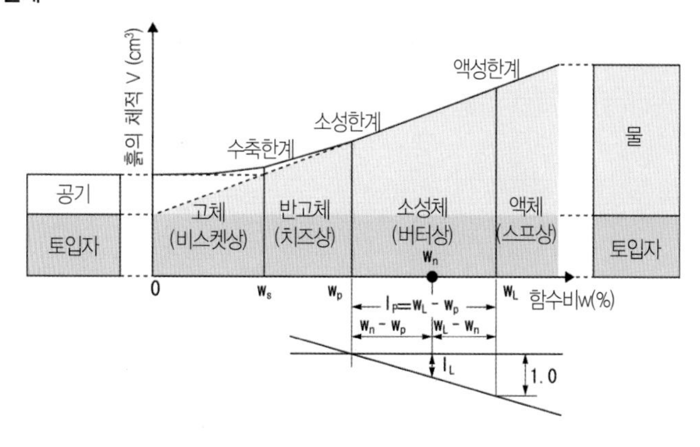

제3장 기본으로부터 배우는 법면공법과 옹벽공법

사면, 법면 대책의 기본

옹벽설계의 기본

사면, 법면 대책의 기본

환경과 경관의 배려가 중요하다

자연 사면과 절토법면, 성토법면의 붕괴 등을 방지하기 위해 다양한 공법이 개발되고 있다. 그러한 공법의 특징을 소개하는 동시에 적절한 공법을 선정하는 방법과 선정하는 데 있어서 주의점을 설명하였다. 적절한 공법을 선택하는 데에는 먼저 사면과 법면의 상태를 정확하게 파악하는 것이 중요하다.

사면은 다양한 과정을 걸쳐 형성된다. 지형적으로도 지질적으로도 또는 생물과 인간과 관계되어 있더라도 하나로서 동일한 조건의 사면은 없다. 그러한 다양한 사면의 상태에 대응할 수 있도록 사면대책의 설계와 시공을 위해 기술기준과 참고도서에는 사면의 상태에 따른 대책공법을 선정하는 기준과 선정 플로도 등이 정리되고 있다. 또한 대책공법에는 각각의 특징이 있고 지반의 상태에 따라 적합한 공법, 적합하지 않은 공법이 있다. 따라서 적절한 사면대책을 선택하기 위해 먼저 사면의 상태를 정확하게 파악할 필요가 있다.

절토 법면보호의 선정방법

사면 상태와 사면재해의 형태는 몇 가지로 대분류할 수 있다. 여기서는 사면의 안정대책으로 가장 일반적인 절토법면 보호를 기본으로 이야기를 진행한다. 절토법면의 안정을 도모하기 위해 채택하는 법면보호는 목적에 따라 다양하다(다음 페이지 표 참조). 그 중에서 적절한 공법을 선정한다. 그때 장기적인 안정 확보가 첫째 목적으로 ① 지질과 토질, 지하수, 용수 등의 지반상황 ② 기상조건 ③ 규모와 경사 등 절토형상 ④ 경제성 ⑤ 시공성 ⑥ 유지관리 ⑦ 경관, 환경보전 등을 고려한다.

● 사면과 법면 대책에 관한 주요 기술기준

기준과 지침의 명칭	발행자(발행시 명칭)	발행년
『도로토공의 비탈면공사면안정공지침』	(사)일본도로협회	1999년
『설계요령 제1집 토공편』	일본도로공단	1998년
『신 사면붕괴방지공사의 설계와 실례 급경사지 붕괴방지 공사기술지침』	건설성하천국사방부감수 (사)전국치수사방협회	1996년
『철도구조물 등 설계기준 동해설 토구조물』	운송성철도국감수 (재)철도종합기술연구소편	1992년
『낙석 대책 편람』	(사)일본도로협회	2000년
『낙석 대책 매뉴얼』	(재)철도종합기술연구소	1999년
『개정신판 건설성 하천사방기술기준(안) 동해설』	건설성하천국감수 (사)일본하천협회	1997년
『절토법면 조사 설계로부터 시공까지』	(사)지반공학회	1998년

● 법면보호 종류

자료: 일본도로협회 『도로교통–비탈면 공, 사면 안정지침』을 근거로 작성

분류			공법	목적 및 효과
광의의 법면보호	토압을 생각하지 않은 보호	식생에 의한 보호	종자산포, 객토뿜칠, 식생기재뿜칠, 잔디 입히기, 식생매트, 식생시트	침식방지, 동상, 붕락 억지, 전면식생
			식생근 잔디	성토법면 침식방지, 부분식생
			식생토 부대	부양토, 경질토법면의 침식방지
			묘목설치뿜칠	침식방지와 경관 형성
			식재	경관형성
		구조물에 의한 보호	짠그물망 버들돌망태, 프리캐스트 틀	표층부의 침식과 토사유출 방지
			모르타르 콘크리트 뿜칠, 돌깔기, 블록 깔기	표층 풍화 및 침식을 제어하고 토사의 유출과 표면의 붕괴, 낙석을 방지함. 밀폐형
	일정 토압 저항		뿜칠 틀, 현장타설콘크리트 틀	다소 토압에 대항할 수 있고, 원지반의 안정에 기여할 수 있음. 개방형과 밀폐형의 선정 가능
			쌓기옹벽, 격자형 옹벽	어느 정도 토압에 대항할 수 있고, 원지반의 안정에 기여할 수 있음. 밀폐형
			블록쌓기 옹벽, 콘크리트 옹벽	어느 정도 토압에 대응할 수 있고 원지반의 안정에 기여할 수 있음. 밀폐형
	슬라이딩 토괴 활동에 대항		절토보강토, 록볼트, 그라운드 앵커, 억지말뚝	말뚝 토압형의 억지공법, 단독 또는 기타 보호공법과 병용하여 원지반의 안정을 도모

안정경사를 먼저 확보한다

먼저 대상 원지반의 토질과 암이 계획되고 있는 절토에 대해 안정을 확보할 수 있는지 아닌지를 검토한다. 산사태 토괴와 애추의 말단부를 절토하는 것이 아닌지, 지반상태에 맞는 적정한 경사로 되어 있는지 등이 중요한 검토 포인트가 된다. 검토할 때 거시적으로 지형을 보는 것이 매우 중요하다. 큰 토사붕괴를 상장할 수 있는 경우와 사면의 위쪽으로부터 낙석이 염려되는 경우 등은 별도로 대책공사가 필요하게 된다. 기술기준에는 지반상태별로 경험적으로 얻어진 표준절토 경사가 나타나고 있다. 지반조건과 표준경사를 비교하여 안정 확보가 곤란한 경우, 억지력을 도입하여 안정을 도모하는 법면 억지공사를 계획한다. 안정경사에서 절토가 가능한 경우에는 법면표면의 보호를 계획한다. 비와 건습 등에 의한 표면의 풍화와 침식, 표층붕락을 방지한다.

●사면의 분류와 재해의 형태

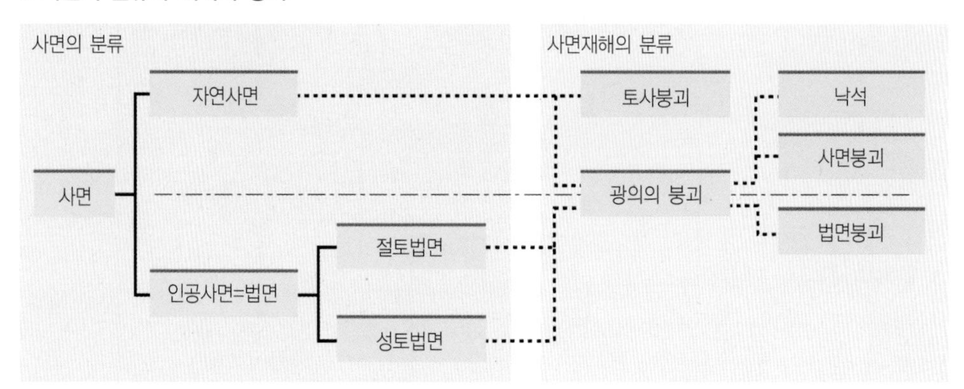

사면은 자연사면과 인공적인 변형이 추가된 법면으로 구별할 수 있다. 또한 사면재해는 토사붕괴와 붕괴로 크게 나누어진다.

●위험한 절토 형태

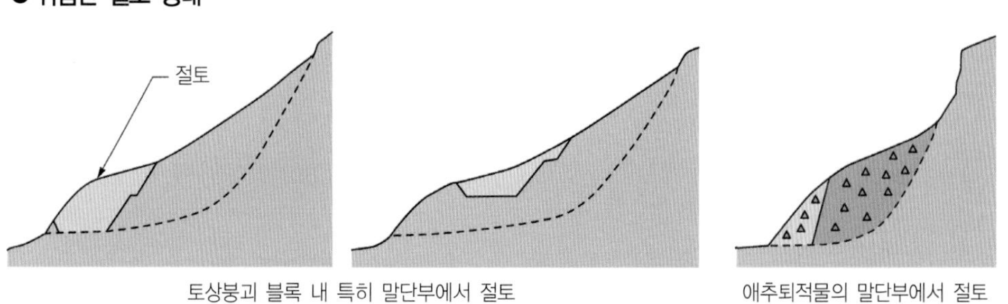

토상붕괴 블록 내 특히 말단부에서 절토

애추퇴적물의 말단부에서 절토

토사붕괴와 애추퇴적물은 가까스로 밸런스를 유지하고 있는 상태인 경우가 많고 절토에 의해 밸런스가 붕괴되기 쉽다.

● 법면보호 선정 플로차트

자료: 일본도로협회 『도로토공-비탈면 공, 사면 안정지침』을 근거로 작성

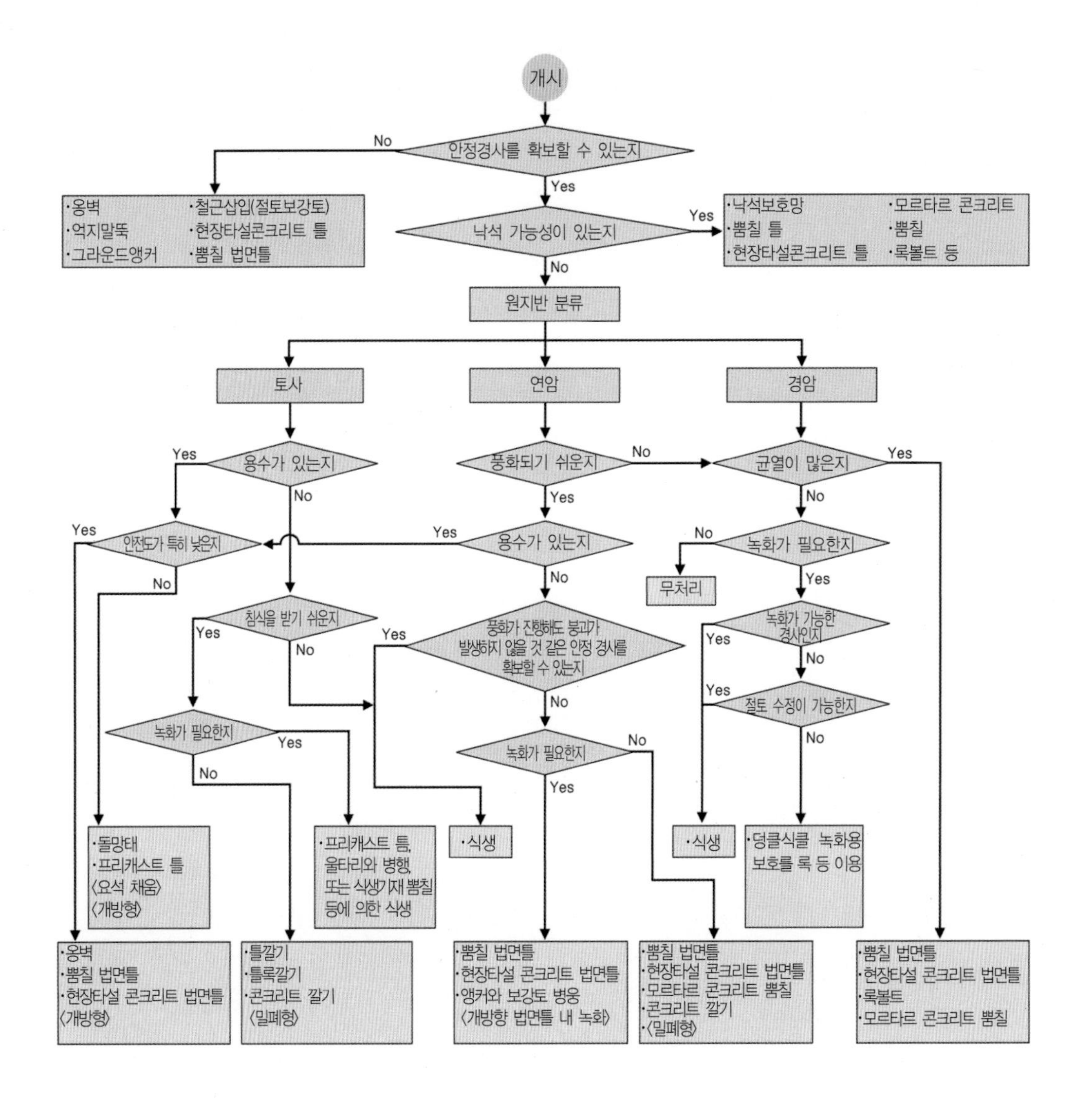

● 토질별 표주법면의 경사

자료: 구일본도로공단의 『설계요령제1집』

원지반의 토질		절토고	경사
경암			1:0.3~1.:0.8
연암			1.0.5~1:1.2
모래	밀실하지 않고 입도분포가 나쁜 것		1:1.5~
사질토	밀실한 것	5m 이하	1:0.8~1:1.0
		5~10m	1:1.0~1:1.2
	밀실하지 않은 것	5m 이하	1:1.0~1:1.2
		5~10m	1:1.2~1:1.5
자갈 또는 암괴가 섞인 사질토	밀실한 것 또는 입도분포가 양호한 것	10m 이하	1:0.8~1:1.0
		10~15m	1:1.0~1:1.2
	밀실하지 않는 것 또는 입도분포가 나쁜 것	10m 이하	1:1.0~1:1.2
		10~15m	1:1.2~1:1.5
점성토		10m 이하	1:0.8~1:1.2
암괴 또는 옥석이 섞인 점성토		5m 이하	1:1.0~1:1.2
		5~10m	1:1.2~1:1.5

풍화 및 용수가 없을 때의 식생

표층 보호를 목적으로 한 법면보호를 계획할 때 포인트는 원지반의 침식과 풍화에 대한 저항력, 용수의 유무 등이 있다. 풍화가 빠른 지질의 경우에는 풍화가 진행되어도 안정을 확보할 수 있는 경사로 정할지, 밀폐형의 법면공법과 열화 진행을 예측한 구조물로 대책을 실시하는 것이 바람직하다. 밀폐형 법면공법은 콘크리트 뿜칠공법과 모르타르 뿜칠공법, 돌깔기공법, 블록깔기공법 등으로 법면을 덮은 것이다. 한편 구조물에 의한 대책공사는 법면틀공법과 절토보강토공법 등이 있다.

용수가 많은 법면에서 밀폐형 법면공법은 적절하지 않기 때문에 법면틀 공법과 상자공법 등 개방형의 법면보호를 선택할 필요가 있다. 배수 파이프와 배수구 등을 함께 설치하는 것도 불가결한 사항이다. 풍화 및 용수 등이 문제가 되는 않은 경우에는 일반적으로 주변의 경관과 환경과의 조화를 도모할 수 있는 식생공법을 선택하는 경우가 많다.

식생공법은 법면의 보호라는 기능을 추가하여 경관의 향상 및 환경 보전 등의 효과도 기대할 수 있다. 일사조건 및 토양산도, 경사, 토양경도 등 적용하는 데는 한계가 있다는 것을 알아둘 필요가 있다. 최근 다양한 기술과 공법이 개발되어 적용 가능한 조건이 확대되고 있다. 더욱 벌채목과 현지 발생 흙을 이용한 리싸이클 공법도 다수 개발되어 왔다(238페이지 플로 그림 참조). 식생공법만으로 표면의 불안정화에 대처할 수 없는 경우, 또는 경사가 급한 사면과 근이 침입할 수 없는 경질의 지반에서 구조물에 의한 보호를 병용한다.

● 식생공법의 선정 플로

자료: 일본도로협회 『도로토공』과 『절토법면조사 설계부터 시공까지』 등을 근거로 작성

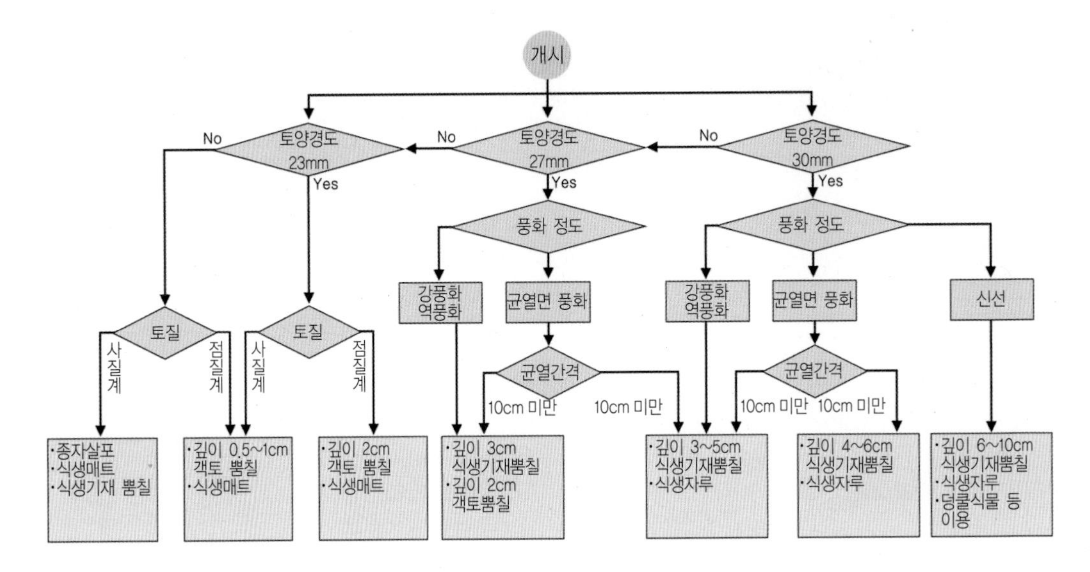

모르타르 뿜칠은 채택 예가 감소하는 경향이 있다

종래 암반사면 보호 등에 많이 사용되어온 콘크리트 뿜칠공법과 모르타르 뿜칠공법은 채택 예가 감소하고 있는 경향이다. 환경 및 경관의 관점에서 피하게 되고, 노후화가 되면서 박리와 박락이 많이 발생하고 있으며, 유지관리의 문제가 되고 있다. 특히 동결융해가 심한 개소와 용수가 많은 개소에서 채택하는 경우에는 주의할 필요가 있다. 법면틀 공법은 식생공법의 기초로서 사용하는 경우와 붕괴방지를 위해 표층 보호대책으로 사용하는 경우가 있다. 후자의 경우, 어느 정도의 억지력을 예상하여 설계한다. 다만 붕괴의 규모가 큰 경우는 법면틀 공법에 절토 보강토 공법 및 그라운드 앵커공법(이하 앵커공법)을 병용할 필요가 있다. 법면틀 내부의 채움에는 주로 식생공법을 사용하지만, 지반조건에 의해 뿜칠 공법 등 밀폐형의 법면 보호공법을 채택하는 경우도 있다. 안정 경사가 확보할 수 없는 경우와 배면으로부터 토압의 예상되는 경우에는 억지력 도입이 가능한 법면 억지공사를 선정한다. 구체적으로는 절토보강토공법, 앵커공법, 억지말뚝 공법 등이 있다.

● 구조물에 의한 주요 법면공법

안정경사를 확보하고 배면으로부터 토압이 없는 사면에서 표면보호를 목적으로 사용된다.

콘크리트 및 모르타르 뿜칠

뿜칠 법면틀+뿜칠(밀폐형)

뿜칠 법면틀+식생(개방형)

● 주요 법면 억지공사

안정경사를 확보할 수 없는 경우와 배면으로부터 토압이 있는 경우에 사용한다. 시공을 위해 가설이 대규모로 된다.

절토보강토

그라운드 앵커

저항말뚝

붕괴 규모와 형태의 추정이 매우 중요하다

억지력을 필요로 하는 경우는 먼저 붕괴의 지형과 붕괴 규모를 추정하여 안정해석을 실시한다. 도입이 필요한 억지력 크기를 산출한다. 그 억지력에 적합한 대책을 경제성 및 시공조건 등을 고려하여 선택한다.

슬라이딩이 얕고 억지력이 작게 끝난 경우는 절토 보강토 공법이 경제적이다. 이것에 대해 슬라이딩이 깊고 큰 억지력이 필요한 경우에는 앵커공법과 억지말뚝공법 등이 적합하다. 붕괴 깊이와 규모, 붕괴 형태는 지반 상태와 주변 지형 상황을 잘 파악하지 않으면 정도를 양호하게 추정할 수 없다. 본서의 제2장에서도 슬라이딩면의 위치 추정을 잘못했기 때문에 대책이 잘 되지 않았던 몇 개의 사례를 소개하였다. 붕괴 규모와 형태의 추정은 세심히 주의를 할 필요가 있다.

또한 공사가 대규모인 경우에는 시공성에서 중요한 선정 포인트가 있다. 앵커와 말뚝 시공에서 굴착 등의 작업을 실시하기 위해 비계가 필요하다. 그 외 현장조건에 따라서 착공 오수의 처리, 소음, 분진 문제가 되는 경우도 있다. 중장기와 자재의 반입공법 등도 선정상 유의점이다.

앵커공법과 절토 보강토 공법에서 표층부의 안정을 도모하기 위해 법면보호를 조합시켜 선정한다. 종래에는 법면틀 공법을 선정하는 경우가 많았지만, 최근 들어 환경과 경관, 시공성을 고려하여 독립 수압판, 연속섬유 보강토 공법 등 다양한 기술과 공법을 사용하는 기회가 증가하고 있다. 법면억지공사에서 큰 붕괴를 억지할 수 있어도 표면보호까지 할 수 없는 경우에는 법면보호도 병용한다.

●붕괴성 요인을 가진 지질

붕괴성을 요인을 가진 지질은 2개로 대별할 수 있다. 하나는 특수토, 균열의 많은 암과 같이 토질 및 암질에 문제가 있는 토질이며, 또 하나는 흘러내리는 암과 구조적 약한 선을 가진 경우와 같이 지질구조에 문제가 있는 지질이다.

자료: 일본도로공단 『설계요령제1집』

붕괴성 요인을 가진 지질	대표적인 지질
침식에 약한 토질	시라스, 모래, 마사토
고결도가 낮은 토사 및 강풍화암	애추성 퇴적물, 화산회토, 제4기의 화산 파괴되기 쉬운 것, 붕적토와 강풍화강암 등
풍화가 빠른 암	오니석, 응회암, 결암, 사문암, 편암류 등
균열이 많은 암	편암류, 혈암, 사문암, 화강암, 안산암, 차트 등
균열이 흘러내리는 반으로 된 암	편리, 절리가 사면의 경사방향과 일치하는 편암류, 점판암 등
구조적 약학 선을 가진 지질	단층파쇄대, 토사붕괴지, 붕괴흔적지 등

흘러내리는 반의 사면

암반이 완만한 경사에서 절토하더라도 흘러내리는 반 방향의 약층과 갈라진 틈을 슬라이딩면으로서 붕괴가 발생하기 쉽다. 사진은 연암법면이 흘러내리는 반으로 붕괴된 것이며, 하얗게 보이는 것이 점토의 얇은 층이다.

앵커는 적절한 유지관리가 필요하다

억지력을 효과적으로 발휘하기 위해서는 각 공법의 특징을 잘 이해하고 사면상태에 따라서 채택할 필요가 있다. 절토 보강토 공법은 간단한 부재로 구성되어 시공설비도 소규모이다. 주로 소규모로부터 중규모까지의 붕괴 대책과 급경사의 굴착에 적절하다. 역으로 슬라이딩면의 깊은 붕괴와 규모가 큰 붕괴에는 보강효과, 경제성, 시공성 측면에서 적합하지 않다.

절토 보강토 공법은 통상 초기 긴장력을 도입시키지 않고 다소의 변형을 허용함으로써 보강효과를 발휘하는 메커니즘 공법이다. 앵커공법은 초기 긴장력을 도입함으로써 원지반의 변위를 억지할 수 있고 높은 억지효과를 얻을 수 있었다. 큰 하중이 작용되므로 정착부의 지반이 충분히 인발 저항을 가져야 한다.

지질과 토질에 따라 저항력이 얻어지지 않고 적합하지 않은 경우도 있다. 또한 부식에 의한 기능 저하가 크기 때문에 지반과 지하수에 의한 화학적인 영역에도 주의를 요한다. 그외의 공법에 비해 유지관리가 필요한 공법이다.

●붕괴요인이 있는 경우의 표준경사 예

아래 표는 붕괴요인이 있는 원지반에서 적정한 경사이다. 어디까지나 표준적인 예이고, 이것을 표준으로 하여 최종적인 결정은 현지의 상황에 따라 상세히 검토할 필요가 있다.

흡수팽창과 풍화에 대한 내구성과 적정경사 자료: 지반공학회 『절토법면의 조사 설계로부터 시공까지』

시찰에 의한 분류	예	건습반복에 의한 흡수량증가율(%/회)	법면경사	
			지하수 없음	지하수 있음
① 고결도가 높은 것	고제3기이전의 혈암, 고결응회암	1.0 이하	1:0.8	1:1.0
② 비교적 고결도가 낮은 것	신제3기층, 사문암	1.0~2.0	1:1.0	1:1.2
③ 아주 고결도가 낮은 것	응회층 오니암, 신세 또는 홍적세의 점토	2.0 이하	1:1.2	1:1.5

고제3기의 혈암. 침식과 풍화에 대한 저항력이 작기 때문에 절토 후 금방 열화가 진행된다.

억지말뚝 공법은 규모가 큰 붕괴와 토사붕괴에 대해 계획하는 경우가 많다. 큰 억지력이 얻어지는 한편 재료와 시공설비의 규모도 커지게 되므로 주의가 필요하다.

말뚝은 원지반의 이동층과 일체가 되어 움직이는 것을 전제로 하기 때문에 많은 균열에 의해 분단되어 있는 지반의 경우는 채택할 때 충분한 검토가 필요하다. 연약한 지반에는 적합하지 않는다. 또한 말뚝의 시공위치, 토괴의 성질에 따라 말뚝이 받는 힘은 다르고 설계방법도 변하게 되므로 주의가 필요하다. 이외에 말뚝은 다소의 변형을 허용하여 억지 효과를 발휘하므로 변위가 허용되지 않은 경우에는 적합하지 않은 경우를 기억해 둘 필요가 있다.

절토공 법면 보호의 선정상 주의한다

표준경사표를 목표로 절토 경사를 결정할 때 주의가 필요한 것은 표준경사표의 적용조건이다. 기술기준에는 반드시 '표준경사표는 붕괴요인이 없는 원지반에 적용하고, 붕괴요인이 있는 원지반에 대해서 별도 검토한다'라고 명기되어 있다.

실제로는 여러 가지의 것이 붕괴요인이 되어 얻어진다. 슬라이딩을 취급하는 것은 불가능하기 때문에 기술기준에서 주의가 필요하게 되어 주요한 붕괴요인에 한정하여 일람표로 정리하고 있다. 또한 각각 붕괴요인에 대해 그 상태와 절토높이에 따라서 붕괴요인이 없는 경우와 비교하여 매우 완만한 경사로 되어 있기 때문에 붕괴요인의 존재에 의해 안정도가 크게 저하하고 있음을 알 수 있다. 따라서 대상 사면에 대해서 붕괴요인의 유무를 체크하는 것은 매우 중요하다.

붕괴요인의 유무는 기존 문헌과 주변 사면의 피해이력 등도 노력이 필요하지만, 현지조사에 의해 확인하는 것이 제일이다. 현지조사를 할 수 없는 경우에도 대상 사면의 지형과 지질이 무엇이 있는지 기존의 자료를 조사할 수 있다. 지형과 지질별로 상정된 붕괴요인의 사례를 열거하면서 알기 쉽게 설명하고 있는 참고도서도 많다. 그것을 참고로 하여 사전에 충분히 검토해둘 필요가 있다.

지질조사의 보고서가 있는 경우에는 붕괴요인의 유무에 대해서 기재를 빠뜨리지 않도록 하는 것이 중요하다. 많은 경우, 설계도면에는 '연암'만 기재되어 있지 않다. 그러나 그 기재만을 보고 즉시 경사를 '1대 1'로 결정하는 것은 위험하다. 예를 들어 흘러내리는 지반으로 되어 있지만 풍화되기 쉬운 지질은 없는지 등의 항목도 체크해야만 한다.

안정계산을 과언하지 않는다

붕괴요인이 있을 때 어느 정도의 경사로 하면 안정이 확보할 수 있는지를 안정계산을 실시하여 검토하는 경우가 있다. 말뚝 토압형의 법면보호 설계에서 안정계산을 실시하여 필요한 억지력을 산출한다. 이러한 안정계산에서 산출한 결과도 충분히 주의하여 취급할 필요가 있다. 일반적으로 자연사면은 매우 불균질하기 때문에 슬라이딩면의 위치와 그 물성을 추정하는 것은 용이하지 않다. 토질정수를 시험 등으로 구할 수 있더라도 슬라이딩면이 나타나는 지반이 약한 장소의 물성을 시험값이 반영하고 있는지 아닌지는 불명확하다. 이 때문에 자연사면에서 안정계산은 익숙하지 않다고 명기하고 있는 기술기준도 있다. 또한 일반적으로 사용하는 극한평형법이라는 방법 자체도 많은 가정상에서 구성되어 있는 설계법인 것을 알아 둘 필요가 있다.

호우 시에는 많은 사면이 붕괴되고 사면의 안정에 물이 큰 영향을 미친다. 표면을 흐르는 물은 지반표면을 침식, 풍화시켜 강도저하를 초래한다. 지반 내에 침투한 물도 갈라진 틈의 풍화를 조장하거나 특정 물길을 따라 침식을 진행시키는 경우가 있다. 갈라진 틈과 약한 층에 들어가 스며드는 물은 암반과 토괴에 양압력을 발생시켜 붕괴의 요인이 된다.

따라서 법면 안정을 생각하기 위해서는 ① 강우 등 지표수의 영향을 완화한다. ② 지반 내에 침투시키지 않는다. ③ 침투한 물은 가능한 신속하게 배제하는 것이 중요하다. 그러기 위해서는 표층 보호, 경우에 따라서 표층의 밀폐, 배수로 정비, 지하수위가 높은 경우와 용수가 많은 경우 등에서 적절한 배수를 병용하는 대책이 중요하다(아래 표 참조). 그 외에 사면이 물을 모으기 쉬운 집수지형으로 되어 있으면 보통 단은 물이 없더라도 강우 시에 물을 모으기 쉽기 때문에 붕괴요인의 하나로서 검토할 필요가 있다.

● 법면배수의 종류

자료: 일본도로협회의 『도로토공-비탈면 사면의 안정공지침』

목적	배수공 종류	기능
표면배수-노면, 인접지, 법면의 배수	법면어깨배수구, 종배수구, 소단배수구	법면으로의 표면수의 유하를 방지. 표면으로의 우수를 종배수구로 유도. 법면어깨배수구, 소단배수구의 물을 법면 끝으로 유도
지하배수-법면으로의 침투수, 지하수의 배수	지하배수구, 버들돌망태공, 수평배수구, 수직배수구, 수평배수층	법면으로의 지하수, 침투수를 배제함. 지하배수구와 병용하여 법면 끝을 보강. 용수를 법면 밖으로 빼기. 법면 내의 침투수를 집수정으로 배제함. 성토 내 또는 원지반로부터 성토로의 침투수를 배제함.

시공순서에서도 배려한다

법면 보호를 어떻게 시공해야만 하는지 생각해둘 필요가 있다. 예를 들어 법면틀 공법은 전면을 깎아 내리면서 시공하는 것이 좋을지 또는 매우 풍화되기 쉬운 지질에서 소단별로 시공하면서 깎아 내리는 '단계별 공법'이라고 부르는 방법이 적절한지를 검토해 둘 필요가 있다. 절토 보강토 공법과 앵커공법에서도 동일하다. 절토공법면에서 원지반 굴착 후 보강재를 타설하는 동안 사면 안정도가 가장 저하된다. 단계별 공법 시공이 필요한 경우는 시공자에게 그런 사항을 잘 전달할 필요가 있다. 단계별 공법 시공을 해야만 하는 경우는 콘크리트 구조물의 양생기간 등에 의해 공정이 규제되어 경제적으로 불리하게 되는 경우도 있으므로 주의가 필요하다.

성토법면 보호공법 선정 방법

성토법면 보호공법 선정도 지금까지 기술한 절토 법면과는 거의 동일한 순서로 실시한다. 먼저 토질과 높이에 따라 법면 경사를 표준경사표 등으로부터 선정한다. 안정 경사 확보가 곤란한 경우는 옹벽, 보강토 등을 채택한다. 성토를 계획하고 있는 지반이 연약하고, 토사붕괴가 있으며, 용수가 있는 경우, 별도로 안정도를 검토한다. 똑같이 편절성토 복부착성토, 협곡매립성토 등의 경우에도 안정도를 별도로 검토해야만 한다. 표면의 침식과 표층의 붕괴를 방지하기 위해 법면보호에는 기본적으로 식생공법을 사용한다. 성토재가 침식으로 인해 약한 토질인 경우는 네트 공법, 프리캐스트 틀 공법, 식생 시트 공법, 매트공법 등을 병용한다. 성토하는 것으로 원지반으로부터 용수를 막고, 지하수맥을 차단하는 경우노 있다. 이런 경우는 배수에 관해서도 충분히 검토를 더할 필요가 있다.

자연사면 대책 선정 방법

표층의 토사와 강하게 풍화된 부분이 붕괴한 것처럼 사면붕괴의 대책은 발생을 방지하기 위한 예방공사와, 발생한 경우에 붕토의 이동을 저지하기 위한 방호공사로 대별된다. 또한 예방공사는 억지공사와 방호공사 2가지로 대별된다.

예방공사는 법면 억지공사를 포함한 절토법면의 보호공사의 공정과 거의 동일하다. 방호공사에는 수동옹벽과 토사복공 등이 있다. 대책선상에서 먼저 예상된 붕괴의 규모와 형태, 원인을 추정한다. 그 때문에 불안정 요인의 분포와 상태, 사면의 지형 등을 체크한다. 구체적으로 표층의 토사, 강풍화암, 느슨해진 암반, 부석 등을 조사한다. 불안정 요인이 절토에 의해 배제할 수 있는 경우는 제거한다. 그 가운데 침식과 풍화를 방지하기 위한 법면보호를 실시한다. 이 때 절토안정 경사는 절토법면 표준 경사표를 참고로 한다. 다만 실제에는 안정 경사까지 절토할 수 없는 조건의 현장이 많다. 일반적으로 가능한 부분을 제거한 후 제거할 수 없는 부분은 구조물에 의한 법면보호에 의해 안정화를 도모한다. 규모와 형태에 따른 공사를 선정하여 다음에 표면보호와 침식과 풍화의 방지를 목적으로 한 법면보호를 선정하는 순서로 검토를 진행한다. 사면붕괴에서 물의 영향이 특히 크기 때문에 사면에 유입하는 물과 지하수에 대한 배수를 충분히 검토하는 것이 중요하다.

예방인지 방호인지를 먼저 선택한다

낙석대책은 낙석 발생원의 대책으로서 실시하는 낙석 예방공사와 발생한 낙석을 저지하는 낙석방호공사로 대별할 수 있다. 최근에는 대책의 하나로서 삼림 수목을 이용하여 낙석 감소효과를 기대하는 '낙석방호림' 등이 시도되고 있다. 낙석예방공사에는 낙석의 원인을 제거하는 방법, 각각 낙석을 고정하는 방법, 사면표층을 면적으로 보호하는 방법이 있다. 최근에는 낙석 고정으로서 로프네트공법을 사용하는 예가 증가하고 있다. 동 공법은 와이어로프를 격자상으로 조립하여 부석과 전석을 면적으로 고정하는 것이다.

● 낙석 대책의 종류

<table>
<tr><th colspan="2">분류</th><th>공법</th><th>목적 및 효과</th></tr>
<tr><td rowspan="12">낙석예방공사</td><td rowspan="2">제거</td><td>절토</td><td rowspan="2">각각 들뜸 돌 및 전석을 제거</td></tr>
<tr><td>소분할 등 제거</td></tr>
<tr><td rowspan="6">고정</td><td>근 고정</td><td rowspan="3">각각 들뜸 돌 및 전석을 고정</td></tr>
<tr><td>암반접착</td></tr>
<tr><td>와이어로프 걸기</td></tr>
<tr><td>로프 네트</td><td>면적으로 들뜸 돌과 전석을 고정</td></tr>
<tr><td>록볼트</td><td rowspan="2">각각 들뜸 돌과 전석을 고정하는 이외 뿜칠, 법면틀, 옹벽, 로프네트 등과 병용하여 광범위에 걸쳐 안정을 도모</td></tr>
<tr><td>앵커</td></tr>
<tr><td rowspan="4">보호</td><td>뿜칠</td><td rowspan="4">침식과 풍화의 진행 방지, 표층으로부터 소규모 낙석을 방지</td></tr>
<tr><td>법면틀</td></tr>
<tr><td>인강공 및 옹벽</td></tr>
<tr><td>식생</td></tr>
<tr><td rowspan="7">낙석방호공사</td><td rowspan="2">낙석방지망</td><td>복식 낙석방호책</td><td>금속망과 원지반의 마찰 및 금속망의 장력으로 들뜸 돌을 구속</td></tr>
<tr><td>포켓식 낙석방호망</td><td>망의 상부로부터 들어간 낙석이 금속망에 충돌하는 것으로 낙석의 에너지를 흡수</td></tr>
<tr><td colspan="2">낙석방호울타리</td><td rowspan="5">발생원으로부터 보전대상이 되는 구간으로 낙석을 보전하여 저지함</td></tr>
<tr><td colspan="2">낙석방호사다리</td></tr>
<tr><td colspan="2">낙석방호옹벽</td></tr>
<tr><td colspan="2">rock shed</td></tr>
<tr><td colspan="2">낙석방호의 토제 및 도랑</td></tr>
</table>

● 낙석대책 선정 흐름

자료: 일본도로공단 『설계요령제1집』

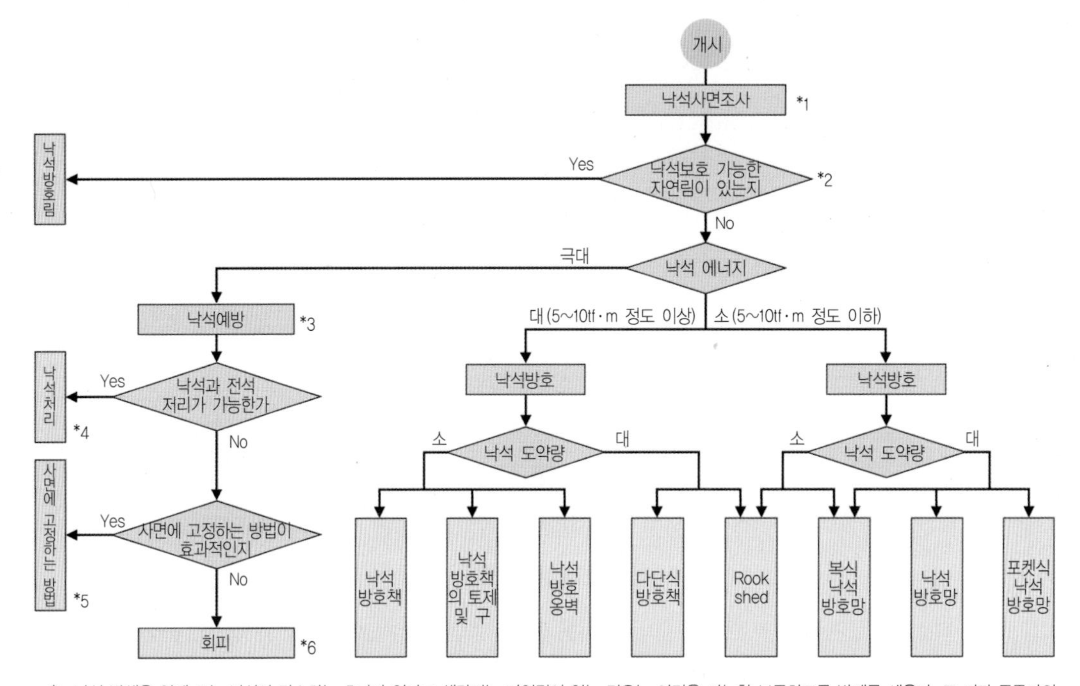

*1: 낙석 발생을 억제 또는 낙석이 감소하는 효과가 있다고 생각되는 자연림이 있는 경우는 이것을 가능한 보존하도록 방제를 세운다. 또 기타 공종과의 병용을 검토한다.
*2: 높은 에너지 흡수책 등을 이용하는 경우는 100을 초과하는 낙석에너지에 견딜 수 있으므로 별도 검토한다.
*3: 법면 보호공법과 병용의 낙석대책(법면틀 등)은 별도 검토한다.
*4: 낙석처리에는 절토, 제거가 있지만 이런 것을 주체적 공법으로 사용하되 다른 공종과의 병용도 검토한다.
*5: 근 고정, 그라운드 앵커, 록볼트, 와이어 로프 걸기, 접착이 있지만, 이런 것을 주체적 공법으로서 다른 공종과의 병용도 검토한다.
*6: 노선변경 또는 구조변경(터널 등)에 의한 낙석을 회피한다.

균열에 접착제를 충전하여 암석을 고정하는 암반접착공법도 많이 채택되고 있다. 다만 균열면의 접착효과의 평가는 어렵기 때문에 그외의 대책을 병용하는 등의 주의가 필요하다. 낙석방호공사에는 ① 사면의 표면을 금속망과 와이어로프로 덮는 낙석 방호망 ② 지주와 금속망, 와이어로프를 조합시킨 낙석을 보충하는 낙석방호책 ③ 콘크리트 제의 낙석방호벽 ④ 콘크리트 제의 rock shed 등이 있다. 최근은 망과 울타리 구조를 검토하여 매우 큰 낙석의 에너지를 흡수할 수 있는 타입의 방호책과 방호망도 개발되고 있다.

낙석대책 선정에서 먼저 대상으로 하는 사면이 어디부터, 어떤 형태, 규모의 낙석이 발생하여 그것이 어떤 운동 형태로 낙석되는지 정확히 설정하는 것이 중요하다. 그것에 대해 어떤 방법으로 멈출 것일까 또는 통과시킬 것인가에 대한 대책을 선정한다(위의 플로 참조).

● 주요 낙석예방공사

사면상의 낙석을 제거 또는 고정하여 발생을 예방하는 대책이다.

인력에 의한 작게 분할

로프 걸기

로프 네트

● 낙석방호의 선정목표

자료: 일본도로협회의 『낙석대책편람』

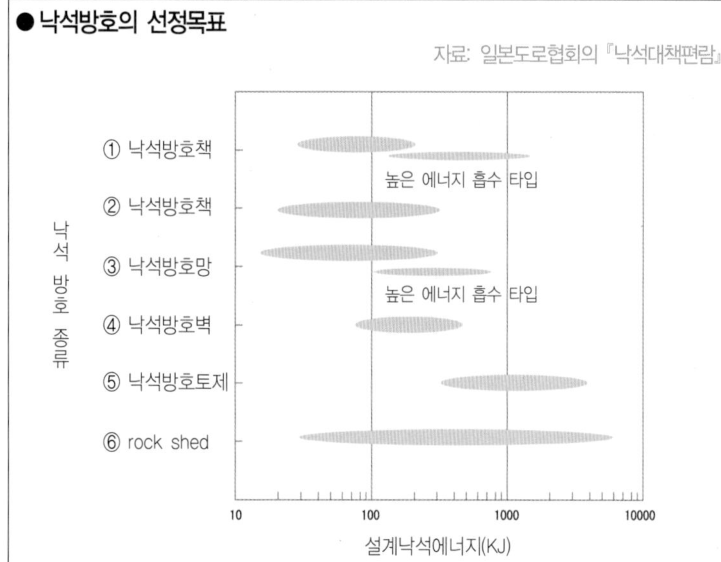

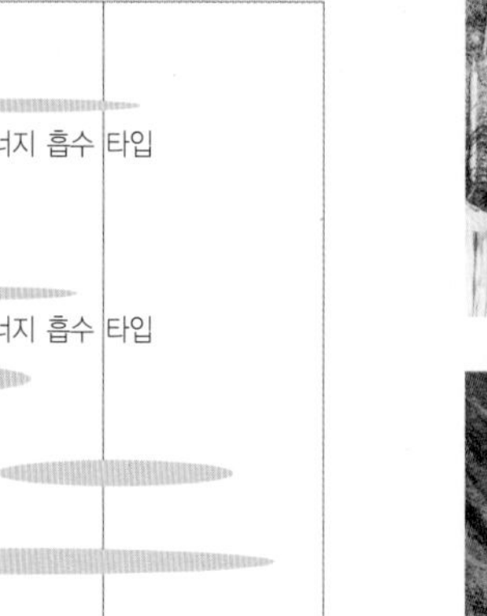

상기공법 가운데 ①, ③, ④는 설계에 의해 설계하는 공법, 2, 6은 정적인 강도설계에 의한 설계하는 공법이다. 공종에 의해 설계방법이 다르기 때문에 본래 간단에는 비교할 수 없다. 일반적으로 정적인 강도설계에 의해 설계하는 것은 설계상 상당한 안정여유가 포함되어 있다고 생각된다.

높은 에너지 흡수 낙석 방호책

일반적으로 낙석예방공사만으로 낙석을 완전히 방지하는 것은 곤란한 경우가 많다. 그 때문에 낙석이 발생한 경우의 대책으로 낙석방호공사를 병행하여 검토하는 경우가 많다. 낙석예방공사의 검토에서 예상되는 낙석의 에너지와 도약고를 바탕으로 적용하는 공법을 선정한다.

낙석대책은 시공에 있어서 지형적인 제약을 받는 경우가 특히 많다. 자재의 반입, 작업 가설, 시공방법도 충분히 고려하면서 선정할 필요가 있다. 작게 분할한 암편 처리방법,

시멘트와 모르타르의 압송거리, 명승지 등에서 경관보전의 필요성 등도 공법을 선정하는 데 있어서 제약조건이 되므로 주의할 필요가 있다.

● 토사붕괴 대책의 종류

분류		공법	목적 및 효과
억지공사	지표수 배제	수로, 침수방지	우수 및 연못과 늪 등으로부터 침투수를 배제함
	지하수 배제	암거, 명암거, 횡 보링	얕은층 지하수의 배제를 목적으로 하고 토사붕괴에 영향을 미치는 지하수 가운데 지표로부터 유효하게 배제할 수 있는 것을 대상으로 배제함
		집수정, 물빼기 터널, 횡 보링	얕은층 지하수의 배제를 목적으로 하고 지표로부터 배제가 곤란한 심층의 지하수를 대상으로 배제함
	지하수차단	약액주입, 지하차수벽	토사붕괴 블록 밖으로부터 유입하고 있는 지하수를 블록 밖에서 차단함
	배토		토사붕괴 토괴 전부 또는 상부를 배제하고 안정을 도모함
	누름 성토		토사붕괴 하부에 토사를 쌓아 안정을 도모함
	하천구조물	제방, 상판고정, 누통제, 호안	토사붕괴 말단이 하천과 해안 등의 경우에 각부의 침식을 방지함
억지공사	말뚝		사전에 굴착한 보링 구멍으로 강관, H형강 등을 삽입하여 슬라이딩을 억지함
	깊은기초		말뚝으로 대응 곤란한 경우에 보링 구멍에 바꾸어 집수정을 굴착하여 내려가 철근콘크리트를 채움
	그라운드 앵커		강재에 초기긴장력을 걸게 함으로써 슬라이딩에 의한 변형이 작은 단계에서 억지 효과를 발휘함

토사붕괴는 지하수에 주의한다

토사붕괴 대책은 목적과 효과에 의해 억제공사와 억지공사로 분류된다. 억제공사는 토사붕괴 발생의 원인이 되는 지형과 지하수의 상태를 변화시킴으로써 토사붕괴의 활동을 정지 또는 완화하기 위한 공법이다. 구체적으로 ① 표면으로부터 침투수배제공법 ② 지하수위를 저하시키는 지하수 배제공법 ③ 토사붕괴 두부의 배토공법 ④ 말단부에서 누름 성토공법 ⑤ 하천구조물의 설치 등이 있다(위의 표 참조).

한편 억지공사는 구조물에 의해 슬라이딩을 억지하는 것을 목적으로 말뚝공법, 깊은 기초공법, 앵커공법 등이 있다.

토사붕괴 대책을 선정하는 데 있어서 토사붕괴의 활동 메커니즘을 정확히 파악하는 것이 중요하다. 지형과 지질, 활동상황, 슬라이딩면과 토사붕괴 블록의 형태, 지하수의 분포와 그 영향 등을 고려하는 것이 중요하다(다음 페이지 플로 참조). 토사붕괴의 운동이 계속되고 있는 경우에는 먼저 억지공사를 실시하여 활동을 경감시킨다. 그런 가운데 억지공사를 계획해야 한다.

토사붕괴의 활동은 지하수의 영향을 크게 받고 있는 경우가 많다. 지하수의 영향을 조사하는 가운데 지하수 배제공법 등으로 토사붕괴의 움직임을 억지하는 것을 우선한다. 또한 배토공법과 누름 성토공법의 시공이 가능하면 이런 것을 계획한다. 그래도 계획안전율을 달성하지 못한 경우에는 억지공사를 검토한다. 복수의 대책을 효과적으로 조합시키면서 최적의 방법을 선정해 나갈 필요가 있다. 그때 토사붕괴의 블록별 움직임과 메커니즘을 잘 파악하면서 선정하는 것이 중요하다. 토사붕괴가 대규모인 경우에는 대책에 많은 금액의 비용이 필요하게 된다. 건설계획을 변경하거나 보전대상을 고려하면서 억지공사에 의해 움직임을 억지하고 계획에 의해 토사붕괴의 활동을 감시하는 등의 대책도 시야에 둘 필요가 있다.

경관 및 환경에 대해 배려한다

법면 대책과 사면 대책의 가장 중요한 목적은 안정을 확보하는 데 있다. 반면, 법면 대책과 사면대책은 면적인 공사로 되는 경우가 많고 경관 및 환경에 주는 영향이 크다. 환경과 경관에 대한 영향을 가능한 저감시킬 필요도 있다. 경관과 환경에 대한 대책으로서 공사에 따라 변화하는 면적을 적게 하는 것이 기본이다. 환경이 바뀌는 부분은 녹화공사 등에 의해 자연환경을 회복하고 복원한다.

장소에 따라서 경사를 완만하게 하고 질이 높은 녹화를 실시하는 방법이 효과적인 경우도 있다. 따라서 녹화공사만으로 끝날 수 있다는 생각을 하지 않고 흙공사의 계획을 포함한 전체적인 검토를 실시하는 것이 바람직하다. 또한 표면의 식생만의 회복과 복원은 아니고 지형과 토양 등을 포함한 지역 생태계의 보전이란 관점도 중요하게 된다. 녹화공사는 자연환경의 구성요소인 식물을 사용하기 때문에 환경변화 개소의 회복과 복원의 수법으로서는 가장 효과적이다. 법면에 있어서 수림의 형성과 회복뿐만 아니라 구조물에 의한 법면의 수경 등 다양한 수법과 기술이 개발되고 있다.

주의 깊게 관찰하고 깊게 생각한다

사면의 대책공사를 선정하기 위해서는 사면 상태를 정확하게 파악하는 것이 중요하다는 것을 기술해 왔다. 많은 기술기준은 사면조건에 따른 선정상의 유의점을 상세히 기술하고 있으므로 잘 기억해 두는 것이 중요하다. 물론 다양한 지반조건을 모두 망라할 수 없다. 기술기준은 어디까지나 표준적인 기준으로 생각하여 각각의 사면을 잘 보고 잘 생각해서 선정해야 한다.

적절한 공법을 선정할 때에는 똑같은 조건의 사면에서 사례가 매우 큰 도움이 된다. 본서에서 다양한 사면에서의 사례를 전문가가 지반상황을 상세히 해설하면서 소개하고 있다. 꼭 참고하길 바란다. 또 개재된 도표류는 지면상 생략한 것이 있다. 실제 검토를 실시할 때에는 원래의 것을 참고하면 된다.

● 토사붕괴 대책공 선정 흐름

자료: 일본도로협회 『도로토공-비탈면공사면안정공지침』

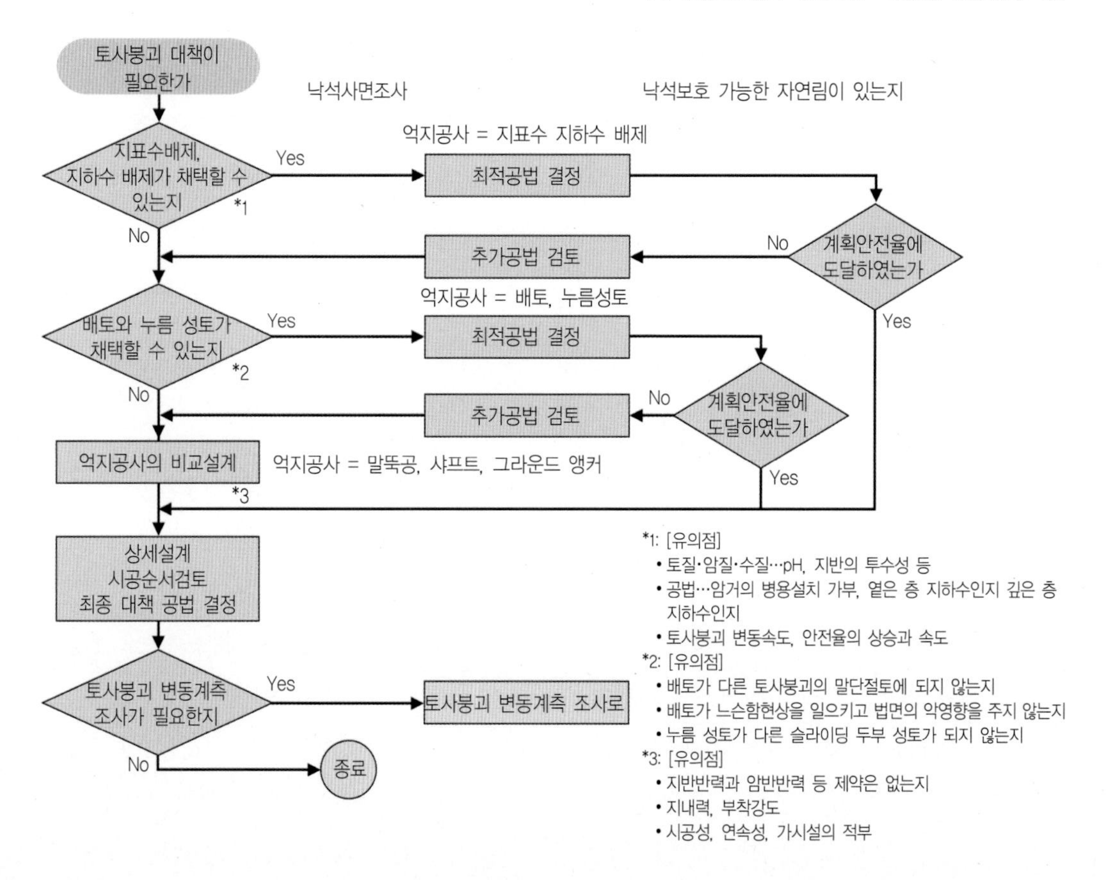

옹벽설계의 기본

표준도 적용조건에 주의한다

수많은 종류의 옹벽 중에서 현장조건에 가장 적합한 옹벽은 무엇인가? 최적인 옹벽을 설계하기 위해 먼저 옹벽의 종류와 특징을 아는 것이 중요하다. 여기서 최적인 옹벽을 설계하기 위한 옹벽의 종류와 특징, 설계방법, 선정방법 등의 기본적인 내용을 정리해 보았다.

옹벽은 용지 및 지형 등의 제한이 있어서 통상 흙 사면에서 안정되지 않은 개소에 설치한다. 용도는 ① 도로확폭 ② 산악지대에 있어서 도로개량 ③ 신규 도로의 절토 성토 ④ 주택 조성 등 낭떠러지의 붕괴 방지 ⑤ 지형과 용지상 제약으로부터 절토 성토의 면적을 작게 할 필요가 있는 철도와 공항 등 광범위하다.

계획할 때 옹벽을 조성하는 목적과 필요성을 명확히 하고 사업 전체의 계획과 맞추어 검토하는 것이 중요하다. 먼저 지형과 지질조사, 주변환경, 시공조건 등으로부터 설계조건을 정리한다. 그러면서 주변과의 조화를 의식하여 안전성과 경제성, 시공성, 경관, 유지관리 등 종합적인 관점으로부터 옹벽의 형식을 결정한다.

옹벽의 종류와 개요

옹벽은 일반적으로 주요 부재의 재료와 형상, 역학적인 안정 메커니즘, 설계방법에 의해 분류된다. (사)일본도로협회의 『도로토공-옹벽공지침』에서 다음 페이지 아래 그림과 같이 분류하고 있다. 옹벽은 이하 3개로 대별할 수 있다. 하나는 재료에 콘크리트를 이용하는 콘크리트옹벽, 다른 하나는 뒤채움 흙 내부에 강재와 고분자제 보강재를 이용하는 보강토 옹벽이다. 나머지 하나는 기타 특수한 옹벽으로 구체적으로 산막이와 깊은 기초 말뚝, 섬유보강토, 발포 스티로폼 등의 경량재 등을 이용하는 것들이 있다. 주요 옹벽에 대해서 그 형상과 특징을 253~255페이지의 표에 나타내었다.

예를 들어 255페이지 오른쪽 위의 사진은 보강토 옹벽의 시공 사진이다. 성토재 아래에 보이는 흙색부가 지오텍스타일 보강재이다. 시공은 처음 보강재의 부설면의 정지와 기초처리를 실시한다. 그 다음 보강재를 부설하여 벽면재와 접합한다. 그런 가운데 성토재의 처리와 다짐을 실시한다. 이 공정을 반복하여 계획높이까지 쌓아 올린다.

255페이지 위쪽의 왼쪽 사진이 쌓아올리기를 종료한 단계의 사진이다. 이 현장의 보강토 옹벽은 높이가 21m이다. 옹벽의 전면에는 강제 틀의 벽면재를 사용하며, 경사는 1:0.3이다.

● 옹벽사용예

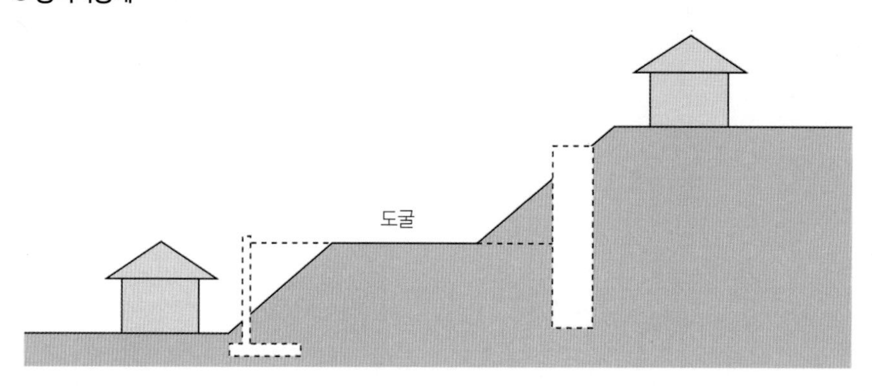

● 옹벽종류

자료: 일본도로협회 『도로토공-옹벽공지침』

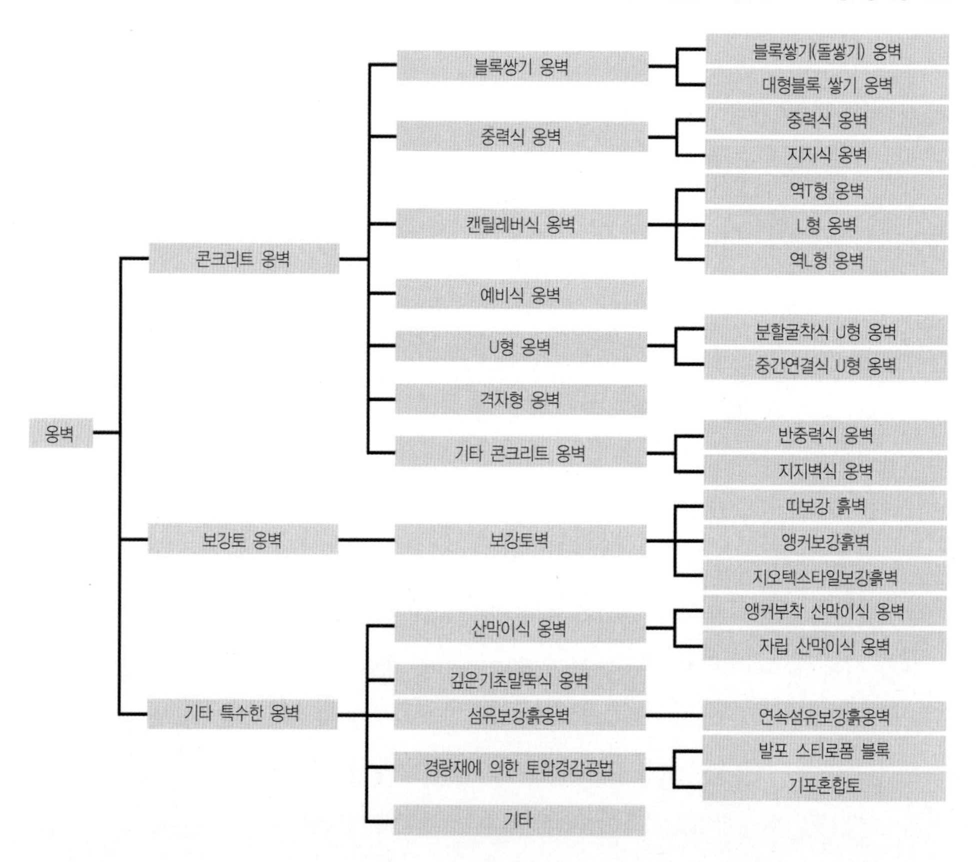

또 다른 특수한 옹벽의 시공예를 보자. 255페이지 사진은 깊은 기초 말뚝식 옹벽의 시공예이다. 도로확폭에 따른 사면의 절토부의 흙막이로 시공하고 있다. 이 현장의 사면 상부에는 아파트가 근접하고 있다. 이와 같이 절토가 곤란한 장소와 상부에 변위가 허용되지 않은 구조물이 있는 경우에는 특수한 옹벽을 사용하기도 한다.

●주요 콘크리트 옹벽

자료: 일본도로협회 『도로토공-옹벽공지침』 등을 바탕으로 작성

	형상	특징
블록 쌓기 (돌쌓기) 옹벽		• 콘크리트블록(간지석)을 쌓아 올리는 간단한 옹벽 • 법면 경사, 법면길이 및 선형을 자유롭게 변화시킬 수 있으므로 법면 하부의 소규모 붕괴 및 보호에 사용 • 구조물과의 끼워 맞추기 등이 용이하고 종래보다 널리 사용되고 있음 • 일반적인 적용 높이는 5m 이하이고 직고로부터 표준도 등을 사용하여 설계하는 경우가 많음. 대형블록 쌓기 경우는 15m 정도까지 가능한 경우도 있고 일반적으로도 지지식 옹벽에 준한 설계를 실시 • 경관을 고려하여 녹화와 흙막이를 병행한 녹화용 옹벽블록도 있음 • 2단 이상의 다단블록 쌓기 및 중력식 옹벽과 병용하는 혼합옹벽으로서 사용하는 경우도 있음.
중력식 옹벽	처정단, 전면, 앞굽판, 배면, 뒷채움, 뒷굽	• 옹벽 자체의 중량에 의해 토압에 저항하는 무근콘크리트구조, 벽체콘크리트에 발생하는 인장응력도가 허용값 이하로 되도록 설계함 • 무근구조이기 때문에 시공이 용이하고 높이가 낮고 기초지반이 양호한 경우에 사용함 • 일반적인 적용 높이는 5m 이하이고 5m 이상에서 통상의 경우, 비경제적임 • 직고와 뒤채움 흙, 성토 경사, 높이 비 등의 조건으로부터 표준도를 참고로 형상을 가정. 그런 가운데 설계계산을 실시하여 상세를 결정하는 것이 효율적임
지지식 옹벽		• 블록쌓기 옹벽과 중력식 옹벽 중간적 형식 • 옹벽 자체의 중량에 의해 토압에 저항함. 블록쌓기 옹벽과 동일하게 자립은 할 수 없는 구조이고 원지반 또는 뒤채움 흙 등에 지탱할 수 있는 형식. 원지반과 뒤채움 흙의 상태가 나쁜 경우, 자립할 수 없으므로 주의가 필요 • 산악도로 등의 편절토, 편성토의 경우와 도로의 폭을 확장할 때 복부 부착 옹벽으로서 이용되는 경우가 많음. 무근구조와 철근구조의 것이 있음. • 일반적 적용 높이는 3~10m이고 15m 정도까지 이용되는 예는 있음 • 직고와 뒤채움 흙, 성토 경사, 높이 비 등의 조건으로부터 표준도를 참고로 형상을 가정. 그런 가운데 설계계산을 실시하여 상세한 결정을 하는 것이 효율적임
캔탈레버식 옹벽 (역T형, L형, 역L형)	종벽, 선간, 앞굽판, 뒷굽판, 뒷굽	• 종벽과 저판으로 되고, 역T형과 L형, 역L형 등이 있음 • 옹벽 자체와 저판 위 흙의 중량에 의해 토압에 저하함. 벽체가 철근콘크리트구조로 저판상의 뒷채움 흙이 안정에 기여하므로 중력식 옹벽에 비해 콘크리트량이 적어짐. • 종벽과 저판이 상호에 강결된 켄틸레벨으로 설계하여 일반적인 적용높이는 3~10m • 직고와 뒷채움흙, 성토경사, 높이비 등의 조건으로부터 표준도를 참고로 형상을 가정. 그런 가운데 설계계산을 실시하여 상세를 결정하는 것이 효율적 • 통상은 벨렌스가 양호한 역T형옹벽을 사용. L형옹벽은 용지경계에 접하는 있는 등 앞굽판을 설치할 수 없을 때, 역L형 옹벽은 뒷굽판을 설치가 곤란할 때 채택함. • 1999년에 설계 시공 합리화 대책으로 부재의 표준화, 종벽경사의 폐지, 배력근 위치의 변경 등을 실시하였음. 상황에 따라 종벽에 경사를 줌 • 공장 또는 제작장에서 설계, 양생을 실시하고, 현장에 운반하는 프리캐스트 제품도 많음
공벽식 옹벽	종벽, 예비 벽	• 역T형 옹벽의 종벽와 저판 사이에 설치하는 예비 벽으로 전체의 강성을 확보하는 구조. 옹벽의 안정은 역T형 옹벽과 동일하에 벽체의 중량과 저판 위의 중량에 의해 토압에 저항함 • 옹벽고가 높게 되면 켄틸레버식옹벽에 비해 콘크리트양이 적어지게 됨. 일반적인 적용 높이는 7m 정도 이상임 • 형상이 복잡하고 뒤채움 흙 측에 예비벽이 돌출되어 있으므로 시공이 다른 형식에 비해 복잡하게 됨 • 배면성토의 전압작업도 어렵고 시공상 배려가 필요하므로 최근에 별로 사용되지 않음

●주요 콘크리트 옹벽

자료: 일본도로협회 『도로토공-옹벽공지침』 등을 바탕으로 작성

	형상	특징
U형 옹벽	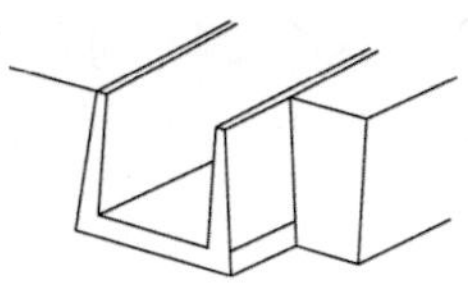	• 옹벽과 저판이 일체로 되어 U자형 또는 유사한 형상을 가지는 반지하식 구조, 굴착 도로 및 입체교차점의 부착부 등에 사용. 측벽 사이에 스트레이트를 설치하는 경우도 있음. • 지하수위 이하의 경우가 많고 수압의 영향을 고려하거나 들떠 올라가는 것에 대해 안정을 검토할 필요가 있음 • 측벽의 설계는 켄틸레버식 옹벽의 종벽에 준해 실시하고 저판은 타성 상판 위의 보로 검토하는 경우가 많음
격자조항 옹벽	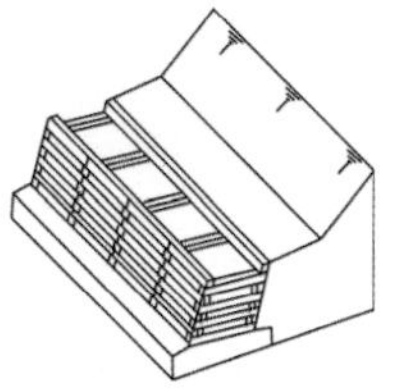	• 프리캐스트 콘크리트 등의 부재를 正桁상으로 조립하여 쌓아 올리고 그 내부에 나누어 요석 등 중채움재를 충전함 • 부재 및 中채우재의 중량에 의해 토압에 저항하여 안정을 확보함. 일반적인 적용 높이는 15m 이하이고 지지식 옹벽에 준하여 설계함 • 투수성이 우수하므로 산간부 등에서 용수와 침투수가 많은 개소에서 사용. 간극이 있으므로 변형에 대해 어느 정도 추종할 수 있음 • 부재는 중량 및 토압에 의해 발생하는 압축응력이 허용압축응력 이하가 되도록 설계
띠강보강 흙벽	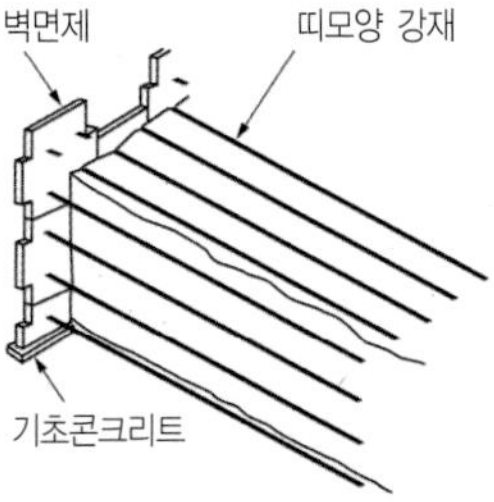 벽면제 띠모양 강재 기초콘크리트	• 띠 모양 보강재(리브부착, 평활)의 마찰저항에 의해 인발저항력으로 흙막이 효과를 발휘함 • 보강재를 다량으로 부설함으로써 보강영역이 일체화되는 효과도 있음 이 일체화된 영역을 가상적인 옹벽으로 취급하고 외력에 대해 안정을 확보할 수 있는 형상을 설정. 최종적으로 지지지반을 포함한 전체의 슬라이딩 파괴가 소정의 안전율을 만족하는지 확인함 • 벽면재는 처짐성이 있는 빈 공간 쌓기 콘크리트 판 또는 강판으로 할 수 있음 철근콘크리트 옹벽 등에 비교하면 기초지반의 부동침하에 대한 추종성이 풍부함 그때문에 지지력에 관한 허용안전율을 철근콘크리트 옹벽보다 낮은 값이 됨 • 일반적인 적용높이는 3~20m 정도이고 벽고가 높게 되는 경우에는 지지력과 시공성, 압박감 등 때문에 다단쌓기 구조로 하는 경우도 있음 • 옹벽성토재에는 세립분의 함유량이 25% 이하가 되는 토질재료를 원칙으로 함. 25~35%의 토질재료에서 마찰계수의 저감을 실시하는 등 대책 등에 의해 사용이 가능 • 보강재로서 강제보강재를 사용하므로 부식대책이 필요함
앵커보강 흙벽	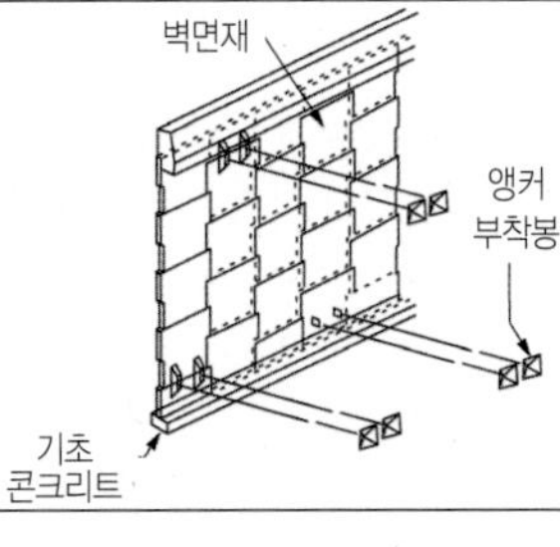 벽면재 앵커 부착봉 기초 콘크리트	• 앵커보강재의 지압저항에 의한 인발저항력으로 흙막이 효과를 발휘 • 띠강보강 흙벽과 동일, 보강영역의 일체화에 의한 검토와 전체안정검토, 다단식 사용의 적부 검토, 변형추종성에 의한 지지에 관한 허용안전율의 저감 등의 검토도 실시 • 일반적인 적용 높이는 띠강보강 흙벽과 동일하고 3~20m 정도이며, 벽변재도 빈 공간 쌓기 콘크리트판 또는 강판을 사용 • 옹벽성토재는 세립분의 함유량이 50% 이하가 되는 토질재료가 원칙. 50% 이상의 토질재료에서 지압력의 검토를 실시하여 사용하는 것이 가능한 경우도 있지만, 벽면부의 변상 등에 주의가 필요 • 보강재로서 강제의 보강재를 사용하므로 부식대책이 필요
지오텍스 타일 보강 흙벽	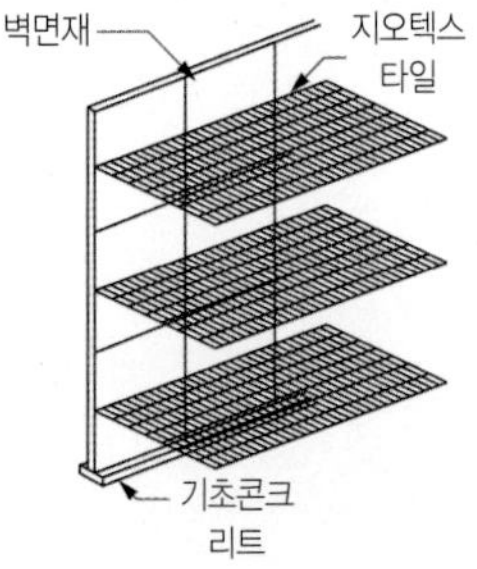 벽면재 지오텍스 타일 기초콘크리트	• 지오텍스 타일의 마찰저항에 의한 인발저항력에 의해 흙막이 효과를 발휘 • 띠강보강 흙벽과 동일, 보강영역의 일체화에 의한 검토와 전체안정 검토, 다단식 사용의 적부 검토, 변형추종성에 의한 지지에 관한 허용안전율의 저감 등 검토도 실시 • 일반적 적용 높이는 띠강보강 흙벽과 동일하고 3~20m 정도. 벽면재에는 빈 공간 쌓기 콘크리트판 또는 흙 부대(지오텍스 타일로 감아 넣음), 강제판 등으로 사용 • 벽성토재는 세립분의 함유량이 50% 이하가 되는 토질재료가 원칙. 50% 이상의 토질재료에서 성토 내의 수평배수와 안정처리를 병용함으로써 사용할 수 있는 경우도 있지만, 벽면부의 변상 등에 주의가 필요 • 각이 긴 조립재를 많이 포함된 성토재의 경우는 보강재를 손상할 가능성이 있어 대책이 필요 • 벽면재에 흙 자루 및 강제 틀을 사용하는 경우, 표면을 녹화하는 것이 가능하게 됨 • 보강재에는 많은 종류가 있고 크리프 특성과 고온환경 등 보강재의 인장강도에의 영향 등에 대해 설계 배려가 필요

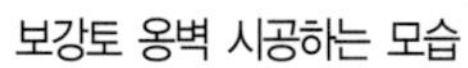
보강토 옹벽 시공하는 모습

완성한 보강토 옹벽

● 기타 특수한 옹벽

	형상	특징
산막이식 옹벽	벽 또는 말뚝 그라운드 앵커	• 2개의 형식이 있음. 하나는 산막이 벽의 휨강성과 그 근입부 흙의 횡저항만이 배면 위를 지지하는 자립 산막이식 옹벽. 또다른 하나는 벽배면의 안정된 지반에 앵커일체를 조성. 인장재에 긴장력을 주어 앵커의 인장저항과 산막이 벽의 근입부 흙의 횡저항으로 배면 위를 앵커 부착한 산막이식 옹벽 • 벽부에는 시판과 지하연속벽, 강관말뚝 및 현장타설말뚝 등을 사용 • 자립산막이 옹벽은 그 지지력기구를 근입하여 지반에 의존하고 있는 것으로부터 벽고는 4m 정도 이하이고 비교적 다진 사질토와 경질점성토의 지반에 채택하는 경우가 많음 • 앵커 부착 산막이 식 옹벽은 옹벽 본체의 설계 이외에 지반전체의 붕괴에 대한 안정(외적안정)과 구조물과 앵커 일체를 포함한 구조체로서 안정(내적안정)을 검토할 필요가 있음 • 앵커의 장기안정성과 부식에 대한 안정성을 확보하는 것이 필요함
깊은 기초 말뚝	깊은 기초 말뚝	• 깊은 기초 말뚝을 그대로 세워 말뚝 사이를 콘크리트 벽 등으로 흙막이한 옹벽 • 수평방향의 안정기구로서 자립식과 앵커 병용식이 있고 일반적으로 사면상에 위치하는 경우가 많음. 지반의 소성화를 고려한 탄소성설계법으로 수평방향의 안정조사를 실시 • 깊은 기포 말뚝 직경은 일반적으로 2m 이상으로 소형중기와 인력에 의한 시공도 가능하므로 대형중기의 반입이 곤란한 장소에서 계획되는 경우가 많음 • 흙막이를 하여 굴착함으로써 시공 중 지반의 변형도 작게 할 수 있음
섬유보강 흙 옹벽	토양개량 범위 0.5m 이상 섬유보강 흙옹벽 1:0.5 0.2m 배수측구 배면배수재 지하배수관	• 사질토에 섬유를 혼입함으로써 유사적인 점착력과 변형저항성을 가지는 구조. 비교적 짧은 섬유를 보강재로서 사용하는 단섬유보강 흙 공법과 연속된 장섬유를 보강재로서 혼입하는 장섬유보강 흙 공법이 있음. • 주로 법면의 보호에 사용. 배면의 원지반이 체결되어 있는 경우와 비교적 양호한 뒤채움 흙을 사용하여 충분히 다져 있는 성토부 등 토압이 비교적 작은 장소에 사용 • 사질토와 섬유로 구성된 옹벽이므로 녹화가 용이. 단 배면에 지표면수가 직접 유출하지 않도록 천정단부에 배수구를 설치하거나 옹벽배면에 수압이 가해지지 않도록 배수재를 설치하는 등 배수대책이 중요함 • 사면의 안정성을 높이는 것을 목적으로 철근삽입공법과 병용하는 경우도 많음
경량재를 이용한 옹벽	콘크리트 상판 경량모르타르 소일시멘트에 의한 경계부 충전	• 뒤채움재에 발포 스티로폼과 기포혼합토 등 경량재를 사용 • 경량재를 사용함으로써 옹벽에 작용하는 토압이 경감되므로 벽체의 간력화가 가능 지지지반으로의 하중이 작아지므로 침하 대책과 토사붕괴 대책으로 사용 • 발포 스티로폼은 초경량이므로 인력으로 시공이 가능. 대형중기가 진입할 수 없는 장소와 부족한 연약지반 등에서도 시공할 수 있음 • 장기간 적외선의 조사 및 가솔린과 중유 등의 접촉, 화기를 피할 필요가 있음 • 기포 함량토에서 현지 발생 흙을 이용할 수 있으므로 건설 발생 흙의 유효이용을 도모

깊은 기초 말뚝식 옹벽 시공의 일례

깊은 기초 말뚝식 옹벽은 구조물으로서 강성이 크다

필요한 정수를 알기 위해서는…

옹벽 설계에 대한 이야기를 하기 전에 설계에 필요한 설계정수와 설계정수를 얻기 위해 필요로 하는 일반적인 토질시험항목을 표시하고 있다(다음 페이지 표 참조). 설계에 필요한 조사로서 사운딩. 보링, 샘플링, 토질시험 등이 있다.

옹벽을 설치하는 현장의 지형과 지질 상황 등에 따라서 평판재하시험과 붕괴, 토사붕괴, 연약지반에 대한 조사 등도 필요하게 된다.

상기 조사에 앞서 주변의 지형과 지질자료를 수집하거나 현장답사를 실시하여 현지 상황을 파악함으로써 문제점을 추출하는 것도 중요하다. 보링 조사에서 표준관입시험 결과 등을 참고로 지층의 구성과 지지층을 파악한다. 동시에 각각 지층의 전단강도 등의 정보를 얻는다. 그 외 실내시험에 사용하는 시료를 채취하거나 원위치 시험을 실시하여 지하수위의 관측 등을 실시하는 경우도 있다.

설계의 상정과 재료가 다른 경우도 있다

옹벽 설계에 이용되는 지반정수는 각종 토질시험에 근거하는 것이 원칙이다. 그러나 설계단계에서 옹벽 배면의 성토와 매립토의 재료를 특정할 수 없는 경우도 많고 토질분류로부터 경험적으로 설정된 지반정수를 사용하는 경우도 적지 않다. 단, 정수설정에는 충분한 배려가 필요하다. 시공 시에 상정된 재료를 확보할 수 없는 경우와 상정한 것과 다른 재료가 사용되는 경우, 옹벽의 안정을 확보할 수 없는 우려가 있기 때문이다.

지지력 검토에 사용하는 허용지지력도는 지지지반의 종류와 일축압축강도, N값으로부터 경험적으로 구해지는 값을 사용하는 경우가 많다. 옹벽전면의 지형이 기울어져 있는 경우에는 수평한 경우에 비해 지지력은 현격히 저하된다. 그 때문에 각종 시험에 의해 산출된 전단정수를 사용하여 사면 상의 기초 지지력 계산에 의해 지지력을 평가할 필요가 있다. 옹벽이 피해를 받을 때에는 호우와 융설 등에 의한 지하수의 상승, 토사붕괴, 지형, 지질, 지진 등 다양한 요인이 작용한다. 따라서 조사항목 선정과 설계정수의 설정에 있어서 이런 것에 대해 충분히 유의해야 한다.

● 옹벽설계에 있어서 토질조사와 설계의 제정수

자료: 일본도로협회의 『도로교통-옹벽공지침』

토질조사 *1										원위치시험 *2		조사정보 *3
토압 등 검토				안정성 검토		침하 검토		액상화 검토		기초지지력 계산, 안정성 검토		
설계정수	토질시험명	설계정수	토질시험명	설계정수	토질시험명	설계정수	토질시험명	설계정수	토질시험명	설계정수	토질시험명	
단위체적 중량 γ	흙의 습윤밀 도시험	전단정수 $c,\ \phi$	3축 압축시험 일축 압축시험 표준 관입시험 (N값에 의해 추정 등	전단정수 $c,\ \phi$ 점착력 c	3축 압축시험 일축압축 시험 표준관입 시험 (N값 에 의해 추정 등)	자연함수비 w_n 콘시스턴시 지수 $w_L,\ w_p$ 압축지수 Cc 체적 압축계수 Cv 압밀항목 m_v p_c e-$logP$곡선 변형계수 E_{50} 포아송비 v	함수비 시험	N값	표준 관입시험	횡방향 지반 반력계수	횡방향 k값 측정시험 (말뚝기초의 경우) [일축압축 또는 삼축압축 시험, 표준관입시 험에 의한 추정도 가능]	옹벽길이 40~50m 마다 1개소 정도
전단정수 $c,\ \phi$ *4	3축 압축시험, 표준 관입시험 (N값 에 의해 추정 등)						액성한계, 소성한계 시험 압밀시험	입경 누적곡선	입도 시험			
		허용 지지력도 q_a	지반재료의 공학적 분류를 위해 토질시헌 (흙의 분류를 이용하여 추정)	단위 체적 중량 γ pH [흙의 비저항 가용성 염류의 농도]	흙의 습윤밀도 시험 흙의 화학적 시험 *5					지반의 지지력 q_a	평판재하 시험 (직접기초의 경우)	
토압계수 K_H, K_V	지반재료의 공학적 분류를 위해 토질시헌 [흙의 분류를 이용하여 추정]						일축압축 시험 삼축압축 시험	단위 제적중량 γ	흙의 습윤밀도 시험			

*1: 이런 토질시험은 주로 보링에 의한 불교란한 시료의 샘플링에 의해 실시한다. 그러나 지형 및 지질이 특히 복잡한 경우는 토층의 강도에 관한 성층상태 등을 확인하기 위해 보링 구멍의 중간 위치에서 사운딩을 실시하는 경우도 있음.
*2: 지하수위, 지표높이(표고)의 측정을 실시하는 것.
*3: 조사는 가능한 단계적으로 진행하는 것이 바람직하고 그 결과 지형, 지질 등에 특히 변화가 있는 경우에는 각각 중간 위치에서도 실시함.
*4: 전단정수를 구하기 위한 시험방법에 대해서는 현지의 흙의 종류, 함수비, 배수조건, 시공조건에 의해 선정함.
*5: 보강토벽에서 보강재의 내구성을 검토하기 위해 성토재료의 전기화학적인 성질에 관한 시험을 실시하는 경우도 있음.

옹벽 설계방법

옹벽을 설계에 이용할 때 먼저 옹벽에 작용하는 다양한 힘을 아는 것이 필요하다. 옹벽에 작용하는 주요 하중으로서 옹벽의 자중과 재하중, 토압이 있다. 또한 상황에 따라 지진 시 관성력과 수압, 부력, 적설하중, 풍하중, 충격하중, 펜스하중 등을 고려할 필요가 있다. 이 가운데 옹벽에 작용하는 토압은 일반적으로 주동토압과 수동토압으로 나누어진다. 옹벽 전면의 근입부는 유수에 의한 세굴과 장래의 지형개량의 영향을 받을 가능성이 있으므로 통상은 수동토압을 고려하지 않은 경우가 많다.

● 시행 쐐기법의 개념도

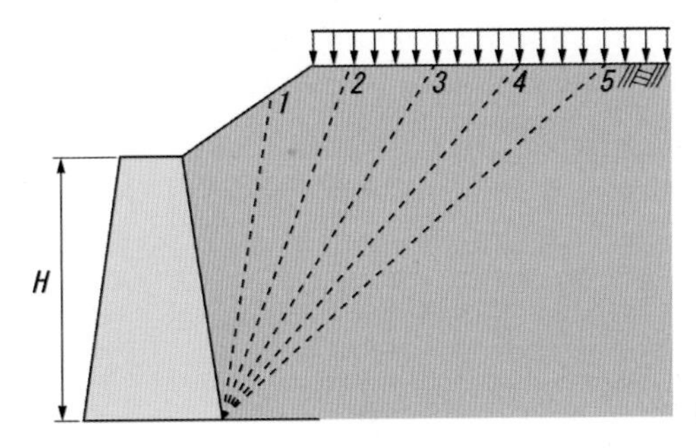

(a) 시행 쐐기

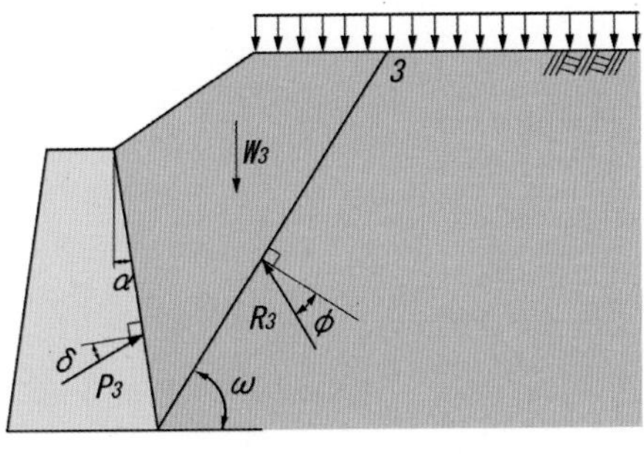

(b) 슬라이딩 위선을 3에 가정할 때 흙 쇄기

여기서

W: 흙 쐐기 중량(재하중 포함)(KN/m (tf/m))

R: 슬라이딩면에 작용하는 반력(KN/m (tf/m))

P: 토압의 합력(KN/m (tf/m))

a: 벽 배면과 연직면의 각(°)

ϕ: 뒤채움흙의 전단저항각(°)

δ: 벽면마찰각(°)

w: 가정정된 슬라이딩면과 수평면과의 각(°)

● 안정성의 개략검토도

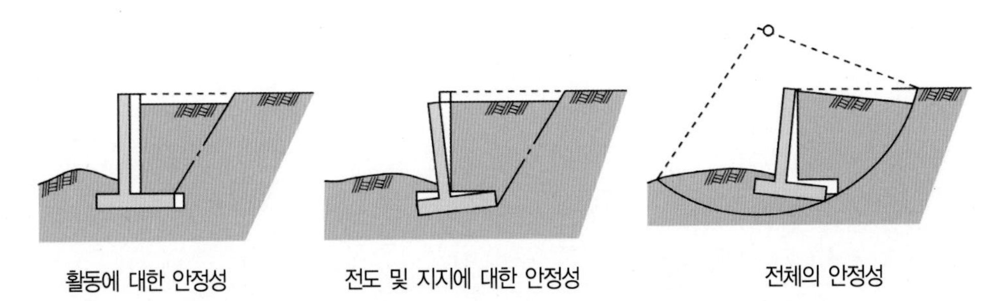

활동에 대한 안정성　　전도 및 지지에 대한 안정성　　전체의 안정성

한편 주동토압의 산정에는 Coulomb 공식, 렌킹 공식, Terzaghi.Park의 토압산정도 등이 있다. 또한 지진 시 토압산정식으로서 物部 剛部 식 등도 있다. 그외 보강토 옹벽에서 보강토 내와 그 배면에서 슬라이딩면이 변화하는 2웨지법을 채택하는 공법이 있다.

일반적으로 Coulomb 토압을 도해에 의해 구하는 시행 쐐기법을 사용하는 경우가 많다. 시행 쐐기법의 개념을 앞 페이지 위의 그림에 나타내었다. 시행 쐐기법은 옹벽 저판 또는 뒷굽에 임의의 슬라이딩면을 가정하여 이 슬라이딩면보다 위의 상재 하중을 포함한 흙 쐐기에 대한 힘의 평형으로부터 옹벽에 작용하는 토압을 산출한다. 슬라이딩면의 각도를 변화시켜 최대의 토압을 산정하는 방법이다. 옹벽 배면의 지형 변화와 상재하중의 범위를 고려할 수 있다는 이점이 있다.

배면토가 단일하지 않으면 사용할 수 없다

단 이 방법은 배면토가 단일 토층이 아닌 경우에는 적용할 수 없다. 단일 토층이 아닌 경우, 안전측이 되는 토층의 토질정수를 채택하는 방법이 고려된다. 다만 과대한 설계가 되는 경우도 있으므로 시행 쐐기법 이외의 산정법을 사용한 경우의 결과와 비교하는 등 상황에 따라서 신중히 설정할 필요가 있다.

지진 취급은 각각 기술기준이 다르다. 최근 옹벽에 있어서 지진 시 안정성을 중시하는 경향이 높아지고 있다. 예를 들어 『도로토공지침』에서 '높이 8m 이하의 통상 옹벽에서 지진 시 안정검토를 생략해도 좋다. 단 중요도 및 복구의 난이도를 고려하여 필요에 따라서 지진 시의 안정검토를 실시하는 것으로 한다'가 있다.

또한 주택 방재 매뉴얼의 해설에서도 '지역의 상황 등에 따라서 적절이 판단하는 것으로 하지만, 일반적으로 높이 2m를 초과하는 옹벽에 대해서 중, 대지진 시 검토도 실시하는 것으로 한다'라고 되어 있다.

안정성 체크 항목은 4개이다

표준적인 콘크리트 옹벽의 안정성은 활동, 전도, 지지지반의 지지력, 전체 안정 4개에 대해 검토한다(258페이지 아래 그림 참조).

활동에 대한 검토에서 옹벽 저판 하면을 따라 슬라이딩을 체크한다. 구체적으로는 활동에 대한 저항력(=저판하면에 있어서 전연직하중*옹벽저판과 지지지반의 사이의 마찰계수

+옹벽저판과 지지지반의 사이의 점착력*옹벽저판 폭)을, 활동력(=저판하면에 있어서 전수평하중)으로 나눈 값이 소정의 안전율을 만족하는 것을 확인한다.

전도에 대한 검토 방법은 두가지가 있다. 한 가지는 저판에 있어서 전도에 저항하려고 하는 모멘트를 전도시키려고 하는 모멘트로 나눈 값이 소정의 안전율을 만족하는 것을 확인하는 방법이다. 또 한 가지는 옹벽 저판에 있어서 합력 작용점과 저판 중심과의 거리(=편심거리)가 소정 내에 수렴하는 것을 확인하는 방법이다.

지지지반의 지지력에 대한 검토에서 합력의 작용점을 고려한 지반반력도를 산출하여, 그 값이 소정의 허용지지력도 이하로 되는 것을 확인한다.

전체의 안정성에 대해 배면의 성토와 지지지반을 포함한 전체의 슬라이딩과 침하, 지진시의 액상화, 옹벽이 말뚝으로 지지되어 있는 경우의 측방 유동과 부마찰력(negative friction) 등을 검토한다.

슬라이딩 검토는 원호 슬라이딩 계산에 의해 산출한 옹벽을 포함한 슬라이딩 안전율이 표준 안전율을 만족하는 것을 확인하는 것이 일반적이다. 목표안전율은 통상과 지진시에 다른 값이 채택되고, 또한 기술기준에 의해서는 다른 값이 채택되고 있다. 민간 소유지와 관할 경계에 옹벽을 설치하려고 하는 경우, 관계 기관와 협의를 실시하여 안정성의 검토법과 목표안전율을 설정하는 경우도 있다.

구조에 따라 다른 조사항목

옹벽 부재 검토에서 발생하는 단면력을 산정하고 부재응력도가 허용값을 만족하는 것을 확인한다. 구조형식에 의해 조사항목과 조사위치가 다르고 기술기준에 의해서도 조사방법이 다르다. 무근콘크리트 옹벽에서 콘크리트의 인장응력도와 전단응력도를 조사한다. 한편 철근콘크리트 옹벽에서 콘크리트의 압축응력도와 전단응력도, 철근의 인장응력도를 조사한다. 보강토 옹벽과 특수옹벽에서 콘크리트 옹벽에서 조사하는 항목 이외에 작용하는 각 부재의 조사가 필요하게 된다.

일례로서 다음 페이지의 그림에 역T형 옹벽 부재를 검토할 때 사용하는 하중을 나타내었다. 역T형 옹벽의 종벽은 저판과의 결합부를 고정단으로 하는 캔틸레버 보로 간주하고 설계한다. 설계하중으로서 주동토압의 수평합력을 사용하고 또한 지진시에는 벽의 자중의 지진 시 관성력을 추가한다. 주동토압의 연직성분력과 벽의 자중은 일반적으로 무시한다.

앞굽판과 뒷굽판은 종벽과의 결합부를 고정단으로 하는 캔틸레버보로서 설계한다. 설계하중으로서 저반의 위에 걸리는 연직하중과 저반의 자중, 지반반력 또는 말뚝 반력을 고려한다. 이러한 하중으로부터 단면력을 산출하고 응력도 계산으로부터 부재 두께와 철근량을 결정한다.

● 역T형 옹벽 부재에 걸리는 설계하중

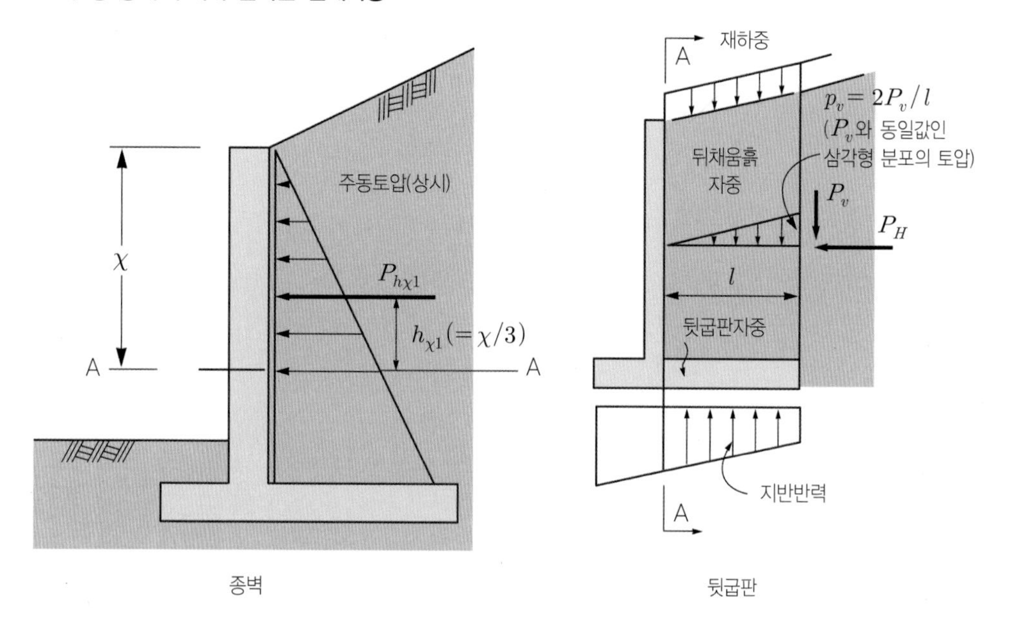

종벽 뒷굽판

구조상세도 중요하다

옹벽 설계에서 안정성 조사와 부재응력의 조사 이외에도 아래에 나타낸 많은 '구조세목'을 검토할 필요가 있다.

① 철근 덮개 ② 최소 철근량과 최소 철근 간격, 최대 철근간격 ③ 철근의 이음길이, 정착길이, 정착방법 ④ 배력근, 결합철근, 용심철근, 조립근의 각각 배치와 철근량 ⑤ 최소 부재 두께와 길이, 최대부재 두께와 길이 ⑥ 최소 근입길이 ⑦ 배수공의 설치방법과 배치 ⑧ 부속시설의 설치방법 등이 그것이다.

또한 건설성(현재 국토교통성)은 1999년에 설계와 시공의 합리화책 등에서 다음과 같은 방침을 나타내고 있다.

① 사용하는 콘크리트와 철근재료의 표준화와 규격화 ② 종벽과 저판의 경사 폐지 등 형상의 단순화 ③ 주철근과 배력근의 배치를 변경(종래와는 역으로 배력근이 외측) ④ 종벽의 주철근 단면변화를 폐지 ⑤ 철근의 규격화

옹벽 종류의 선정방법

다양한 종류의 옹벽으로부터 최적인 옹벽을 선택할 때에는 설계조건을 바탕으로 안전성, 경제성, 시공성, 경관, 유지관리, 주변과의 조화 등 종합적으로 검토한다. 아래의 플로 그림에 일반적인 옹벽공법의 선정순서를 표시하였다.

● 옹벽공법의 선정 흐름

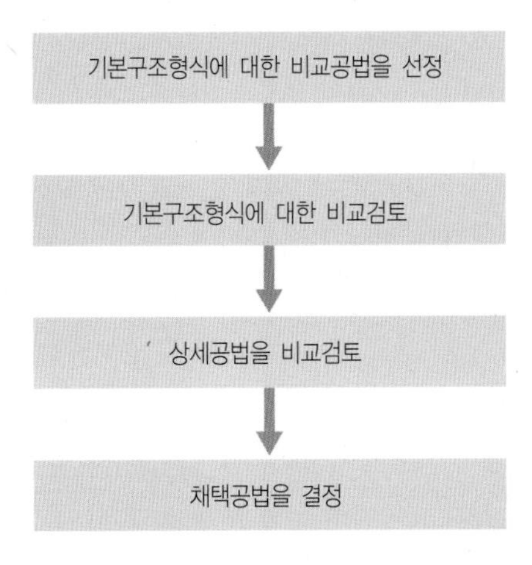

갑자기 유사한 형식으로만 제한시키지 말아야 한다

먼저 설건조건에 적합한 옹벽의 기본형식을 몇 개의 후보 중 선정한다. 선정하는 데 있어서 '옹벽의 종류와 개요'에 표시한 각종 옹벽의 특징이 참고가 된다.

이 단계에서도 기초형식을 포함하여 선정할 필요가 있다. 옹벽의 필요 높이와 용지의 경계조건 등에 의해 형식은 어느 정도 한정되어 있으며, 옹벽에 필요한 성능과 중요도에 따라서 더욱 선정 범위가 좁아진다. 중요도가 높은 옹벽이라면 내진성능이 저하되는 블록 쌓기 옹벽은 일반적으로 제외한다. 지형과 지질 조건과 공정조건, 시공조건 등으로부터 옹벽의 구조가 선정된다.

예를 들어, 옹벽의 위치에 따라 절토가 대규모로 되는 경우와 원지반의 느슨함을 방지할 필요가 있는 경우는 산막이식 옹벽 등 특수한 옹벽을 선정한다. 한편 역T형 옹벽 등을 선정하는 경우는 원지반의 느슨함을 방지할 수 있는 가설흙막이 공법도 함께 선정한다. 또한 이 단계의 검토에서 유사한 구조형식의 옹벽만으로 제한시키려 하는 것보다 구조형식과 기초형식이 다른 공법을 많이 선정해두는 것이 바람직하다.

다음 단계에서 선정한 복수의 기본구조형식에 대해서 비교·검토한다. 이 단계에서 '중력식 옹벽과 캔틸레버식 옹벽 등의 자립구조', '지지식 구조', '보강토', '말뚝식 구조' 등 기본구조형식을 선정한다. 이 단계에서 하나의 구조형식으로 결정할 필요가 없고 채택 가능성이 있는 구조형식을 선정한다.

프리캐스트도 시야에 넣어 검토한다

계속하여 상세공법을 비교·검토한다. 여기서 '기본구조형식의 비교·검토'로 선택한 기본구조형식 중에서 유사한 공법을 수 종류 선택하여 최적의 공법을 결정한다.

예를 들어 기본구조형식으로 '보강토'를 선택한 경우, 띠강보강토벽과 앵커보강토벽, 지오텍스 타일보강토벽, 기타 보강토벽을 대상으로 비교·검토한다. 그 가운데 최적의 구조형식으로 좁힌다.

최적인 구조형식을 결정하여 도면을 그리는 단계에서 원지반 및 인접 구조물과의 결합이 곤란한 경우도 있다. 따라서 최적인 구조형식을 결정할 때에는 세부에 대해서도 고려하는 것이 중요하다. 또한 시공의 효율화 및 공기단축, 품질 확보 등의 점으로부터 다소 고가이더라도 프리캐스트 제품을 선정하는 경우도 있다.

설계와 시공할 때 유의점

블록쌓기 옹벽과 콘크리트 옹벽 등의 설계를 실시하는 경우, 표준도를 사용하는 사례가 많다. 표준도는 업무의 효율화에 유효하지만, 하중의 취급과 적용범위가 틀리면 옹벽의 안전성이 손상될 염려가 있기 때문에 주의가 필요하다.

구체적으로 블록 쌓기 옹벽의 경우, 배면의 성토가 높은 장소와 전면의 지형이 급경사의 장소, 지지지반이 연약한 경우, 지하수가 높은 경우, 또는 2단에 설치된 경우에서 그 옹벽 간의 수평거리가 작은 장소, 이러한 조건에 합치되는 장소에서 블록쌓기 옹벽의 변형이 많이 나타난다.

통상의 옹벽은 배면상의 주동토압을 외력으로서 설계한다. 주동토압보다 슬라이딩 힘이 큰 토사붕괴가 배후에 있는 경우, 옹벽의 안정은 손상되기 때문에 주의가 필요하다.

그 외 옹벽 전체의 안정은 일반적으로 원호 슬라이딩 계산에 의해 조사하지만, 실제 슬라이딩은 완전히 원호하고 한정되지 않은 경우도 있기 때문에 설계할 때에는 주의할 필요가 있다.

상상 이외의 물에 대해 배수대책을 강구한다

옹벽을 시공하고 있을 때 설정한 깊이에 지지지반이 출현하지 않는 경우가 있다. 설계에서 설정하고 있던 지지지반에 착저할 수 없으면 옹벽은 침하와 슬라이딩을 일으킬 우려가 있다. 이와 같은 경우, 지반개량과 치환 콘크리트를 시공하는 등의 대책이 필요하게 된다. 다만, 치환 콘크리트의 높이에는 한계가 있기 때문에 지지지반이 설정과 극단히 다른 경우에는 설계를 수정하는 것도 필요하다.

또한 옹벽 배면의 원지반에 침투수와 지하수가 존재하는 경우가 있다. 이러한 물이 옹벽 배면에 체류하면 흙 강도가 저하되거나 수압이 발생하여 옹벽에 악영향을 미치기 때문에 충분히 배수대책을 강구할 필요가 있다.

그 외에 옹벽을 조성하기 위해 절토할 때 원지반이 슬라이딩 파괴가 발생하는 경우가 있다. 또 옹벽의 배후에 대규모 성토를 하는 경우에는 옹벽에 유해한 침하를 초래하는 경우도 있다. 그 때문에 시공 시에는 관측을 실시하여 이상이 없는 것을 확인하면서 진행하는 것이 중요하다.

제4장 회계검사의 조사관이 말하는 미스를 간파하는 포인트

역T형 옹벽

록볼트

회계조사원의 조사관은 한정된 시간 중에 어떻게 하여 미스를 발견하는 것일까?

회계조사보고서에 기재되지 않은 단순 미스가 발생하는 원인도 조사관들은 발견할 수 있다. 이 장에서는 조사관의 귀중한 체험을 듣기로 한다. 또한 구조물마다 설계 및 시공에서 미스를 범하지 않는 포인트를 단순히 체크하는 방법도 알아보기로 한다. 다량의 구조물에 대해 단시간에 실시해야 하는 검사를 통해서 배우는 노하우는 발주자 및 설계자, 시공자에게 큰 도움이 될 것이다.

역T형 옹벽

3개 부재의 철근만을 체크한다

미스내용 저판에 본래는 직경이 16mm의 철근을 12.5cm 간격으로 배근해야 하는데, 잘못 판단하여 25cm 간격으로 배치하여 강도가 부족해졌다.

체크포인트 옹벽이 높을수록 사용하는 철근 직경이 두꺼워지지만, 철근 간격이 좁아진다는 기본을 염두에 두고 낮은 옹벽으로부터 조사하면 미스를 발견하기 쉽다.

최초로 역T형 옹벽을 취급하였다. 그 이유는 역T형 옹벽은 구조계산의 교과서와 같이 단순하고, 이것을 이해하면 대개 철근콘크리트 구조물에 응용이 가능하다.

옹벽 설계에서 간단히 말하면 도면 작성 시 철근의 배치간격이 잘못될 수 있기 때문에 옹벽의 강도가 부족해지는 사례가 있다.

좀 더 상세히 말하면 바이패스 도로를 설계할 때 산간부에서 대규모 토공사를 실시하게 되고 도로의 노견에 길이 233m, 실제로 30기의 역T형 옹벽을 설치하게 된다. 그때 검사의 대상이 되는 13기 가운데의 하나에서 저판의 철근 간격이 잘못되었다. 그 때문에 옹벽의 강도가 부족해지게 되었다.

구조설계서는 뒤로 미룬다

회계검사원에서는 통상 4, 5명의 팀을 구성하여 일주일 일정으로 都道府県으로 출장을 나간다. 먼저 출발한 토목공사 사무소와 그 관내의 지자체 등의 공사를 포함하면 1인당 검사대상 공사는 수백 건이 되기도 한다.

여기서 주요한 공사에 대해서는 현지에 출장하는 1개월 정도 전에 설계서와 도면, 사진 등을 송부받아서 서면검사를 실시한다, 1인당 50~60건에 이르기 때문에 효율적이고 확실히 체크할 필요가 있다.

이 옹벽공사도 규모가 크므로 사전에 서면검사를 실시하였다. 통상업무 사이에 체크하려면 50~60건 정도가 되고 1건에 소비하는 시간은 30분 정도로 그렇게 길지 않다. 따라서 나는 서면검사를 실시할 때 포인트를 집중하여 보게 된다. 설계에 관해서는 다음과 같다.

① 먼저 평면도에서 전체를 파악한다.

② 중요한 공종이 무엇일까(여기서는 역T형 옹벽)를 염두에 둔다.

③ 역T형 옹벽에 착목하고 단면도에서 옹벽 및 배후의 법면 형상을 체크한다.

④ 구조도, 배근도를 체크한다. 그때 중요한 것은 높이가 낮은 옹벽으로부터 보이는 것이다.

⑤ 구조계산서는 뒤로 미룬다.

역T형의 체크는 3개소만으로?

역T형 옹벽은 매우 간단하고 그 개념은 이 장에서 공통으로 읽기 바란다. 제목은 '역T형 옹벽의 경사와 대책'이다.

역T형 옹벽은 그 명칭대로 T자를 역으로 한 형태의 옹벽으로 275페이지의 도면과 같이 '벽체', '저판', '뒷굽판'의 3개 부재로의 조합으로 구성되어 있다.

저판이 없는 것이 L형 옹벽이고, 그 분 플랜지에서 용지의 제한도 적다. 한편 역T형 옹벽은 저판이 있기 때문에 배후에 큰 법면이 있더라도 견딜 수 있는 장점이 있다.

역T형 옹벽의 포인트는 많지 않으므로 안심해도 좋다. 배중에 흙을 부담한 옹벽에는 화살표와 같이, 아래쪽 방향에는 수직력이, 횡방향에는 수평력이 작용한다(275페이지 참조). 그러면 어떻게 될까?

흙은 이 옹벽을 횡과 아래로 누르려 하고 옹벽은 밀리려 않는 성질로 견디는 것이다. 여기서 먼저 넘어지거나(전도), 움직여 나오거나(활동), 침하하거나(지지) 하지 않은지에 대한 검토(안정계산)를 실시하여 옹벽이 견딜 수 있는지를 확인한다. 그 다음에 철근콘크리트구조물로서 검토(응력계산)를 실시한다.

결론부터 말하면 3개의 부재에서 구성되고 있는 것은 힘을 받아 구부러지게 되는 개소가 3개소밖에 없게 된다.

그럼 3개의 부재별로 보면 다음과 같다. '벽체'는 눌러지기 전에 전도되고 '뒷굽판'은 아래쪽 방향으로 휘어지며, '저판'은 위로 젖혀지게 된다. 어디까지나 겉으로 드러난 것이고, 결과로 각 부재의 표, 뒤, 계 6면의 가운데 3면(275페이지의 그림 사선부 참조)이 인장되어 반작용으로서 반대측이 압축된다. 따라서 인장에는 철근, 압축에는 콘크리트로 처리하게 된다.

즉, 배근도에서 확인하는 개소도 3개소*면 되고, 체크할 필요가 있는 철근도 3종류면 된다. 275페이지 그림에서 파란 철근이 바로 그 철근이고, '중 →'으로 표시한 개소가 된다. 사례에서는 이 철근이 문제가 되었다.

볼품이 없지 않으면 OK

서면검사의 장면으로 말이 돌아가면 먼저 높이가 낮은 W1 옹벽을 보자. 왜냐하면 그쪽이 비교·대조할 수 있기 때문이다. 낮은 쪽 옹벽은 높이가 5~6m이다. 배후의 성토 높이가 3m 정도이다. 이 정도면 특히 어려운 것은 없고 배후의 성토가 그리 높지 않으면 벽체, 저판, 뒷굽판의 깊이는 50~60cm이고, 철근의 직경은 19mm 정도로 결정된다.

높이가 낮은 역T형 옹벽의 경우는 콘크리트 깊이, 철근량의 밸런스가 상식 범위 내에 있으면, 볼품이 없지 않을 경우에는 너무 신경쓸 필요는 없다.

● 역T형 옹벽의 개략도

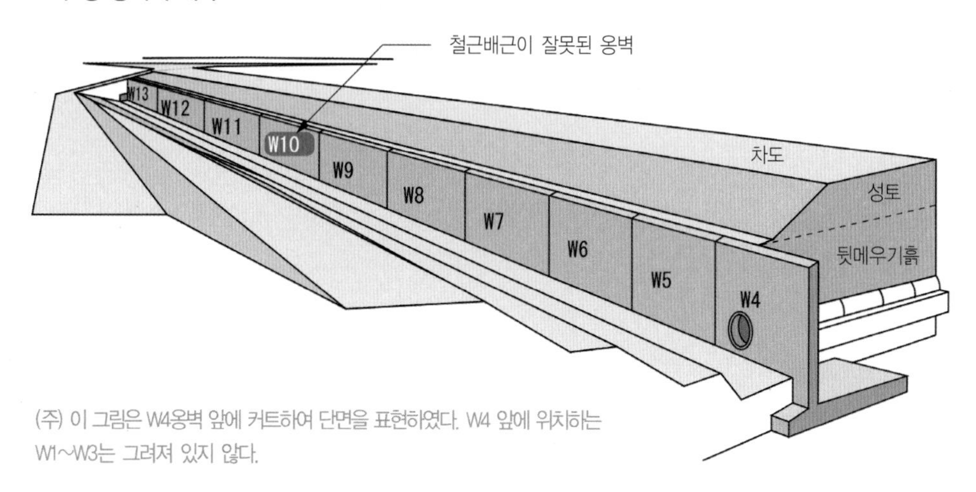

(주) 이 그림은 W4옹벽 앞에 커트하여 단면을 표현하였다. W4 앞에 위치하는 W1~W3는 그려져 있지 않다.

이상한 값을 표시하고 있는 배근도

W1, W2, W3 옹벽으로 서서히 옹벽 높이가 높아짐에 따라 벽체와 뒷굽판의 주철근도 직경이 19mm, 22mm, 25mm로 굵어지게 된다. 그런데, 검사한 설계도에서는 저판은 변함 없이 16mm 그대로, 철근배근도 25cm 그대로였다.

* 벽체의 상부에서 토압이 약하고, 응력적으로 여유가 있는 경우에 철근을 도중으로 반분하게 된다. 즉 '단락'이 되는 경우(275페이지 그림 참조)에는 위치를 검토할 필요가 있다.

확실히 저판의 주철근은 그렇게 자주 변화하지 않는 경향이 있지만, W7, W8으로 더욱 옹벽이 높아지더라도 변함없이 16mm 그대로였다.

'이것은 나중에 구조설계서를 체크해 보지 않으면 안 된다'는 생각이 들었다.

W9 옹벽을 보면 높이는 7m 정도임도 불구하고 저판의 주철근은 16mm 그대로이고 점점 나의 '척도'로는 한계가 계속되었다.

그래서 높이 8m의 W10 옹벽의 도면(275페이지 그림 참조)을 보게 되면 결국 한계점에 도달한다. 도면을 횡으로 두고 구조계산서를 펼쳐놓았다.

왜냐하면 '저판, 철근 직경 16mm, 간격 25cm'이란 값은 별로 유익하지 않은 설계조건이라도 나의 척도로는 이상값이라고 생각되었다.

사실은 또 다른 하나의 구조설계서가 있다

콘크리트의 두께와 옹벽 배후의 법면 형상이 변하는 것만으로도 철근의 굵기가 1단계 정도 바로 변하게 된다.

그래서 구조 계산서를 재검토하기 위하여 W10 옹벽의 개소를 보니 W10옹벽, 저판, 근직경 16mm, 간격 25cm로 할 경우, 인장응력도는 119.4N/mm^2(1194kgf/cm^2)가 되고 허용범위 내에서 안정하다고 기재되어 있다. 벽체와 뒷굽판의 두께가 잘못되지는 않았을까? 그럼에도 불구하고 지하수를 고려한 경우의 160N/mm^2(1600kgf/cm^2)는 허용응력도를 겨우 만족하는 것으로, 119.4N/mm^{2}이란 수치는 아무래도 의심이 갔다.

그때 서류 상자 중에서 매우 두꺼운 서류를 발견하였다. 처음에는 적산서라고 생각했는데, 상세히 살펴보니 구조계산서였다.

그럼 지금까지 내가 검토했던 이 구조계산서는 도대체 무엇일까? 사실은 내가 검토했던 것은 다이제스트판이었다. 먼저 기술한 바와 같이 이 공사는 옹벽이 많아 구조계산서가 너무 두꺼웠다. 그래서 컨설턴트 쪽에서 보기 쉽도록 결론만을 콤팩트하게 정리한 다이제스트판을 작성하게 된 것이다.

지금 생각하면 혹시라도 처음부터 이 두꺼운 계산서를 읽기 시작했더라면 최후까지 좌절하지 않고 읽기를 계속했을지 자신이 없다. 그러나 회계검사원의 검사는 시간이 한정되어 있다. 그래서 이때 꼭 보아야 할 개소가 확실하기 때문에 바로 W10 옹벽의 개소를 펼친 결과, 거기에는 철근직경 16mm, 간격 12.5cm, 인장응력도 1119.4N/mm^{2}라고 기재되어 있었다.

역T형 옹벽의 체크 포인트

아래 컴퓨터 회면는 내가 보통 시용하고 있는 역T형 옹벽의 프로그램이다. 특수한 쇼프트웨어는 아니고 범용 표계산 쇼프트, Lotus1-2-3을 이용하여 작성하였다. BASIC & MS-DOS의 시대로부터 약간씩 개량하여 그림을 삽입하는 등 현재의 형태가 되었지만, 작성해 보면 다음과 같은 장점이 있다.

① 한 번 공부해두면 두 번 이상 공부를 하지 않아도 좋다.

② 게임감각으로 놀 듯이 할 수 있다.

③ 다른 조건을 변경하지 않고 예를 들어 뒷메우기 흙의 내부마찰각만을 5번 증가시키면, 그것이 계산결과에 어느 정도 영향을 미치는 것을 금방 알 수 있다. 그 때문에 응력계산상, 어떤 설계조건이 중요한 요소인가를 구별할 수 있다. 더욱이 이 정도의 옹벽이면 이 정도의 상식으로 된다는 척도를 비교적 간단히 알 수 있다.

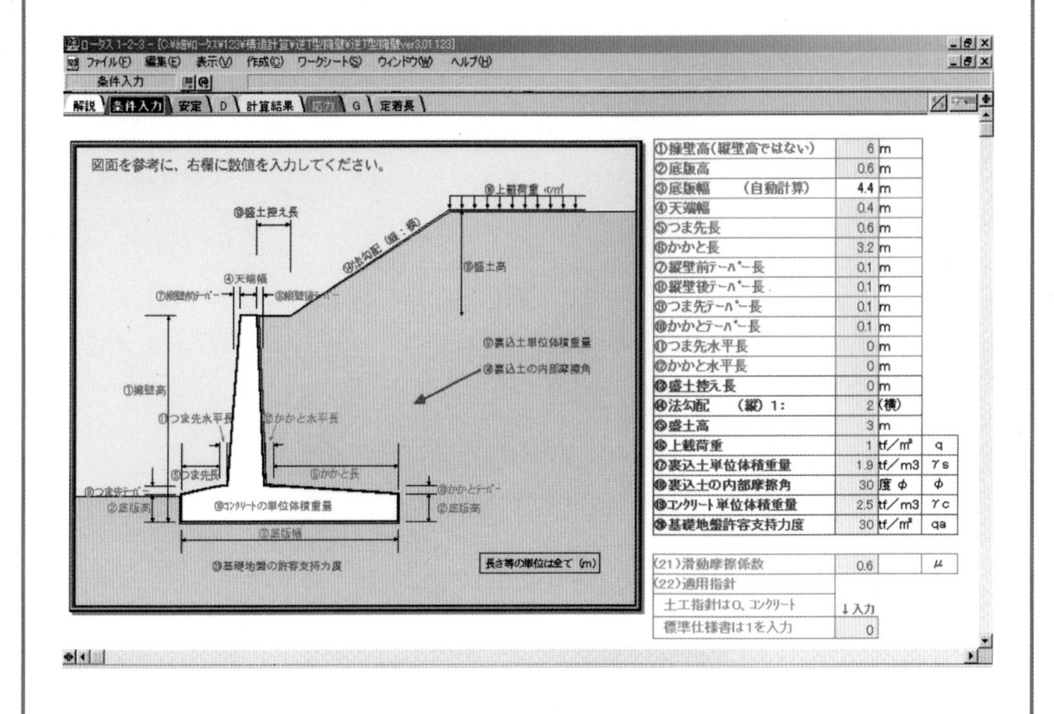

옹벽 높이와 철근 직경, 피치의 관계

이 프로그램을 기본으로 하여 역T형 옹벽의 조건도를 작성해본 것이 273페이지 그림이다.

종축을 옹벽높이, 횡축을 배후의 성토 높이로 하여 벽체, 저판, 뒷굽판에 필요한 철근의 직경과 철근 피치의 적용범위를 표시하고 있다. 설계조건 등은 범례에 기재한 것과 같다.

내 자신은 항상 이런 그림을 작성하여 검사를 하고 있는 것은 아니지만, 역T형 옹벽의 대략적인 성격과 경향을 볼 수 있다.

이것은 어디까지나 나의 척도이고, 체크를 하기 위한 참고로써 이용하였으면 한다. 잘 사용한다면 그 역할을 할 것이다.

이 그림은 다음과 같은 전제로 작성하였다.

① 설계진도 등은 지역 격차와 구조물에 따라 적용하는 값이 크게 다르다. 또한 높이 5m 정도까지 낮은 옹벽은 물론, 높이 5~8m 정도까지도 상시의 조건으로 배근량이 결정하는 일이 많다.

② 콘크리트 부재의 깊이와 저판, 뒷굽판의 길이 등은 기재하지 않고 있다. 옹벽높이와 토압에 의해 상당히 변화하기 때문에 주로 안정계산으로 결정한다. 옹벽의 밸런스를 직감적으로 파악하기 위해 기재하는 것으로 너무 엄밀한 설계조건에 집착하여 변경하면 알기 어렵게 되고, 적용범위가 좁아지기 때문이다. 깊이와 폭 등의 밸런스(안정계산)도 기재하는 것이 바람직하나, 지면 관계로 다시 기술한다.

③ 당연하지만, 배후의 예비 길이, 뒤채움 흙의 내부마찰각 등을 조금씩 변경하는 것만으로도 그림은 오른쪽에도 왼쪽에도 간단히 시프트할 수 있다. 어느 쪽으로 시프트하는 것은 뒤에서 기술한다.

④ 그리고 혹시 이 그림과 2랭크, 3랭크가 다른 경우, 컨설턴트에게 '왜?'라고 문의할 필요가 있다. 설계조건 등의 차이를 친절히 가르쳐줄 것이다(혹시라도 설계 실수라도 있을지도 모른다). 사실은 이런 자세가 상당히 중요하다.

조건의 변화와 설계와의 관계를 공부한다.

그럼 앞 페이지의 쇼프트를 사용하면서 즐기고 싶다.

① 옹벽 배후의 성토를 높게 하면 부재 깊이와 철근은 두꺼워진다(당연한 것이다).

② 옹벽 배후의 예비 길이가 짧아지면 부재 깊이와 철근은 두꺼워진다.

③ 법면의 경사를 조금씩 더 주는 것으로도 부재 깊이와 철근은 두꺼워진다.

④ 저판을 무턱대고 길게 하면 저판의 철근은 굵어진다.

⑤ 뒷굽판을 너무 짧게 하면 저판의 철근은 굵어진다.

⑥ 부재 깊이를 10cm 얇게 하는 것만으로도 철근이 1랭크 굵어지는 경우가 많다.

⑦ 벽체 배면과 뒷굽판 윗면측의 철근량을 부재 깊이가 동일하면 거의 동일하게 된다.

⑧ 뒤채움 흙의 내부 마찰각이 작아지면 부재깊이와 철근은 두꺼워진다.

⑨ 뒤채움 흙의 무게는 관계가 없다.

● 역T형 옹벽의 조건도

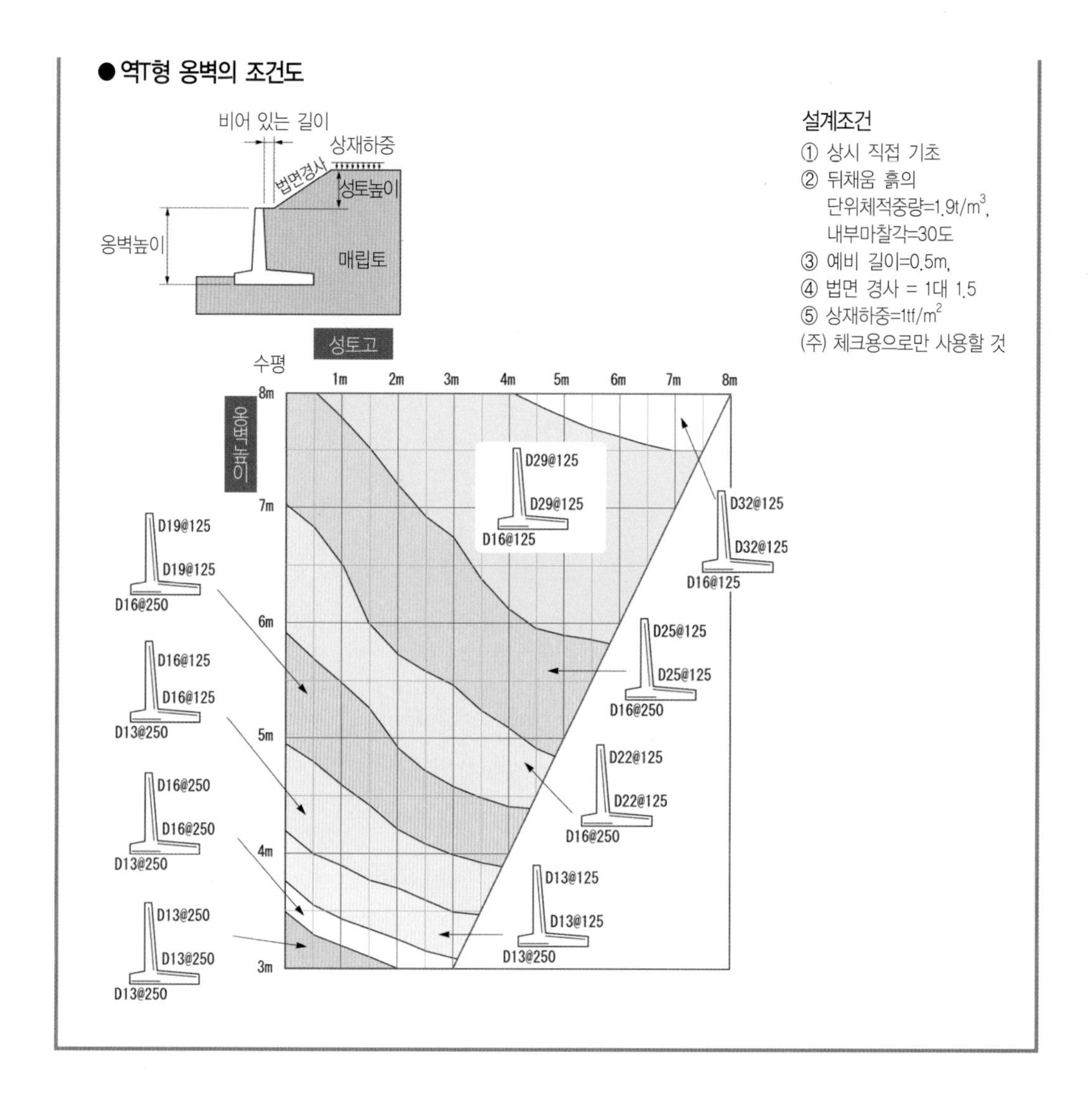

알기 쉬운 보고서를 작성하는 것은 중요하다

이 옹벽의 실수는 컨설턴트가 정확하게 계산했음에도 불구하고 다이제스트판을 작성할 때 철근의 간격을 잘못 기재했으며, 그 다이제스트판을 근거로 철근도를 작성한 것이 원인으로 판명되었다.

최근에는 컴퓨터 소프트웨어로 계산하여 프린트 결과를 그대로 제출하는 보고서, 이른바 컨설턴트의 얼굴이 보이지 않은 보고서가 실제로 많다. 한편 프린트 결과에 수작업으로 사각과 원형에 글씨를 써넣어 색을 칠하여 수치의 참조 페이지를 표시하고, 주의사항 및 개념을 여백에 기술한 보고서를 보면 안심이 된다.

왜냐하면 이런 컨설턴트의 보고서의 경우는 보고서의 구석구석까지 검토되어 읽는 사람의 관점에서 기술하였고 여러 번 체크가 되었기 때문이다. 무엇보다 지면으로부터 설계에 대한 자신감이 느껴진다. 또한 받는 측에서도 체크가 쉽고 혹시 실수가 있는 경우에도 미연에 발견하기 쉽다.

체크하는 측에 척도가 필요하다

실제 문제로서 잘못된 설계서를 제출하게 되면 잘못을 발견하기란 매우 어렵다. 그러나 여기서 말하고 싶은 것은 컨설턴트에게 책임을 일방적으로 전가하는 일은 결코 없으며 그리고 실수가 없는 컨설턴트를 찾을 생각도 없다. 누구라도 실수를 범할 수 있다. 그러나 그 실수를 컨설턴트, 발주자, 시공자 등 전원이 방지하고 또는 미연에 발견하여 감소시키는 것이 바람직하다.

중요한 것은 다음과 같다. ① 알기 쉬운 보고서 제출을 바라고 ② 교량, 옹벽 등 구조물에 따라서 포인트를 체크하고 ③ 컨설턴트에 대해 불명한 점, 의문점을 질문하여 각각 포인트를 컨설턴트와 함께 확인하며 ④ 그때 체크하는 측에서 직감이라도 좋으니 척도가 필요하다. 이렇게 함으로써 본 건과 같은 설계 실수는 상당히 방지할 수 있지 않을까 생각한다.

내가 말머리에 '직감을 중요하게 하는 방법'을 말씀드렸던 의미를 이해하게 되었을까?

한 번 더 말씀 드리지만, 이런 설계계산의 모든 것을 이해할 필요는 없다(물론 이해하는 것 이상은 없지만). 그러나 결과에 대해서는 이해할 필요가 있다.

미스가 잠재되어 있는 경우, 그것은 도면 등에 큰 결과로 나타난다. 그 결과를 보고는 "밸런스가 이상하다. 뭔가 이상하다"는 것을 알아채는 눈과 '그를 위한 기준, 척도를 가지는 것'이 중요하게 생각된다. 그 다음은 컨설턴트의 일이다.

"좀 더 간단히", "어쨌든 제1단계의 체크로서", "그래도 어려운 계산서에 익숙할 수 있다면……"이란 요망에 대해 이런 체크방법도 있을 수 있구나 기억해 주었으면 하고 생각하면서 역T형 옹벽에 대해 내 나름의 기준 및 척도를 소개했다.

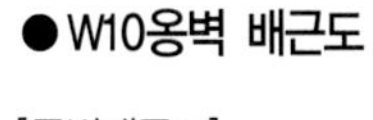
● W10옹벽 배근도

(단위: mm)

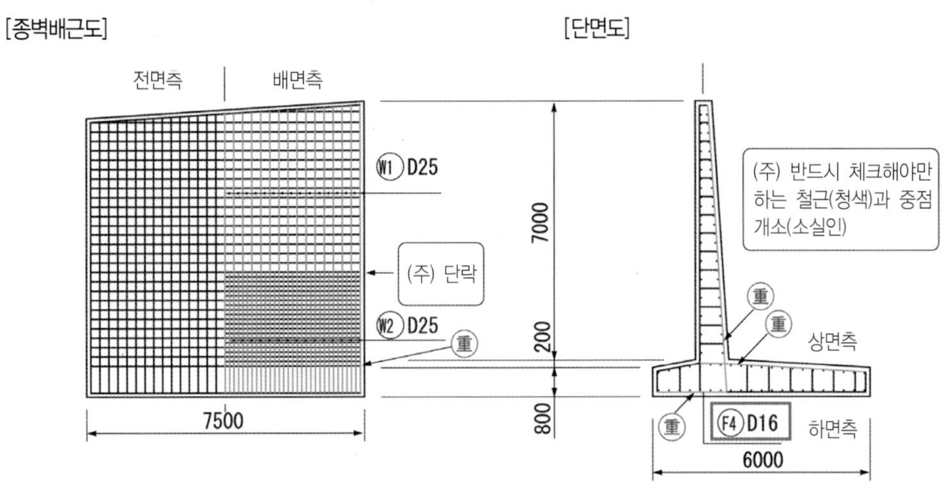
[종벽배근도]
[단면도]
전면측
배면측
W1 D25
(주) 단락
W2 D25
重
7500
7000
200
800
(주) 반드시 체크해야만 하는 철근(청색)과 중점 개소(소실인)
重
重
상면측
重
F4 D16
하면측
6000

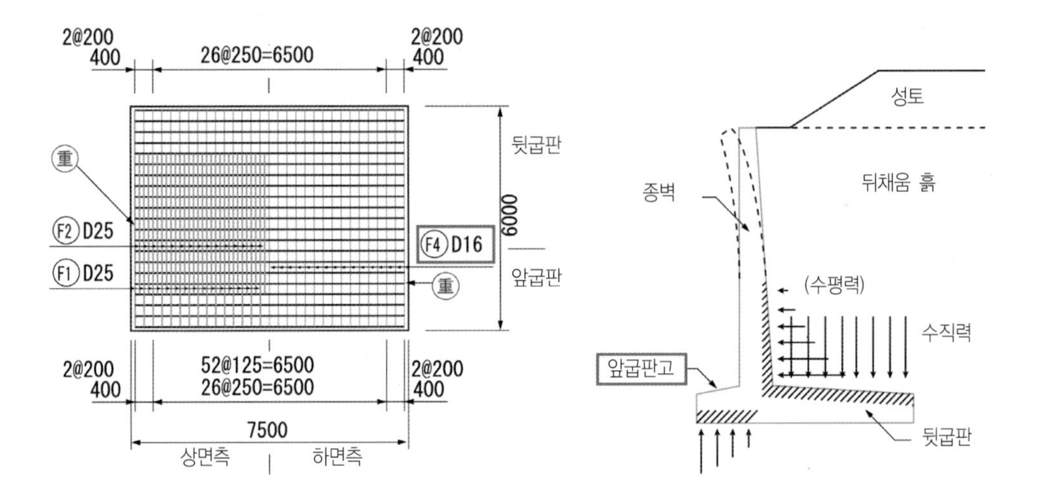
[앞굽판 및 뒷굽판 배근도]
2@200
400
26@250=6500
2@200
400
重
F2 D25
F1 D25
F4 D16
重
뒷굽판
6000
앞굽판
2@200
400
52@125=6500
26@250=6500
2@200
400
7500
상면측
하면측
[역T형 옹벽에 추가되는 힘]
성토
종벽
뒤채움 흙
(수평력)
수직력
앞굽판고
뒷굽판

록볼트

'종방향의 한 라인으로 토사붕괴의 크기'를 보다

미스내용 계산식의 나눗셈과 곱셈을 바꾸어 잘못 계산하는 등의 원인으로 본래 필요한 록볼트의 개수보다 대폭 적은 개수로 법면보강의 계산을 하였다.

체크포인트 척도로 된 것은 록볼트 종 일례당 토사붕괴의 크기(필요 억지력)이다. 이 크기를 확인한 가운데 직감을 살려 개수가 충분한가를 판단한다.

록볼트에 대해서 해설한다. 소개하는 사례는 실로 직감만으로 의존하는 등 특히 발견할 때까지의 경위가 참고가 되었다고 생각된다.

이 현장으로의 출장은 현청으로부터 배로 2시간 정도 걸려서 섬에 밤에 도착하여 다음날 저녁 늦게 다른 섬으로 이동하는 힘든 일정이었다.

우리들의 검사는 오전 중에는 시청에서 서류검사, 오후에는 현장의 패턴이 많지만, 이때는 배의 출항 시간에 맞추어 특히 효율적인 검사가 요구된다.

수많은 공사 가운데 우선순위가 높은 것부터 검사해 나간다. 점심시간이 될 무렵에 록볼트 공사의 순서가 되었다.

이 사례는 역T형 옹벽의 사례와 크게 다른 점이 있다. 역T형 옹벽의 사례는 출장 전에 서면검사로 거의 실수를 알았지만, 이 공사는 사전에 서류를 입수하지 못했기 때문에 설계 실수에는 전혀 눈치를 채지 못했다. 지금 생각하면 발주자 쪽과 한순간의 상황만으로 판단했다.

통상 록볼트라면 다음 페이지의 사진과 같이 터널공사에도 사용되지만, 최근에는 법면공사에도 채용되는 케이스가 증가하고 있다.

다음 페이지 위 그림을 보면 익숙하지 않은 사람도 많을 것이라고 생각한다. 록볼트는 땅 속에 철근과 이형중공 강봉을 삽입하여 지면을 보강하는 것으로 삽입방법에 따라 다양한 형식이 있다.

구체적으로 280페이지 제일 위 그림과 같이 수많은 록볼트를 반입하여 토사붕괴가 발생할 수 있는 법면의 층을 구석이 단단한 지면에 체결하는 공법으로, 보강토 공법이라고 한다. 여기서는 록볼트로 통일한다.

● 록볼트의 개념도

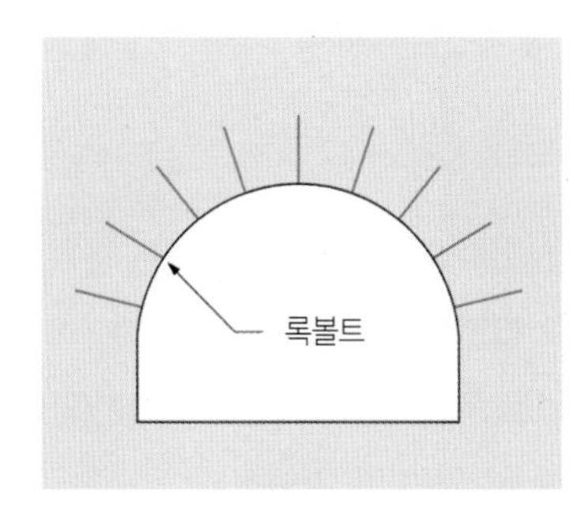

2단의 콘크리트 뿜칠 법면틀 가운데 초년도에 시공한 1기 부분

토사붕괴 크기 36톤에 놀라다

그때의 회계검사를 재현해보자. 산을 잘라 열어 새로운 도로를 건설하고 있는 즈음에 280페이지 오른쪽 위 그림과 같이 법면 길이 50m 이상의 최대 법면이 되는 개소가 있고 사면을 안정시키기 위해 상하 2단의 콘크리트 뿜칠 법면틀을 시공하였다고 한다.

위의 사진은 1년째 시공한 상단이다. 다음 해에 하단의 법면틀의 시공자로부터 '전년도에 시공한 상단의 법면이 요동하는 것 같아 무섭다'는 보고서가 있었고 검토결과로부터 대책공사로서 상단에 록볼트를 추가 시공하였다고 한다.

나는 그때까지의 경험으로부터 록볼트공사의 규모를 파악하기 위해 먼저 토사붕괴의 크기(필요 억지력)를 알아야 한다고 생각하고 있기 때문에 별로 거리낌 없이 담당자에게 "토사붕괴의 크기는 종 일례당 어느 정도입니까?"라고 물었다. "예, 록볼트 종 일례당 약 36톤입니다." "36톤이나 됩니까?"

전부 이 말 한 마디에서부터 시작되었다고 생각된다. 지금에 와서 생각해보면 36톤은 분명히 큰 수치지만, 놀라울 만큼은 아니었다. 그러나 부끄러운 것은 이때 내 자신의 척도로는 이상한 수치였다고 생각했다는 것이고 이상한 수치라고 생각하지 않았으면 사태를 지나쳤을 것이라는 거다.

"컨설턴트 보고서에 의하면 지질조사, 현장조건 등으로부터 30톤으로 계산하고 이것에 대해 길이 6m 록볼트를 종 일례당 13개 타설하면 안정할 것이라고 되어 있습니다."

"그러나 36톤씩 있는데 록볼트공법으로 괜찮습니까. 그라운드 앵커 쪽이 적절하지 않습니까?"

"물론 그라운드 앵커도 검토했지만, 이 현장 조건과 경제성의 면으로부터 록볼트 쪽이 적절한 것으로 판단했습니다."

"하지만 단지 13개입니다."

담당자도 창피할 수 있을 것이라고 생각했다. 적절히 시공했다고 생각했는데 갑자기 "36톤씩 했습니까?"라든가 "개수가 적지 않은지?" 등을 물었기 때문이다. 그 때문인지 담당자도 나의 오해를 이해해주고 여러 가지 설명을 시도했다.

"사실은 1열당 11개라도 괜찮지 않습니까. 안전을 고려하여 13개로 한 경위도 있고 충분히 안전할 것이라고 생각했습니다."

이 말 한 마디는 오히려 나의 의문을 증대시키게 되었다.

"정말로 11개라도 안전합니까? 개인적인 경험으로는 36개는 더욱 많은 개수가 필요하다고 생각됩니다만……."

다시 한 번 다음 페이지 오른쪽 위 그림을 보라. 주목할 것은 록볼트의 타설 위치이다. 그림과 같이 토사붕괴된다고 상정된 면은 반경 76m로 매우 크고, 토사붕괴 크기가 1열당 36톤이라는 것도 납득할 수 있다.

그러나 그 타설 위치는 법면 상단으로 편중되어 있다. 록볼트는 별칭으로 '체결공법'이라고 부르는 것처럼 토사붕괴가 발생한 것은 표층에 다수의 록볼트를 균등히 타설하는 것이 일반적이고, 그림과 같이 상단에만 있는 것은 드물다. 그림에도 밸런스가 나쁘다.

더욱 록볼트는 토사붕괴 힘이 큰 경우나 붕괴면이 표면에서 깊은 경우에는 적절하지 않다. 그러한 경우는 그라운드 앵커 등을 채용하게 된다.

여담이지만, 록볼트와 그라운드 앵커는 비슷하지만 성격은 전혀 다르다. 확실히 록볼트에 텐션을 주고, 그라운드 앵커와 같이 체결 힘을 기대하는 공법도 있지만, 기본은 어디까지나 '보강토 공법'이고 '철근삽입공법'이다.

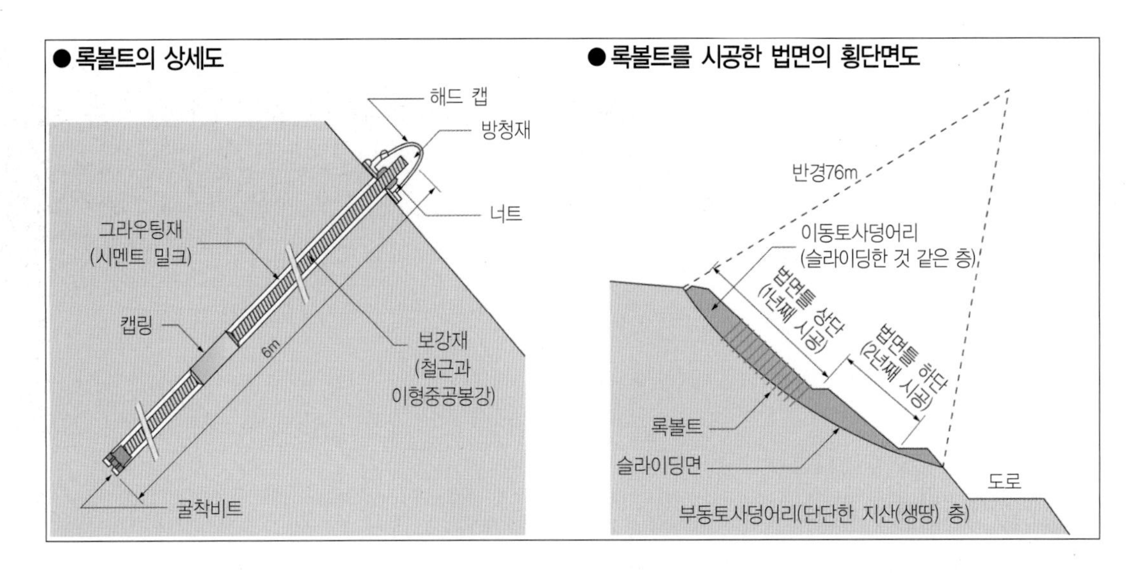

강봉 선단에 굴착비트를 부착하여 소정의 각도를 유지하면서 굴진한다(좌). 소정의 깊이까지 굴착한 후, 강봉의 구멍에 시멘트 밀크를 주입한다. 강봉 내부를 통과한 시멘트 밀크는 선단의 굴착 비트에 도달한 후 굴착 비트의 구멍으로부터 바깥으로 흘러 넘쳐 중공강재와 원지반의 공극을 메우면서 원래대로 되돌린다(중). 최후에 수압판과 너트를 고정시키고 방청재를 충전한 캡을 덮는다(우).

굴착비트 보강재(이형중공봉강) 착공기 구멍으로부터 시멘트 밀크가 흘러 넘침 너트 고정 해드 캡 (내부에 방청재 충전)

●굴착기와 굴착의 상세도

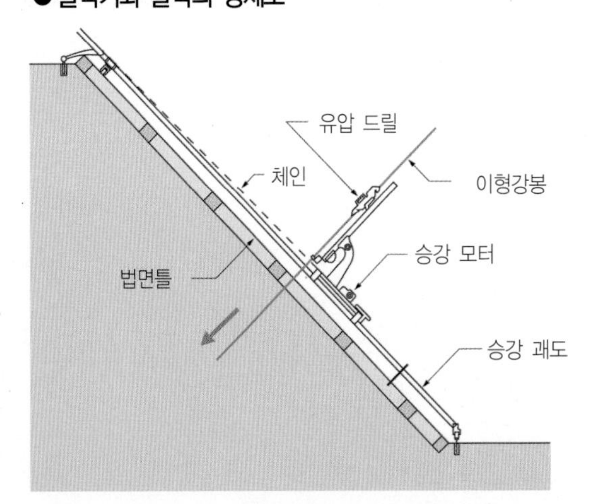

시공단계에서 보다 작은 직경으로 변경했다

그래서 담당자의 다음 말 한 마디가 나의 의문을 절정으로 만들었다.

"사실은 오해가 있으면 안 되니, 말씀드립니다. 그 설계서에서 록볼트의 천공 직경이 1본당 66mm으로 되어 있습니다만, 시공자가 66mm 시공기계를 사용할 수 없어서 50mm로 시공할 수밖에 없다고 승낙한 경위가 있으며 그 설계서와 실제의 시공은 다르게 되었습니다."

"설계에서 66mm로 하고 시공에서 50mm로 했습니까?"

"예."

"시공자에게 승낙할 때 재계산은 했습니까?"

"아니오."

"그럼 매우 위험합니다! 록볼트의 경우 두께 변경을 특히 작게 할 경우 안전에 매우 불리하게 되는데 알고 있습니까?"

"……."

현장은 여기서부터 차로 1시간 반 정도 걸린다고 한다. 배의 출항시간도 신경이 쓰였지만, 탁상공론에 시간을 소비하여 이 현장을 보지 않고 마무리하는 것은 용납되지 않을 거라고 생각했다.

"시간이 없는데 현장은 방문하겠습니까?"

토사붕괴의 크기, 본 수, 직경 등 하나하나가 나의 의문을 증폭하게 하고 담당자도 긴장하여 혼란스러워했다.

강재 주위를 시멘트로 굳혔다

록볼트의 시공방법에 대해 설명하겠다. 다시 한 번 280페이지 왼쪽 위 그림을 참고하라. 철근 등의 보강재만으로 삽입하는 방법도 있지만, 그대로는 부식도 염려된다.

여기서 보강재 주위를 시멘트로 덮으면 보강재 정도는 경화되지 않지만 그런대로 강도를 기대할 수 있는 콘크리트가 된다. 그러나 단단한 철근 등의 심지가 들어가 있다. 금회 심지에 사용된 보강재는 중공 강재였다.

① 먼저 중공강재의 끝에 '천공 비트'라는 드릴을 부착한다(280페이지 좌측 위 그림 참조)

② 소정의 각도를 유지하면서 천공비트를 회전시켜 굴삭해 나간다(280페이지 제일 밑의 그림, 280페이지 중간 부분의 왼쪽 사진).

③ 소정의 깊이까지 굴착한 후 강봉의 구멍에 시멘트 밀크를 주입한다(280페이지 중간 부분의 중앙 사진).

④ 강봉의 가운데를 통과한 시멘트 밀크는 선단의 천공비트에 도달한 후 천공비트의 구멍으로부터 밖으로 넘쳐흐르게 하여 중공강재와 지면의 공극을 메우면서 원래로 돌아가게 된다.

⑤ 이 결과, 시멘트 밀크는 중앙강재의 안과 밖으로 충전되었다.

⑥ 최후에 수압판과 너트로 고정하고 방청재를 충전한 캡을 씌우는 것으로 완성한다(280페이지 중간 부분의 오른쪽 사진).

상단의 법면틀 아래의 소단을 덮은 콘크리트에 균열이 발생하고 있음

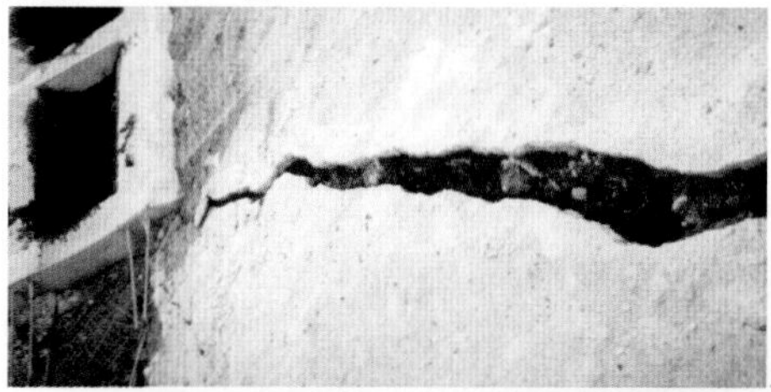

원지반이 슬라이딩한 것 때문일까, 법면틀 단부와 원지반의 사이에 간격이 발생하고 있음

법면틀과 원지반 사이에 틈이 발생하고 법면틀이 들떠 올라간 것처럼 보임

현장에 가보니 법면틀의 각 개소에 변상이 생겼다

현장은 사람이 사는 마을에서 떨어진 산간부로 눈 아래로 바다가 보였다. 법면틀의 장소까지 올라가 보니 법면틀 자체는 이상이 없지만 콘크리트에 큰 균열이 발생하였고 일부는 박리가 발생하고 있었다(위 사진).

"어떻게 된 것입니까?"

"사실은 이런 상황으로부터 토사붕괴의 우려가 있다고 판단하여 록볼트를 시공하기로 하였습니다."

"법면틀 자체에 문제는 없는 것입니까?"

"없습니다."

밑에서 위를 보면 문제는 없는 것처럼 보인다. 틀 내의 식생 성장도 잘 되고 있다. 그러나 록볼트를 틀로 결합하는 것은 아니라 280페이지 중간 부분의 오른쪽 사진과 같이 지면에 직접 매립하고 있는 점이 신경이 쓰였다.

급경사면이므로 어떻게 할까 조금 망설였지만, 나를 포함한 여러 명이 올라가기로 하였다. 수십 미터 정도 올라가보니 주변 상황이 일변했다. 밑의 그림과 282페이지의 사진을 참고하라. 지면이 붕괴되었을까, 법면틀과 지면이 유리하여 들떠 올라간 것처럼 보였다. 이 현상은 위로 올라갈수록 심각하게 되었다.

"토사붕괴가 일어난 것 같은데, 알고 있습니까?

"전혀 알지 못했습니다."

"완성 검사 시 어떠하였습니까? 또 인발시험 등은 어떠하였습니까?"

"특히 문제는 없었습니다."

"그러나 완성 후 3개월밖에 안 돼서 이런 현상이 발생하리라고는 생각하지 못했습니다."

"……"

● 상단 법면틀의 전체도

앞 페이지 왼쪽 아래 사진
앞 페이지 오른쪽 사진
콘크리트 뿜칠 법면틀
앞 페이지 왼쪽 위 사진
록볼트
슬라이딩 현상이 발생한 범위

● 록볼트의 시공지침예

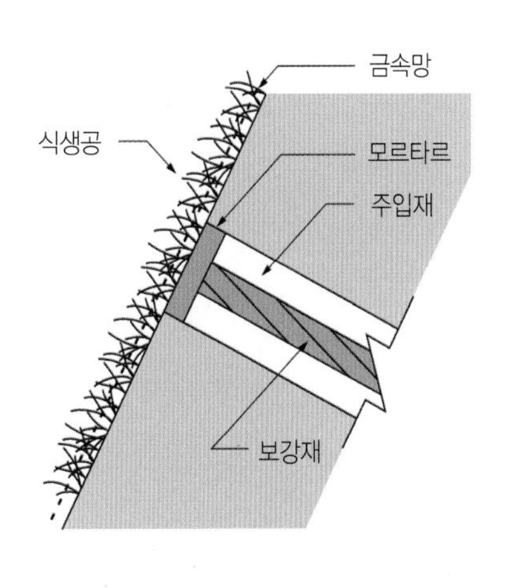

검사당시 구일본도로공사『절토보강공법설계 시공지침(안)』(1995년 6월)에 근거하여 본지에서 작성

그래서 현시점에서 생각할 수 있는 점을 다음과 같이 설명하였다.

① 토사붕괴 크기에 비해 록볼트의 개수가 적은 것이라고 생각되고, ② 천공 직경을 66mm으로부터 50mm으로 변경한 것의 영향, ③ 법면틀에 결합시키지 않고 지면에 직접 연결되어 있기 때문에 록볼트가 유효하게 작동하지 않았는가에 대한 것이다.

물론 즉시 판단할 수 없기 때문에 재검토와 토사붕괴 측정기에 의한 거동의 관찰, 시트 등에 의한 우수의 침입 대책 등을 의뢰하고는 현장을 뒤로 하였다.

'설계상 문제는 없다'는 설명이었다

다음 달, 검사검토 결과가 나왔으므로 회계검사원에서 설명을 듣기로 하였다. 그러나 그 내용은 전혀 예상하지 못할 정도로 놀라웠다.

먼저 최대 원인으로 생각했던 ②의 천공직경 변경에 대한 것이다. 시공자로부터 직경의 변경을 요청받아 50mm로 재계산을 실시한 것이 실수였고, 그것도 재계산한 보고서를 검사회장에 지참하는 것을 잊어버렸다는 것이다. 본 수를 11개에서 13개로 증가시킨 것은 우선 직경의 변경이 원인이었다는 것이다. 따라서 ②는 문제가 되지 않는다는 것이다. 그 마을 담당자는 두려워 움츠리고 있었고 나는 아연질색이 되었다.

③의 지면에 직접 연결하는 점에 대해서도 확실히 사공사례는 많지는 않지만, 지면에 충분히 체결하는 힘을 기대할 수 있는 경우에는 아무런 문제가 되지 않고 구일본도로공단 지침 등에도 시공방법의 한 예로서 기재되었다고 한다(다음 페이지 그림 참조).

특히 이 공사는 법면틀을 전년도에 시공한 후 보강한 공사이고 기존 법면틀에 구멍을 내어 법면틀의 교점부에 매립하는 법면고정 핀을 빼는 것은 곤란하고 그 대신에 수압판을 설치하여 안전성을 충분히 배려한 것이다.

따라서 ①의 본 수가 적더라도 문제가 되지 않고 결국 ①도 ②도 ③도 전혀 이유가 되지 않는다. 즉 현상만으로 남아 있게 되는 것이다.

그래서 표층 흙 등이 유출하고 있는 것은 사실이므로 식생토 등에 의한 복구공사를 실시하게 되었다.

의문이 남지만 문제는 발생되지 않았다

②에 대해서는 그대로 믿을 수 없어서 보고서를 체크해보았지만, 확실히 50mm로 철근이 통과하고, 13개로 안전하게 구성되어 있었다.

③에 대해서도 이동 토사덩어리 측에 충분한 주변마찰력을 기대할 수 있는 경우에는 법면틀의 결합 여부는 별로 의미가 없다. 손으로 아무리 강하게 처리하더라도 록볼트의 선단이 원지반으로부터 빠져나오게 된다.

①에 대해서 금회 채택한 계산식이 일반적으로 널리 사용되고 있는 구건설성 등의 기준은 아니기 때문에 내용을 금방 알 수가 없다. 그러나 계산상은 논리정연하고 66mm의 경우, 계산에 비해서도 이상한 점은 발견되지 않았다.

전혀 예상하지 않았던 전개에 나는 시간이 조금 지나서 후일 연락하기로 하였다.

그때부터 고난의 날들이 시작되었다. 현 또는 마을 등에서 검토해야 할 사항은 검토했기 때문에 어느 의미에서는 안전했다고 생각할 수 있고, 또한 검사원도 그렇게 생각했을 거라 믿는다.

한편 내 개인적으로 그 해는 일이 많았고, 그것도 그 다음 주부터 8주 가운데 5주 동안 출장 때문에 상당히 바빴다. 현으로부터는 태풍의 계절까지는 복구공사를 하고 싶다는 이야기도 있고 빨리 대답을 원하기도 하여 궁지에 몰려 있었다.

그런데 중대한 설계미스가 발견되어 급하게 사태가 해명되었다. 다음에 설계 미스가 발견된 경위와 록볼트의 구조계산에 대해 해설한다.

● 법면에 작용한 힘 개념도

1m
120t
슬라이딩 힘 100t
10톤
록볼트가 받아 가지는
'필요억지력'
슬라이딩 저항력
110t

● 필요억지력의 개념도

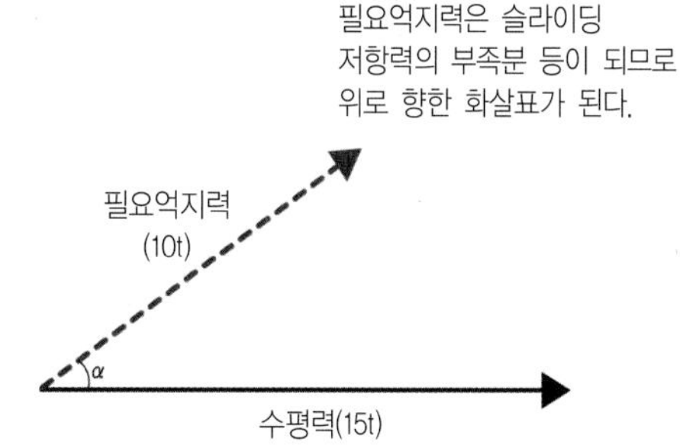

슬라이딩을 막는 데 필요한 힘을 보충한다

록볼트 설계는 간단하기 때문에 안심해도 좋다. 설계 순서를 아주 알기 쉽게 설명하겠다.

① 법면의 종 1열당 토사붕괴의 크기(필요 억지력)를 구한다.

② 필요 억지력을 록볼트에 작용하는 인장력으로 바꾼다.

③ 록볼트 1개당 버티는 힘(허용 인장내력)을 계산하고, 록볼트에 작용하는 인장력을 이 1개당 허용 인장내력으로 나누어 개수를 결정한다.

이것이 전부다. ①, ②, ③에 대해 각각 도면으로 설명하고자 한다.

먼저 ①의 필요 억지력에 대해 설명하겠다. 어떠한 법면도 인력이 작용한 이상, 미끄러져 떨어지려고 하는 힘(슬라이딩 힘)이 안에 숨겨져 있다. 앞 페이지 왼쪽 그림에서 슬라이딩 힘을 종 1m 폭당 100t이지만, 여기서 중요한 것은 록볼트가 받아 가지는 슬라이딩 힘은 100톤은 아니라는 것이다.

실제의 법면을 생각해보자. 슬라이딩 힘이 100톤씩이나 있는데 법면이 슬라이딩되지 않은 것은 왜일까? 그것은 법면은 동시에 마찰력 등에 의해 슬라이딩 저항력을 가지고 있기 때문에 슬라이딩 힘을 1톤 상회한다면 법면은 슬라이딩되지 않는다. 그림과 같이 슬라이딩 힘이 100톤, 슬라이딩 저항력이 110톤인 경우에는 슬라이딩 저항력이 100톤을 상회하고 있으므로 법면은 슬라이딩되지 않는 것이다.

그럼 이 슬라이딩 저항력이 어느 정도 상회하고 있으면 안정된 법면이라고 할 수 있을까?

토공지침 등에서는 슬라이딩 저항력이 슬라이딩 힘의 1.2배 이상을 요구하고 있으며, 그 이하의 경우에는 대책이 필요하다. 앞 페이지 그림처럼 슬라이딩 힘 100톤의 1.2배의 120톤이 필요하게 되고 10톤이 부족하다. 이 10톤분을 '필요억지력'이라고 부르고 록볼트 등이 받아 가지게 되는 것이다.

어려운가? 그러나 이 슬라이딩 힘과 슬라이딩 저항력 계산은 통상 컴퓨터로 실시하므로 이러한 것을 이해해두고 있으면 충분하다. 다만, 아까도 이야기했지만, 필요 억지력의 크기만은 록볼트의 개수와 직결되기 때문에 절대적으로 파악해둘 필요가 있다.

이상으로부터 지자체의 담당자로부터 들은 슬라이딩의 크기(필요억지력) 36톤은 매우 큰 값이라고 생각하였다.

다음은 ② 인장력에 대해서다. 법면이 실제 슬라이딩하는 경우는 표토 등이 록볼트를 질질 끌려고 하므로 인장력으로 교체될 수 있다.

앞 페이지 오른쪽 그림을 보라. 10톤은 경사방향의 힘이 되므로 록볼트를 수평으로 설치한다고 가정하면 이 10톤을 수평방향의 힘으로 바꿀 필요가 있다. 구체적으로 경사 방향

휨의 크기를 'cos' 등으로 나누어 되돌리게 되고, 이 10톤은 결과적으로 15톤, 20톤이 되기도 한다.

이 각도가 록볼트 설계를 복잡하게 하고 있지만, 일반적으로 슬라이딩 각이 클수록 또 록볼트의 타설각이 클수록 인장력은 크게 된다.

다음은 ③의 록볼트의 개수에 대해서다. 상기 ②에서 구한 인장력(15톤으로 가정)에 대해 록볼트 1개당 견디는 힘(동 3톤으로 함)을 알면, 1열당 몇 개가 필요한지 알게 된다. 이 경우는 15톤을 3톤으로 나누어 5개가 된다.

그런데 록볼트가 인장되어 구석의 단단한 원지반으로부터 빠지게 되는 케이스가 있는 것은 Ⓐ 록볼트 전체가 빠지게 되는 경우 Ⓑ 록볼트 가운데 철근과 강재만이 빠지게 되는 경우 Ⓒ 철근과 강재가 잘리거나 늘어난 경우 등 3가지의 패턴이 있다(아래 그림 참조).

● 록볼트가 파괴되는 3개의 패턴

Ⓐ 록볼트 전체가 빠지게 되는 경우

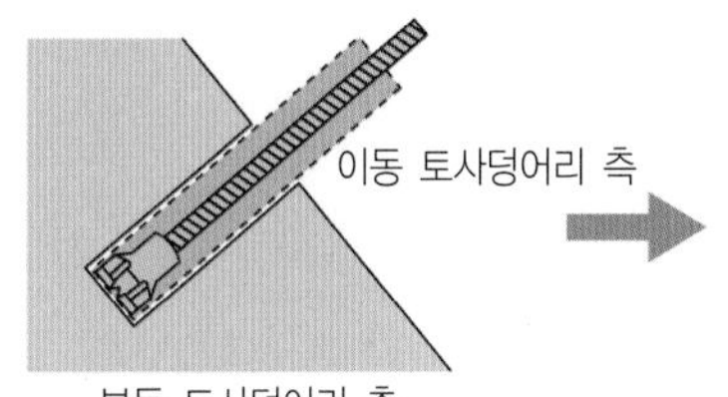

부동 토사덩어리 측

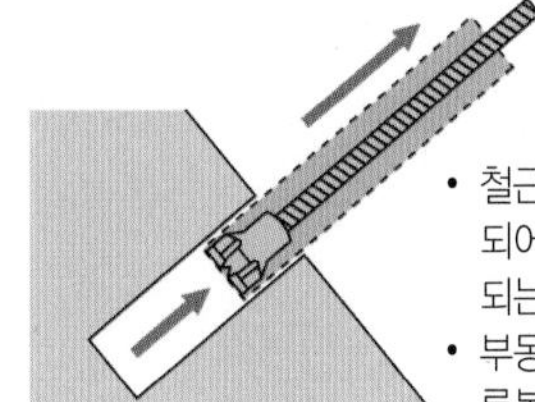

- 철근 등 보강재와 그라우트재가 일체가 되어 부동 토사덩어리로부터 빠지게 되는 상태
- 부동 토사덩어리측 마찰저항력과 록볼트의 굵기 등으로 결정된다.

Ⓑ 보강재만 빠지게 되는 경우

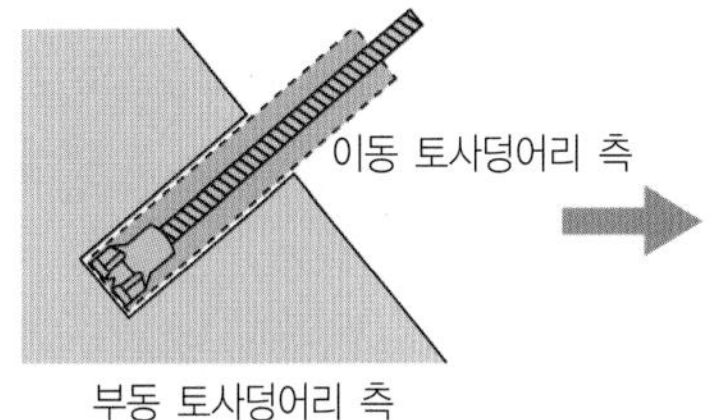

부동 토사덩어리 측

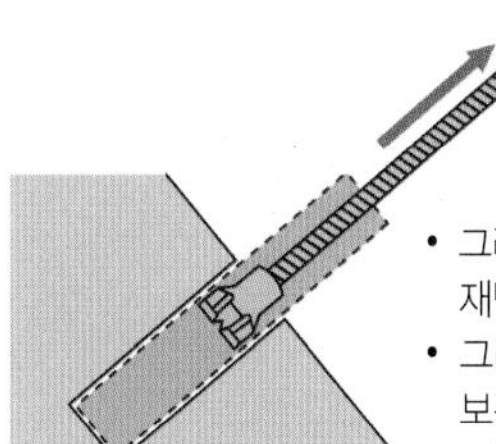

- 그라우트재는 그대로 있고 철근 등 보강재만 빠져 나오는 상태
- 그라우트재로서 주입한 시멘트 밀크와 보강재와의 허용 부착응력 등으로 결정된다.

Ⓒ 철근과 강재가 잘리거나 늘어난 경우

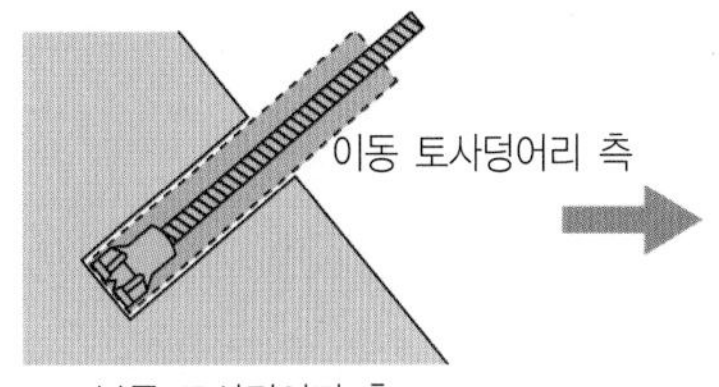

부동 토사덩어리 측

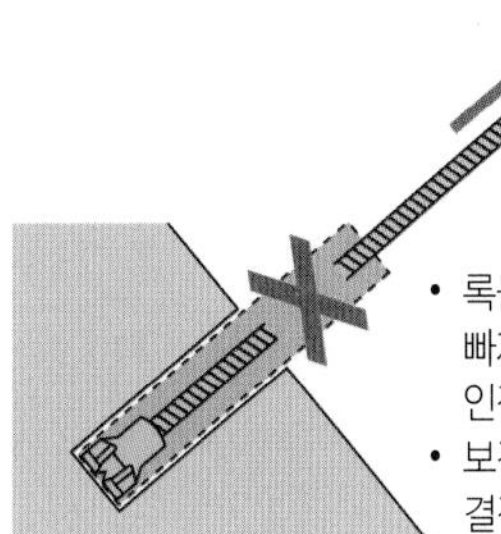

- 록볼트는 부동토사덩어리 측으로부터 빠져 나오지 않지만 철근 등의 보강재가 인장되어 절단되거나 늘어난 상태
- 보강재가 가진 허용인장력과 굵기로 결정된다.

(주) 위 그림은 개면도이고 허용인장력은 절단할 때의 값은 아니다.

그래서 이 가운데 가장 작은 값이 록볼트 1개당 허용인장내력의 한계값이 된다. 통상 Ⓐ 가 최소값이 되는 경우가 많기 때문에 두꺼운 록볼트일수록 빠지기 어려워 유리하게 된다. 281페이지에서 본래는 굴착 직경 66mm으로 설계했지만 시공자의 입장을 고려하여 직경 50mm으로 변경하였다고 설명했다. 하지만 그것이 불리하게 되는 이유가 여기에 있다.

3가지 케이스 가운데 하나밖에 계산되지 않았다

사태의 해명을 복잡하게 만든 큰 요인 중 하나는 컨설턴트가 채택한 록볼트의 설계기준이 일반적으로 사용되고 있는 구건설성 구일본도로공단의 기준이 아니라 별로 사용되지 않은 기준이었던 것이다.

구건설성 등의 기준으로 계산하면 어떠한 경우에도 종 1열당 20개 전후가 됨에도 불구하고 컨설턴트가 사용한 식에서 여러 번 계산하여 수정하더라도 12~13개가 된다.

계산식이 다르더라도 결과가 이처럼 다르게 나오지 않는다. 그래서 먼저 앞의 ③에서 나타낸 록볼트 1개당 인장력에 대해서 풀어 보도록 하겠다.

그럼 컨설턴트의 보고서에는 Ⓐ 록볼트 전체가 빠지게 되는 경우와 Ⓑ 록볼트 가운데 철근과 강재만이 빠지게 되는 경우에 대한 검토는 없고 Ⓒ 철근과 강재가 잘리거나 늘어난 경우만을 계산하고 있다는 것을 알았다.

그래서 수정하여 재계산해보면 Ⓐ 3톤 Ⓑ 14톤 Ⓒ 6톤으로 역시 Ⓐ가 최소가 되고 정확하게 3톤으로 해야 하나, 착오로 Ⓒ의 6톤을 채택하고 있다는 것으로 판명되었다.

이것을 현과 지자체에 보여주면 확실히 착오였다고 할 것이다. 그러나 불행 중 다행인 것은 이 컨설턴트는 록볼트 설계 시 인장력뿐만 아니라 전단력에 대해서도 검토하여 결과적으로 전단력 면으로부터 13개로 결정하게 되었다.

그래서 수정하여 Ⓐ의 값을 이용하여 정확한 개수를 구하면 우연히도 14개가 되어 거의 동일한 개수가 된다.

"인장은 없고 전단으로 결정했습니까?", "예."

여담이지만, 록볼트의 설계에서 전단력을 무시하는 것이 일반적이다. 이것을 상세히 설명하면 장문이 되므로 생략하지만, 록볼트가 전단되는 경우에는 암반과 암반이 박리되려는 현장에 한정되고, 금회와 같은 토사가 섞인 법면에는 적용되지 않는다.

또 록볼트가 개당 힘을 발휘하는 것은 실제 정적인 상태에서가 아니고 법면이 아주 작게 슬라이딩되고 록볼트에 인장력이 작용하여 작게 긴장되고 있는 상태일 때이다.

정확한 값을 이용한 계산결과를 받아서 지자체에 '부족한 1개를 법면 보수할 때 더 타설하라'고 주문하였다. 그러나 어느 현장의 슬라이딩 원인이 록볼트의 개수라고 하면 1개와 2개의 문제는 아니다. 내가 직감적으로 느낀 개수는 더욱 많다.

현과 지자체에서도 슬라이딩 등의 현상이 발생한 것도 있어 구건설성 등의 식을 근거로 구한 개수의 부족분을 증가시켜 타설해도 좋은지 타진해왔다. 결국 받아들일 수밖에 없었다. 왜냐하면 예를 들어 컨설턴트가 채택한 기준이 별로 사용되지 않은 것이라도 기준은 기준이므로 부정도 할 수 없다. 물론 필요 이상으로 증가시켜 타설할 필요는 없더라도 한 번 14개로 보수했다고 가정하여도 후에 구건설성 등의 식에 근거한 개수가 정확하다고 판명되면 돌이킬 수가 없게 된다.

복구공사의 준비는 척척 진행되고 긴장했던 나는 밤늦게까지 검토하는 날들이 계속되었다.

록볼트의 체크 포인트

록볼트의 계산에 필요한 3대 요소는 굴착 직경, 부동 토사 덩어리의 흙의 강도(극한 주변마찰저항값), 타설각도이다. 또한 슬라이딩의 각도, 흙 내부 마찰각이 추가된다. 그러나 이러한 수치는 모두 구조계산서에 기재되어 있으므로 안심해도 좋다.

그럼 다음 페이지 표의 사용방법을 구체적인 예를 들어가면서 설명하겠다.

① 먼저 굴착 직경이 50mm인지 60mm인지에 따라서 적용하는 표를 선택한다. 록볼트의 시공예가 많아 이 두 개 중 한 개는 있을 것으로 생각되지만, 다른 경우에는 50mm와 60mm를 보면서 그 경향으로 판단하기 바란다. 여기서 첫 번째 50mm의 표를 선택한다.

② 종축의 필요억지력을 선택한다. 주의할 것은 통상 종1열의 필요억지력은 폭 1m 단위로 계산되기 때문에 이 표도 1m 단위로 기술하고 있다. 한편 록볼트는 각 열이 횡 1.5~2.5m 간격으로 타설되는 경우가 많기 때문에 그 경우는 이 표의 필요 억지력도 1.5~2.5배를 할 필요가 있다.

③ 다음으로 록볼트의 타설각도를 선택한다. 모든 각도를 기재할 수 없기 때문에 경향으로 봐주길 바란다. 다만, 원칙으로서 45도보다 큰 타설각도와 10도 이하는 금지되어 있다. 여기서 45도를 선택하였다.

④ 이번에는 표의 횡축을 보길 바란다. 가장 위에 있는 법면 슬라이딩 각도를 선택한다. 여기서 40도를 선택하였다.

⑤ 그 아래의 횡축에서 원지반(토사 덩어리)의 내부마찰각을 선택한다. 지면 스페이스 관계상 일부 생략하였다. 여기서 30도를 선택하였다.

⑥ 다음 그 아래의 횡축에서 원지반(토사 덩어리)의 강도인 극한 주변마찰저항치를 선택한다.

이것은 록볼트를 단단히 체결한 힘이 되므로 매우 중요한 값이다. 일반적으로 연암에서 8kg/cm^2, 풍화암에서 5kg/cm^2, 사암에서 2kg/cm^2 정도이다. 다만, 8kg/cm^{2}를 초과하면 앞에서 설명한 바와 같이 철근과 강재의 쪽이 견디지 못하므로 8kg/cm^2 이상의 경우는 12kg/cm^2 등으로 증가시켜도 개수가 변하지 않는 경우가 많다. 또한 일람표는 시공예가 많은 직경 22mm 정도의 철근을 록볼트 보강재로 사용하도록 상정되어 있으므로 그 이상 두꺼운 철근을 사용하는 경우에는 개수가 적게 되는 경우도 있다. 여기서 4kg/cm^{2}를 선택하였다.

⑦ 이상으로부터 횡축과 종축의 교점을 보면 대략 록볼트의 개수가 구해지고 대답은 17개가 된다.

어떠한가? 실제로는 현장조건과 굴착 직경, 흙의 강도, 타설각도의 3대 요소 등의 오차에 의해 개수가 변동하지만, 대략 필요한 개수를 파악할 수 있다는 의미에서 역할을 할 수 있다고 생각된다. 또 이 표는 록볼트의 철근과 강재 등 보강재의 인장력에 대해 최근 주류가 되고 있는 저감계수가 고려되지 않았기 때문에 이 개수보다 적게 되는 경우는 거의 없을 것으로 생각된다. 참고하라.

● 록볼트의 일람표(1)

록볼트의 굴착경(50mm)	슬라이딩면 각도		50도		40도						30도	
	토사 덩어리의 내부마찰각		30도		35도		30도		25도		30도	
	극한주변마찰저항치		4	8 이상	4	8 이상	4	8 이상	4	8 이상	4	8 이상
필요억지력 5(tf)	타설각	30도	3	2	2	1	2	1	3	2	2	1
		35	3	2	2	1	2	1	3	2	2	1
		40	3	2	2	1	3	2	3	2	2	1
		45	4	2	3	2	3	2	3	2	2	1
필요억지력 10(tf)	타설각	30도	5	3	4	2	4	2	5	3	4	2
		35	5	3	4	2	4	2	5	3	4	2
		40	6	3	4	2	5	3	6	3	4	2
		45	7	4	5	3	5	3	6	3	4	2
필요억지력 15(tf)	타설각	30도	7	4	5	3	6	3	7	4	5	3
		35	8	4	6	3	6	3	7	4	6	3
		40	9	5	6	3	7	4	8	4	6	3
		45	10	5	7	4	8	4	9	5	6	3
필요억지력 20(tf)	타설각	30도	9	5	7	4	8	4	9	5	7	4
		35	10	5	7	4	8	4	9	5	7	4
		40	12	6	8	4	9	5	11	6	8	4
		45	14	7	9	5	10	5	12	6	8	4
필요억지력 25(tf)	타설각	30도	11	6	8	4	9	5	11	6	8	4
		35	13	7	9	5	10	5	12	6	9	5
		40	14	7	10	5	11	6	13	7	9	5
		45	17	9	11	6	13	7	15	8	10	5

록볼트의 굴착경(50mm)	슬라이딩면 각도		50도		40도						30도	
	토사 덩어리의 내부마찰각		30도		35도		30도		25도		30도	
	극한주변마찰저항치		4	8이상	4	8이상	4	8이상	4	8이상	4	8이상
필요억지력 30(tf)	타설각	30도	13	7	10	5	11	6	13	7	10	5
		35	15	8	11	6	12	6	14	7	11	6
		40	17	9	12	6	13	7	16	8	11	6
		45	20	10	13	7	15	8	18	9	12	6
필요억지력 35(tf)	타설각	30도	16	8	12	6	13	7	15	8	12	6
		35	17	9	12	6	14	7	16	8	12	6
		40	20	10	13	7	16	8	18	9	13	7
		45	23	12	15	8	17	9	21	11	14	7
필요억지력 40(tf)	타설각	30도	18	9	13	7	15	8	17	9	13	7
		35	20	10	14	7	16	8	18	9	14	7
		40	23	12	15	8	18	9	21	11	15	8
		45	27	14	17	9	20	10	24	12	16	8

● **록볼트의 일람표(2)**

록볼트의 굴착경(66mm)	슬라이딩면 각도		50도		40도						30도	
	토사 덩어리의 내부마찰각		30도		35도		30도		25도		30도	
	극한주변마찰저항치		4	8이상	4	8이상	4	8이상	4	8이상	4	8이상
필요억지력 5(tf)	타설각	30도	2	2	2	1	2	1	2	1	2	1
		35	2	2	2	1	2	1	2	2	2	1
		40	3	2	2	1	2	2	2	2	2	1
		45	3	2	2	1	2	2	3	2	2	1
필요억지력 10(tf)	타설각	30도	4	3	3	2	3	2	4	2	3	2
		35	4	3	3	2	3	2	4	3	3	2
		40	5	3	3	2	4	3	4	3	3	2
		45	5	4	4	2	4	3	5	3	3	2
필요억지력 15(tf)	타설각	30도	5	4	4	3	5	3	5	3	4	3
		35	6	4	4	3	5	3	6	4	4	3
		40	7	4	5	3	5	4	6	4	5	3
		45	8	5	5	3	6	4	7	5	5	3
필요억지력 20(tf)	타설각	30도	7	5	5	3	6	4	7	4	5	3
		35	8	5	6	4	6	4	7	5	6	4
		40	9	6	6	4	7	5	8	5	6	4
		45	10	7	7	4	8	5	9	6	6	4

록볼트의 굴착경(66mm)	슬라이딩면 각도		50도		40도						30도	
	토사 덩어리의 내부마찰각		30도		35도		30도		25도		30도	
	극한주변마찰저항치		4	8 이상	4	8 이상	4	8 이상	4	8 이상	4	8 이상
필요억지력 25(tf)	타설각	30도	9	6	7	4	7	5	8	5	7	4
		35	10	6	7	4	8	5	9	6	7	4
		40	11	7	7	5	9	6	10	6	7	5
		45	13	8	8	5	10	6	11	7	8	5
필요억지력 30(tf)	타설각	30도	10	7	8	5	9	6	10	6	8	5
		35	11	7	8	5	9	6	11	7	8	5
		40	13	8	9	6	10	7	12	8	9	6
		45	15	10	10	6	11	7	14	9	9	6
필요억지력 35(tf)	타설각	30도	12	8	9	6	10	6	11	7	9	6
		35	13	8	10	6	11	7	12	8	9	6
		40	15	10	10	7	12	8	14	9	10	6
		45	18	11	11	7	13	8	16	10	11	7
필요억지력 40(tf)	타설각	30도	13	9	10	6	11	7	13	8	10	6
		35	15	9	11	7	12	8	14	9	11	7
		40	17	11	12	7	13	9	16	10	11	7
		45	20	13	13	8	15	9	18	11	12	8

설계조건: 보강재는 정착길이 1m, 외경 31.5m, 단면적 4.2cm2의 중공철근. 보강재 인장력의 저감계수는 고려하지 않음
(주) 체크용으로서 사용할 것

나눗셈과 곱셈의 착오?

금요일 밤 9시경이었다. 컨설턴트가 채택한 기준서의 어느 페이지에 눈이 멈추었다. 다음 페이지의 식을 보자. 몇 번 눈으로 확인한 개소이고 당연하다고 생각하고 지금까지 신경을 쓰지 않았지만, 그날 밤은 달랐다. 수평력 H를 구하려면 식에 있는 'cos'을 우변에 이동하여 나누어야 된다.

"!"

당황해서 컨설턴트 보고서에서 곱셈으로 처리하지는 않았을까? 계속 고생했는데 심장이 두근두근하고 있었다. 잘 계산해보니 필요한 개수는 13개가 아니라 설마 20개 정도나 되었다.

"해냈다!"

심야였지만, 흥분이 되어 있어서 현에 전화를 해보니 놀랍게도 담당 A씨가 전화를 받았다. 나눗셈과 곱셈에 대한 말을 하자 바로 이해가 되는지 재확인해보겠다는 반응이었다. A씨는 주말에도 열성적으로 조사해 일요일에 전화를 주었다. 그러나 그 결과는 나를 크게 실망시켰다. 그 계산식을 표시한 기준서의 저자에게까지 확인해보니 저자로부터 "그 개소는 미스 프린트입니다"라고 답변이 왔다고 했다. 시판도 되고 있는 기준서에서 그것도 중요한 개소가 미스 프린트라는 것을 믿을 수가 없었다.

"틀림없습니까."

"몇 번 확인해보았지만, 틀림이 없는 것 같습니다."

●법면 슬라이딩 힘의 계산

기준서에 표시된 식

$$H \cdot COS\alpha = Q \cdot Fsp - S$$

H =수평력
α = 슬라이딩 각
Q = 슬라이딩 힘
Fsp = 법면 안전율
S = 슬라이딩 저항력

착오된 계산

$$H = (Q \cdot Fsp - S) \times COS\alpha$$

정확한 계산

$$H = (Q \cdot Fsp - S) / COS\alpha$$

계산프로그램을 만들어 검증했다

솔직히 말해 이건에 대해서 약이 되고 싶다고 생각했다. 20개에는 비교되지 않지만, 계산 미스는 사실이고 개수가 부족한 것은 틀림없다. 다만, 계산식이 차이가 있다고 치더라도 동일한 법면에 대해 필요한 개수가 이렇게 차이가 날 수 있을까.

드디어 나는 최후의 수단으로 구건설성과 컨설턴트가 사용한 기준 양쪽의 프로그램을 PC로 만들어 보기로 하였다(다음 페이지 그림 참조).

컨설턴트가 채택한 계산식은 불확정 요소가 많고 어려웠지만, 수일 동안 겨우 사용할 수 있는 것이 만들어졌다. 물론 COS은 컨설턴트가 나타낸 것처럼 곱셈으로 해서.

만들어진 프로그램을 작동하면서 이 계산식의 특징을 조사해 보았다. 굴착 직경, 흙 주변 마찰저항값, 록볼트의 타설각 등등. 그렇게 해보니 실제로 결과가 잘 나왔다. 굴착 직경을 작게 하면 물론 개수는 증가하고, 흙 주변의 마찰각을 크게 하면 개수가 감소하였다.

그런데 법면 슬라이딩 각을 변화시켰을 때 명확히 이상한 값이 나타났다. 슬라이딩 각을 크게 하면 개수가 줄어들고, 작게 하면 역으로 증가하는 것이다. 필요 억지력을 일정하게 하고 실제에는 있을 수 없는 슬라이딩 각 80도를 입력하면 록볼트의 개수는 단지 2개가 되고 말았다.

명확히 이상하다. 구건설성의 프로그램에서는 역으로 개수가 급격히 증가하고 100개 이상이나 되는 경우도 있었다. 사태를 확신한 나는 이러한 결과를 문서로 정리하여 팩스로 A씨에게 보냈다.

저자가 lotus 1-2-3으로 만든 계산 프로그램의 화면 예. 여기서 나타낸 것은 구건설성 및 구일본도로공단의 기준에 근거한 것

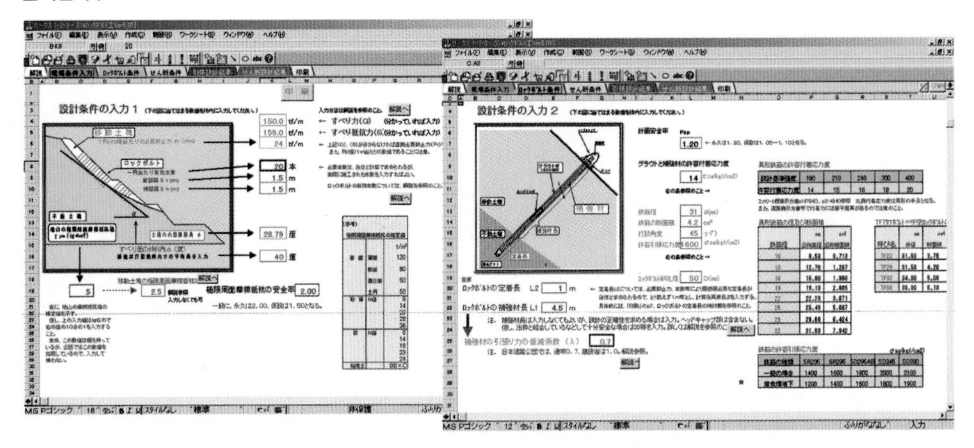

직감과 끈기로 미스를 규명한다

결국, 이 공사의 록볼트에 대해서 필요 억지력의 계산(나눗셈과 곱셈의 착오)과 인발저항력의 계산(앞 Ⓐ, Ⓑ, Ⓒ의 비교)의 양쪽이 잘못이었다.

게다가 이 현장에서 역시 전단력뿐만 아니라 인장력으로 개수를 결정하는 것이 적정하였다.

이 사례만큼 고생한 적은 없지만, 지금 생각해보면 이처럼 복잡한 설계미스를 한순간의 회계실지검사에서 해명할 수밖에 없었고, "개수가 적지 않습니까?"라는 직감만 기대할 수 있었다. 그래서 납득할 수 없는 것은 납득하지 않는다는 천성이었다고 생각한다.

전체 타설하고 있는 합계 178개 록볼트에 인장내력이 남아 있을까 확인하기 위해 먼저

최초로 인발시험을 실시하였다. 그래서 계산상 구해진 필요 개수를 하단의 법면틀 부분에 집중하여 타설하고 상단에는 식생토를 심는 보수를 실시하였다.

슬라이딩 각이 클수록 개수를 증가시킨다

앞에 록볼트의 일람표를 기재하였다. 어디까지나 나의 척도이지만, 이것보다 크고 개수가 다른 경우는 주의할 필요가 있다고 생각한다. 그럼 록볼트의 중요한 경향을 설명한다.

① 법면의 슬라이딩하려는 힘(필요 억지력)이 클수록 개수를 증가시킨다.
② 법면의 슬라이딩 각이 클수록 개수를 증가시킨다.
③ 원지반의 단단함(극한 주변 마찰 저항치)이 부드러울수록 개수를 증가시킨다.
④ 록볼트의 타설각이 클수록 개수를 증가시킨다.
⑤ 록볼트의 직경이 작을수록 개수를 증가시킨다.
⑥ 흙의 체결 힘(내부 마찰각)이 작을수록 개수를 증가시킨다.

이상이다. 꼭 직감을 발휘할 때 활용하길 바란다.

Q&A 흙은 왜 무너지는가?
기본을 통해 배우는 법면 방호와 옹벽 대처요령

초판인쇄 2013년 2월 6일
초판발행 2013년 2월 13일

편 저 자 Nikkei Construction
역 자 백용, 장범수, 박종호, 송평현, 최경집
펴 낸 이 김성배
펴 낸 곳 도서출판 씨·아이·알

책임편집 이정윤
디 자 인 강범식, 황수정
제작책임 윤석진

등록번호 제2-3285호
등 록 일 2001년 3월 19일
주 소 100-250 서울특별시 중구 예장동 1-151
전화번호 02-2275-8603(대표) **팩스번호** 02-2275-8604
홈페이지 www.circom.co.kr

ISBN 978-89-97776-30-6 93530

정가 30,000원